国家自然科学基金重点项目(50239050)

黄河流域典型支流
水循环机理研究

王 玲 夏 军 宋献方 张俊峰 张学成 等著

黄河水利出版社

内 容 提 要

本书是在国家自然科学基金"黄河联合研究基金"的资助下,针对黄河流域人类活动频繁对流域下垫面的影响,开展的"黄河流域典型支流水循环机理研究"项目成果的总结和提炼。主要的研究内容包括流域水资源评价方法理论的探讨和在典型流域的应用两方面。本书内容翔实,资料系列长,且有连续4年的野外典型小流域实验成果,可供从事水利、农业、林业、牧业、地质等方面工作的科研人员及大中专院校师生阅读参考。

图书在版编目(CIP)数据

黄河流域典型支流水循环机理研究/王玲等著. —郑州:黄河水利出版社,2008.11
ISBN 978 - 7 - 80734 - 530 - 5

Ⅰ. 黄… Ⅱ. 王… Ⅲ. 黄河流域 – 水循环 – 研究 Ⅳ. P339

中国版本图书馆 CIP 数据核字(2008)第 172305 号

组稿编辑:王路平 电话:0371 – 66022212 E-mail:hhslwlp@ 126. com

出 版 社:黄河水利出版社
  地址:河南省郑州市金水路 11 号 邮政编码:450003
发行单位:黄河水利出版社
  发行部电话:0371 – 66026940、66020550、66028024、66022620(传真)
  E-mail:hhslcbs@ 126. com
承印单位:河南省瑞光印务股份有限公司
开本:787 mm×1 092 mm 1/16
印张:15.25
字数:352 千字   印数:1—1 000
版次:2008 年 11 月第 1 版   印次:2008 年 11 月第 1 次印刷

定价:60.00 元

前　言

　　黄河流域黄土高原地区总面积约 64 万 km^2,其中水土流失面积 45 万 km^2,水土流失最强烈的地区是黄土丘陵沟壑区和黄土高塬沟壑区,地形破碎,植被稀少,年侵蚀模数可达 1 万 ~3 万 t/ km^2,是黄河泥沙的主要来源地。经过多年治理,黄土高原水土流失区初步治理面积达到了 18 万 km^2。通俗地讲,流域下垫面是指流域的地形地貌、土壤结构、植被覆盖与河流湖泊形态的总和,起着降水和水资源转换的界面作用。随着黄河中游水土流失治理、大中小型水利工程建设的开展,黄河中游环境条件发生了很大变化。下垫面条件的变化,流域水文过程的各个环节也相应发生变化,如蒸发、入渗、产流的量会加大或减小,水循环的路径和速率也会发生变化,也就是说,利用原来的降水 -径流关系不能反映土地利用/土地覆被变化后的流域降雨径流形成规律和水文循环过程,分析人类活动(土地利用/土地覆被变化)对流域降雨径流形成规律的影响成为当今我国水文循环研究的关键问题。开展水循环时空变化及其影响机理的科学研究,不仅对于揭示生态环境建设影响下的水循环演化规律有十分重要的科学价值,而且对于解决黄河流域水资源评价中还原水量计算问题、变化环境下的水资源规划管理等,有着重要的意义。对于国际水文科学研究与进展而言,联合国教科文组织(UNESCO)、国际水文科学协会(IAHS)和世界气象组织(WMO)等实施了一系列国际水科学计划,如国际水文十年(IHD)、国际水文计划(IHP)、世界气候研究计划(WCRP)、国际地圈生物圈计划(IGBP)等。当今水文水资源科学发展的前沿问题突出反映在:自然变化和人类活动影响下的水文循环和水资源演变规律,水与土地利用/土地覆被变化等社会经济相互作用影响等。20 世纪 90 年代末,变化环境(即全球变化与人类活动影响)下的水文循环研究成为热点。

　　由于人类活动改变了流域下垫面条件,导致入渗、径流、蒸发等水平衡要素发生一定的变化,尤其是像黄河流域这类半干旱半湿润地区的河流,下垫面变化造成河川径流不断减少的现象已经非常明显。为此,国家自然科学基金委员会和黄河水利委员会于 2003 年联合资助黄河水文水资源科学研究院、中国科学院地理科学与资源研究所、中国水利水电科学研究院水资源研究所联合开展了重点项目"黄河流域典型支流水循环机理研究",研究时段为 2003 ~2006 年。本项目针对国际水文学的前沿问题,选取黄河流域黄土沟壑区水土流失治理比较好的典型支流,即一级入黄支流无定河上的大理河作为典型支流,其一级支流小理河作为研究区域,岔巴沟作为实验流域,曹坪西沟作为径流实验场区,三级流域相互嵌套,从点到面,将水文实验和水文模拟技术有机地相互结合,深入揭示变化环境条件的黄土丘陵沟壑区的水循环机理,为水文水资源调查评价、水保效益分析、水文预报等方面提供技术支撑。

本书是"黄河流域典型支流水循环机理研究"研究成果的提炼,是项目组研究成员4年心血的结晶。参加本书编写的有夏军、宋献方、张俊峰、张学成、周祖昊、王生雄、慕明清和陈三俊。王玲教授负责对本书统稿。

在本书的编写过程中,王浩院士提出了许多宝贵的意见。夏军教授、王浩院士、宋献方教授的多名博士、硕士研究生参加了本项目并参与了多项计算。在此一并表示衷心的感谢! 由于作者水平有限,书中难免有一些谬误之处,敬请读者谅解!

作 者

2008 年 6 月

目 录

第二篇　应用篇

第一篇

实验与理论篇

第一章 项目基本情况

第一节 项目研究意义

黄河是中华民族的摇篮,是中国的"母亲河"。目前,其河川径流利用率已达60%以上,开发利用程度居全国七大江河之首。黄河的泥沙问题举世闻名,黄河的水资源问题也举世瞩目,特别是20世纪90年代后黄河流域入海水量逐渐减少,与50、60年代相比,入海水量减少了近70%,其中汛期减少了71%。考虑水资源开发利用后,河川天然径流量较50、60年代仍减少了近30%,其中汛期减少了36%。黄河干流水量的减少,主要表现在支流产流量减少,入黄水量不断递减。例如黄土高原地区,随着生态环境建设和水资源开发利用,支流无定河、窟野河、皇甫川、伊洛河等,90年代入黄水量与50、60年代相比,分别减少了39%、37%、52%和62%。河川径流减少和水资源需求的增加直接导致了黄河断流。最严重的1997年,利津水文站的年最大断流天数达226 d、年最大断流长度达704 km,黄河水资源的短缺引起水资源供需矛盾的尖锐化,严重影响着工农业和社会的可持续发展。从水文水资源科学的角度来看,水资源的形成遵循自然的水循环规律,同时由于人类活动的影响,自然水循环发生显著变化,并引发了一系列资源、环境和生态方面的劣变过程。因此,要认识黄河日趋严重的"水资源短缺问题",首先要阐明水循环规律及人类活动对水循环过程的影响。

从国际水文科学研究与进展来看,联合国教科文组织(UNESCO)、国际水文科学协会(IAHS)和世界气象组织(WMO)等实施了一系列国际水科学计划,如国际水文十年(IHD)、国际水文计划(IHP)、世界气候研究计划(WCRP)、国际地圈生物圈计划(IGBP)。当今水文水资源科学发展的前沿问题突出反映在:自然变化和人类活动影响下的水文循环和水资源演变规律,水与土地利用/土地覆被变化等社会经济相互作用影响等。进入90年代末,变化环境(即全球变化与人类活动影响)下的水文循环研究成为热点。

例如,1995年以来,国际水文科学协会(IAHS)举办了多次变化环境下的水文循环及水资源专题学术讨论会,其中涉及到水文循环机理实验研究、可持续水质水量管理的应用研究、洪水与干旱的成因研究与预测问题、水资源开发、水的利用和土地利用变化对环境的影响、水文 – 生态模拟等。1998年5月在中国武汉召开的国际"水资源量与质的可持续管理问题研讨会",交流了变化环境下的流域水循环、流域水量水质统一管理的水文学基础等问题与可持续发展量化研究。1999年7月,在英国Birmingham召开的第22届国际大地测量及地球物理学联合大会(IUGG)暨国际水文科学协会学术交流会上,对三个方面水文科学新的进展做了回顾与展望:一是水文信息的支持,特别是反映土地利用/土地覆被变化的RS信息的识别技术;二是水文科学基础的研究,其中包括洪水干旱的水文极值问题,陆地水文循环参数化问题;三是环境水文学问题研究,主要有地表水和地下水的水量转化和水质问题,水文生态学的发展等。2001 年 7 月 10 ~ 13 日在荷兰 Amsterdam,由国际地圈生物圈计划(IGBP)举办了"全球变化科学大会(Global Change Open Science Conference)",会议有两大主题:一是不断变化的地球的挑战,二是展望地球系统科学与全球可持续性。2001 年 7 月 18 ~ 27 日在荷兰 Masstricht 举行了第 6 届国际水文科学大会,大会的主题是水文科学基础研究和社会经济发展与水资源研究两个方面。水文科学基础研究有:"土壤 – 植被 – 大气"水循环转化和大尺度水文模拟,水文长期变化与气候影响,人类活动对地下水动态的影响等。社会经济发展与水资源研究有:社会经济发展与水危机,区域水资源管理,全球变化与水文学,信息技术在可持续水管理中的作用等。从上可以看出,变化环境下的水文循环及水资源演化规律研究,是国际国内水文水资源学科积极鼓励的创新研究课题。

需要指出的是,传统的水文循环只考虑水量的自然变化,现代水文循环需要考虑全球变化以及人类活动等方面的影响。人类活动对水文过程的影响,集中表现在对下垫面的改变上,改变流域下垫面的地形、地貌、土壤、植被等条件,可概括为土地利用和土地覆被的变化。下垫面条件发生变化,水文过程的各环节也相应发生变化,如蒸发、入渗、产流的量会加大或减小,水循环的路径和速率也会发生变化,也就是说,利用原来的降水 – 径流关系不能反映土地利用/土地覆被变化后的流域降水径流形成规律和水文循环过程,分析人类活动(土地利用/土地覆被变化)对流域降水 – 径流形成规律的影响成为当今我国水文循环研究的关键问题。

无定河是黄河中游一条较大的多泥沙支流,发源于白于山北麓陕西省定边县境内,流经内蒙古伊克昭盟和陕西榆林、延安地区,于清涧县河口村注入黄河,全长 491 km,流域面积 30 261 km²,其中水土流失面积 23 137 km²。大理河是无定河的最大支流,干流全长 170 km,流域面积 3 906 km²,其控制站为绥德站,青阳岔以上为河源梁涧区,面积 662 km²,占大理河流域面积的 16.9%,其余面积均处于黄土丘陵沟壑区。流域地形破碎,植被稀疏,水土流失严重。1970 年以后,由于流域综合治理,径流泥沙发生了很大变化,是研究黄河流域生态环境建设等人类活动影响比较典型的代表性流域,其中有国内比较知名的岔巴沟径流实验小流域,水循环实验研究的基础比较好,大理河上最大的支流是小理河流域,其控制站为李家河站,控制面积 807 km²。

由于影响黄河流域水循环及水资源演化原因的复杂性,针对有一定实验研究基础的黄河无定河典型支流上的大理河流域,开展水循环时空变化及其影响机理的科学研究,主要内容包括:黄河典型支流大理河流域坡面水循环实验;流域水循环水文示踪;土地利用/土地覆被变化影响的水文遥感信息提取、流域水循环时空变化的模拟分析;提出水保工程和水资源开发利用等人类活动对实际入黄水量变化的影响程度、适应变化环境下的黄河水文预报方法和新的水资源评价方法等。本项目研究成果,不仅对于揭示生态环境建设影响下的水循环演化规律有十分重要的科学价值,而且对于解决黄河流域水资源评价中十分棘手的还原计算争论问题,变化环境下的水资源规划管理、有人类活动工程影响的水文预报等,有着重要的应用前景。

第二节 项目主要内容和技术路线

一、主要研究内容

（1）典型小流域水循环机理实验研究。选取大理河流域上小理河子流域作为实验流域，在总结自然变化条件下小流域产汇流基本规律的同时，通过坡地水量转换过程实验，开展"大气降水－地表水－土壤水－浅层地下水"转化关系研究，揭示人类活动影响下的小流域水循环机理。

基本思路是利用曹坪西沟作为实验小流域，水文气象要素观测结果作为率定小理河日尺度模拟模型参数的主要依据，推广至大理河月尺度模型，然后推广应用于黄河沟壑区。

（2）通过 3S 技术的应用，开展变化环境下典型支流水循环模拟研究，包括陆地水循环遥感信息提取与参数率定以及典型流域水循环时空变化模拟与检验等方面。

（3）开展黄土高原典型支流大理河水文水资源应用问题研究。包括大理河生态环境建设对入黄水量变化影响定量分析与评价、变化环境下的水文预报方法以及适应环境变化的大理河水资源评价方法等方面。

二、技术路线

本项目的研究技术路线可用图 1-1 表示。

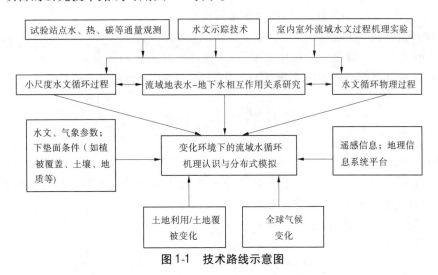

图 1-1 技术路线示意图

第三节 项目的创新之处

本项目的创新之处主要体现在以下几方面：

（1）首次在黄土沟壑区开展了变化环境下小流域水文实验研究，建立了岔巴沟曹坪西沟实验小流域，采集了近 84 万条变化环境下典型流域水循环要素数据，为原始创新研究奠定了基础。

（2）基于原型实验和环境同位素技术，系统研究了不同下垫面条件下降雨径流关系、土壤入渗变化特点、降水对地下水补给特性、区域地表水与地下水转化关系、土地利用/土地覆被变化的水文效应等，首次揭示了变化环境下黄土沟壑区水循环机理，得出了不同覆被、不同耕作方式情况下降雨径流变化规律。

（3）利用3S技术，首次在大理河、小理河、岔巴沟三级流域上，建立了变化环境下月、日、时三级分布式时变增益水文模型。该模型将非线性系统理论与水文物理过程相结合，能够适应不同的资料条件，有较好的模拟精度。

（4）基于流域下垫面变化与暴雨产流产沙的响应与耦合关系，首次在岔巴沟流域建立了分布式流域侵蚀产沙模型以及淤地坝影响模拟分析模型，揭示了黄土沟壑区暴雨产沙规律。

（5）项目研究与生产实践紧密结合，研究成果已应用到黄河流域水资源调查评价、黄河中游水土保持措施蓄水保土效益分析等方面；根据项目研究成果，指导了黄河中游皇甫川长滩水沙监测站建设，推动了黄河中游重点水文断面含沙量预报。

第四节　项目的关键科学问题

本项目需要解决的主要关键问题如下：

（1）自然变化条件下大理河典型流域产汇流基本规律认识。

（2）结合水土保持工程特点的坡地水量转换过程。

（3）如何利用水文实验和水文示踪手段认识环境变化（人类活动影响）下的流域"大气降水－地表水－土壤水－浅层地下水"的水循环机理与作用关系。

（4）如何在量化土地利用/土地覆被变化影响条件下进行流域水循环模拟。

第五节　项目进展

本研究项目计划在四年内完成，即2003年1月～2006年12月。具休进度设计如下：

（1）2003年1～3月，收集整理国内外现有有关流域水循环方面的研究成果，编写工作大纲，论证实验目的和内容，建立必要的实验方案。

（2）2003年4～5月，设定实验观测项目。

2003年6月～2006年9月，进行实验观测。

（3）2003年6～12月，流域水循环模拟研究。

（4）2004年1～12月，建立自然条件下和变化环境条件下流域水循环模拟模型，研究自然条件下和变化环境条件下的水循环机理，建立变化环境下水文预报模型，提出适应环境变化的水资源评价方法。应用2003年度和2004年度实验成果率定参数、验证结果。

（5）2005年1～5月，编写初步报告，研究项目中期评估，充实内容。

（6）2005年11月～2006年9月，纳入2005年度和2006年度实验成果，进一步修正变化环境条件下流域水循环模拟模型，修正水文预报模型，改进水资源评价方法；修改初步报告。

(7)2006 年 10~12 月,召开专家咨询、审查会议,修改、完善研究报告内容。

第六节 项目执行情况

本项目已于 2007 年 3 月 12~14 日通过了国家自然科学基金委员会组织的专家审查验收。专家验收意见如下。

一、学术意义和水平

在变化环境下黄土沟壑区实验流域建立、水循环实验、水循环机理认识、水循环过程模拟、研究成果应用等方面,突破传统思路,完善了现有水资源调查评价方法、泥沙预报方法等。特别是在研究变化环境条件下不同尺度水循环机理中,深入分析了不同下垫面条件下降雨径流关系、不同下垫面条件下土壤入渗变化特点、降水对地下水补给特性、区域地表水与地下水转化关系、土地利用/土地覆被变化的水文效应、变化环境下黄土沟壑区多尺度分布式时变增益水文模型建立等方面,取得了突破性进展,具有重要的学术意义和应用价值,其主要研究成果具有很高的学术水平。

二、主要创新成果

(1)首次在黄土沟壑区开展了变化环境下小流域水文实验研究,建立了岔巴沟曹坪西沟实验小流域,采集了近 84 万条变化环境下典型流域水循环要素数据,为原始创新研究奠定了基础。

(2)基于原型实验和环境同位素技术,系统研究了不同下垫面条件下降雨径流关系、土壤入渗变化特点、降水对地下水补给特性、区域地表水与地下水转化关系、土地利用/土地覆被变化的水文效应等,首次揭示了变化环境下黄土沟壑区水循环机理,得出了不同覆被、不同耕作方式情况下降雨径流变化规律。

(3)利用 3S 技术,首次在大理河、小理河、岔巴沟三级流域上,建立了变化环境下月、日、时三级分布式时变增益水文模型。该模型将非线性系统理论与水文物理过程相结合,能够适应不同的资料条件,有较好的模拟精度。

(4)基于流域下垫面变化与暴雨产流产沙的响应与耦合关系,首次在岔巴沟流域建立了分布式流域侵蚀产沙模型以及淤地坝影响模拟分析模型,揭示了黄土沟壑区暴雨产沙规律。

(5)项目研究与生产实践紧密结合,研究成果已应用到黄河流域水资源调查评价、黄河中游水土保持措施蓄水保土效益分析等;基于项目研究成果,指导了黄河中游皇甫川长滩水沙监测站建设,推动了黄河中游重点水文断面含沙量预报。

出版了 1 本专著,发表论文 75 篇,其中被 SCI(《科学引文索引》)收录 2 篇、EI《工程索引》收录 16 篇,学术交流论文 15 篇。

三、人才培养情况

培养博士后 2 名、博士研究生 11 名和硕士研究生 10 名。

王浩教授 2005 年当选为中国工程院院士。

四、国际合作与交流成效

积极开展国际合作,积极支持参与国际有关研究计划,先后与欧盟、加拿大 REGINA 大学、日本千叶大学、日本国立环境研究所、日本防灾科学技术研究所等建立广泛的合作关系,开展了实质性的合作,加强课题国际前沿合作研究。

该项目完成期间,主持和参加了国际学术会议 9 次,主办了国内学术会议 9 次。2003 年,夏军教授当选为国际水文科学协会(IAHS)副主席。同年 10 月份在西班牙马德里召开的国际水大会中,又被选为新的一届国际水资源协会(IWRA)副主席。

五、经费使用情况

专家组认为,本项目全面完成了计划,研究工作取得了突出成果和进展,一致同意通过验收。

第二章　研究流域概况

本项目研究是三级流域嵌套,即岔巴沟、小理河和大理河。

无定河是黄河中游一条较大的多泥沙支流,发源于白于山北麓陕西省定边县境,流经内蒙古伊克昭盟和陕西榆林、延安地区,于清涧县河口村注入黄河。全长 491 km,流域面积 30 261 km²,其中水土流失面积 23 137 km²(见图 2-1)。

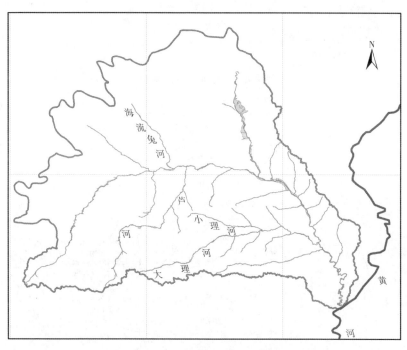

图 2-1　无定河流域示意图

本项目主要研究无定河的最大支流大理河(见图 2-2)。其干流全长 170 km,流域面积 3 906 km²,其出口控制站为绥德站。流域内地形破碎,植被稀疏,水土流失严重。1970年以后,由于流域综合治理,径流泥沙发生了很大变化,是研究黄河流域生态环境建设等人类活动影响比较典型的代表性流域,其中有国内比较知名的岔巴沟径流实验小流域,水文循环实验研究的基础比较好。大理河上最大的支流是小理河流域,其控制站为李家河站,控制面积 807 km²。另一典型支流是岔巴沟流域(见图 2-3)。自然地理区划属于黄河丘陵沟壑区,流域面积 205 km²,沟道长 26.5 km,流域形状基本对称,干沟与支沟的相汇夹角大致呈 60°。流域按地貌形态可划分两大类:一是河谷阶地区,二是黄土丘陵沟谷区。流域上游以梁地沟谷区为主,下游以峁地沟谷区为主,中游二者皆有。其地貌特点是:沟谷发育,土壤侵蚀严重。表 2-1 为岔巴沟干支沟特征数据。

图 2-2　大理河流域河网图

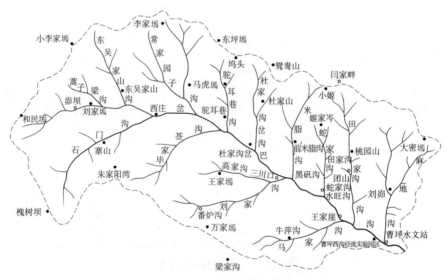

图 2-3　岔巴沟流域示意图

表 2-1　岔巴沟流域干支沟特征数据

序号	沟名	沟口位置	流域面积（km²）	流域长度（km）	流域平均宽度（km）
1	岔巴沟	高渠	205	26.3	7.80
2	岔巴沟	曹坪	187	25.9	7.22
3	岔巴沟	杜家沟岔	96.1	14.3	6.73
4	岔巴沟	西庄	49.0	8.54	5.73
5	石门沟	西庄	23.0	7.60	3.03
6	窑峁沟	常家园子	4.56	3.90	1.17
7	店房沟	常家园子	3.38	2.80	1.20
8	毕家砭沟	杨坪	13.8	6.78	2.04

续表 2-1

序号	沟名	沟口位置	流域面积 （km²）	流域长度 （km）	流域平均宽度 （km）
9	杜家沟岔沟	杜家沟岔	8.56	5.23	1.64
10	刘峁沟	三川口	21.0	6.54	3.22
11	前米脂沟	前米脂沟	11.0	5.56	1.98
12	田家沟	杜家东庄	12.5	6.50	1.92
13	马家沟	马家沟	16.2	6.10	2.66
14	麻地沟	曹坪	17.2	8.24	2.08

岔巴沟流域致洪暴雨归纳起来主要有两种类型：一是由局地强对流条件引起的小范围、短历时、高强度暴雨，这类暴雨往往发生在盛夏季节，其突发性强、降雨集中、雨强较大；二是盛夏至初秋副热带高压天气系统在该流域一带停滞不前或摆动时，常常会形成面积较大、持续时间较长的暴雨。经统计，该流域最大 1 日、3 日、7 日、15 日及 30 日降水量分别为 115.4 mm（1965 年）、137.8 mm（1994 年）、208.3 mm（1961 年）、228.0 mm（1961 年）及 303.5 mm（1994 年）。

流域年平均气温在 8 ℃ 左右，最高气温在 38 ℃ 左右，最低气温在 −27 ℃ 左右，霜冻期约半年。最大风力 9 级以上。水面蒸发 1 500 mm 左右，陆面蒸发 380 mm 左右。

1958 年 8 月设立的曹坪水文站是岔巴沟流域把口站，控制流域面积为 187 km²，观测项目主要有降水、水位、流量、泥沙等。经统计，该站多年平均径流量 744.8 万 m³（1971 ~ 2001 年），多年平均输沙量 124.2 万 t（1971 ~ 2001 年），实测年最大流量 1 520 m³/s（1966 年 8 月 15 日）。

岔巴沟流域水文特性概括起来主要有以下三点：一是降水量少，且时空分布不均。经统计，流域多年平均降水量 430.8 mm（1959 ~ 2001 年），较黄河流域平均降水量偏小4.5%；年最大降水量 749.4 mm（1961 年），年最小降水量 253.4 mm（1965 年），两者相差近 3 倍；年内降水主要集中于汛期，一般占年降水量的 50% 左右，其中 7 月、8 月份占年降水量的 80% 左右。二是洪水暴涨暴落、含沙量大。据统计，该流域实测最大含沙量高达1 220 kg/m³（1963 年 8 月 26 日）。三是黄土结构疏松，水土流失严重。经统计，流域多年平均输沙量 124.2 万 t（1971 ~ 2001 年），输沙模数为 6 642 t/（km·a）。

第一节　水资源状况

根据 1956 ~ 2000 年系列降水、实测径流和用水情况测验、调查等资料，经统计分析计算，大理河多年平均降水量为 423.2 mm，实际来水量 1.444 亿 m³，天然来水量 1.582 亿 m³，地表用水还原水量 0.138 亿 m³，水资源总量 2.674 亿 m³。年代间水资源状况见表 2-2。

从表 2-2 可以看出，大理河流域，50、60 年代水资源基本偏丰，70、80、90 年代基本呈偏枯趋势。

表 2-2　大理河水资源状况

项目	1956~1969 年	1970~1979 年	1980~1989 年	1990~2000 年	1956~2000 年
降水量（mm）	470.3	407.3	396.0	402.4	423.2
天然来水量（亿 m³）	1.836	1.481	1.229	1.322	1.444
天然径流量（亿 m³）	1.884	1.637	1.390	1.487	1.582
地下水与地表水不重复量（亿 m³）	1.302	1.090	0.961	1.010	1.108
水资源总量（亿 m³）	3.256	2.727	2.352	2.497	2.674

图 2-4 和图 2-5 分别给出了大理河年尺度、汛期尺度降水量和天然来水量 1960~2000 年 5 年滑动平均过程线，总体呈减少趋势，尤其是汛期变化幅度很大。

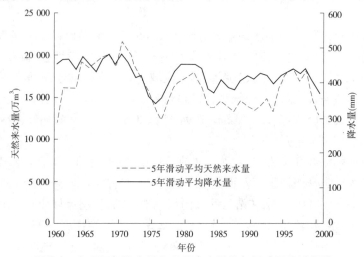

图 2-4　大理河年降水量和天然来水量 5 年滑动平均过程线

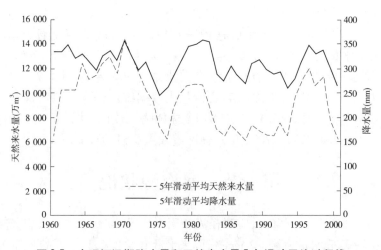

图 2-5　大理河汛期降水量和天然来水量 5 年滑动平均过程线

采用时间序列分析中的线性倾向估计方法、Kendall 秩次相关法等对大理河降水量、天然来水量、实际来水量等水文要素分析，结果表明：大理河流域和小理河流域年降水量存在下降趋势,但下降趋势不明显(见图 2-6、图 2-7);除了汛期流量,小理河流域李家河站流量序列趋势没有显著变化,而大理河上游的青阳岔站的年实测径流则有明显下降,特别是在 5 月、9 月和 10 月下降明显(见图 2-8、图 2-9、图 2-10)。

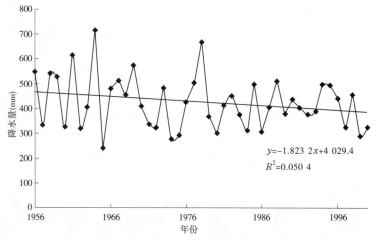

图 2-6　大理河流域绥德站年降水量线性倾向估计

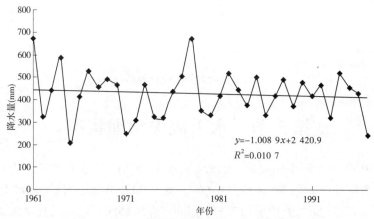

图 2-7　小理河流域李家河站年降水量线性倾向估计

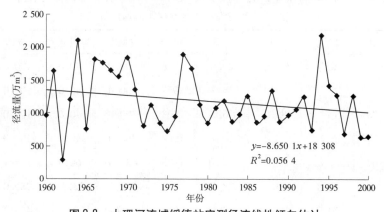

图 2-8　大理河流域绥德站实测径流线性倾向估计

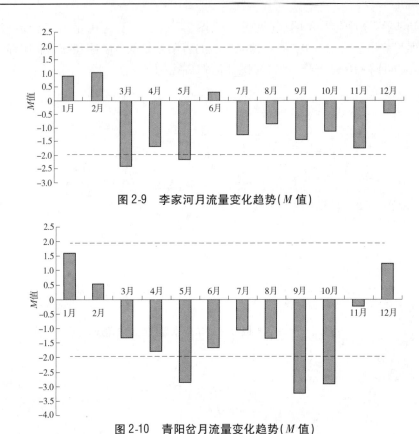

图 2-9　李家河月流量变化趋势（M 值）

图 2-10　青阳岔月流量变化趋势（M 值）

第二节　水土流失治理状况

根据 1∶10 万土地利用图提取，大理河流域土地利用类型大致可分为：耕地为主占 73.3%，其次为草地占 26.1%、林地占 0.6%。截至 2000 年，大理河流域水土保持措施累计保存面积 21.27 万 hm^2，其中梯田 2.98 万 hm^2，造林 15.47 万 hm^2，种草 2.43 万 hm^2，淤地坝 0.39 万 hm^2。表 2-3 给出了岔巴沟小流域 1959 年以来水保措施量逐年对比情况。

表 2-3　岔巴沟小流域水保措施量统计　　　　　　　　（单位：hm^2）

年份	梯田	坝地	造林	种草	年份	梯田	坝地	造林	种草
1959	66.7	6.7	66.67	26.7	1966	260.0	40.0	100.0	400.0
1960	73.3	6.7	80.0	26.7	1967	300.0	40.0	100.0	400.0
1961	66.70	6.7	80.0	26.7	1968	300.0	40.0	100.0	400.0
1962	66.77	6.7	80.0	26.7	1969	360.0	40.0	100.0	400.0
1963	66.67	6.7	86.7	140.0	1970	433.3	60.0	186.7	786.7
1964	120.00	20.0	100.0	206.7	1971	706.7	73.31	280.0	786.7
1965	200.0	20.0	100.0	400.0	1972	1 013.3	73.31	466.7	933.3

续表 2-3

年份	梯田	坝地	造林	种草	年份	梯田	坝地	造林	种草
1973	1 026.7	86.7	706.7	1 020.0	1987	1 666.7	380.0	4 193.3	1 273.3
1974	1 146.7	126.7	746.7	1 020.0	1988	1 773.3	380.0	4 733.3	1 360.0
1975	1 313.3	146.7	833.3	706.7	1989	1 920.0	393.3	5 233.3	1 373.3
1976	1 380.0	173.3	1 253.3	800.0	1990	2 113.3	406.7	5 753.3	1 420.0
1977	1 426.7	226.7	1 400.0	860.0	1991	2 306.7	406.7	6 100.0	1 420.0
1978	800.0	300.0	1 206.7	573.3	1992	2 486.7	420.0	6 506.7	1 360.0
1979	820.0	293.3	1 500.0	713.3	1993	2 613.3	433.3	6 600.0	1 260.0
1980	880.0	320.0	1 740.0	686.7	1994	2 493.3	420.0	6 586.7	913.3
1981	933.3	333.3	1 986.7	480.0	1995	2 506.7	373.3	6 560.0	606.7
1982	1 020.0	346.7	1 500.0	1 033.3	1996	2 586.7	373.7	6 700.0	613.3
1983	1 146.7	360.0	2 466.7	1 420.0	1997	2 620.0	393.3	6 726.7	613.3
1984	1 360.0	360.0	2 940.0	806.7	1998	2 666.7	400.0	6 880.0	640.0
1985	1 460.0	380.0	3 253.3	926.7	1999	2 713.3	406.7	7 026.7	666.7
1986	1 553.3	380.0	3 733.3	1 100.0	2000	2 746.7	386.7	7 346.7	746.7

第三节　土地利用/土地覆被变化情况

本项目以 2000 年现状为例,分析大理河流域不同土地利用类型的空间分布特征(见表 2-4、图 2-11)。其中,耕地面积约为 21 万 hm^2,占总流域面积的 52.69%,广泛分布于整个流域,是大理河流域的主要土地利用方式;草地面积约为 16 万 hm^2,占总流域面积的 40.35%,与耕地分布特征类似,交错分布于整个流域;林地、建设用地、水域面积较小,分别占整个流域面积的 6.56%、0.22% 和 0.16%,基本都沿流域水系分布;未利用土地面积最小,仅占流域面积的 0.02%,分布于流域西北部突出的一个小角。

表 2-4　大理河流域不同时期土地利用类型面积及变化　　　(单位:hm^2)

土地利用类型	1990 年	1995 年	2000 年	前 5 年变化	后 5 年变化	10 年变化
耕地	207 913.98	206 385.42	206 445.01	−1 528.56	59.59	−1 468.97
林地	23 767.80	24 079.05	25 707.59	311.25	1 628.54	1 939.79
草地	158 629.45	159 791.37	158 110.87	1 161.92	−1 680.5	−518.58
水域	819.42	724.53	615.33	−94.89	−109.2	−204.09
建设用地	594.64	744.93	846.49	150.29	101.56	251.85
未利用地	74.93	74.93	74.93	0	0	0

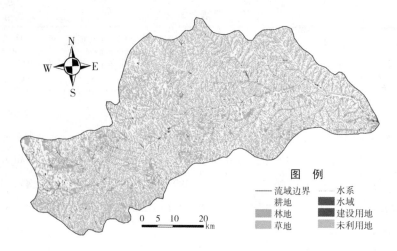

图 2-11　大理河流域土地利用图(2000 年)

从 20 世纪 90 年代 3 期土地利用的面积变化情况(见表 2-4),可见大理河流域土地利用的变化特征。耕地面积是先减少后稍有增加;林地与建设用地面积均有所增加;草地面积是先增加后减少,从 10 年来看,草地面积最终是减少的;水域面积一直呈减少的趋势;未利用土地没有发生变化。总的来说,大理河流域 90 年代的土地利用变化强度不是很大,尤其是后 5 年。

由大理河流域土地利用/土地覆被数据空间叠置分析的结果(见表 2-5、表 2-6),可进一步描述土地利用类型之间的相互转化情况。1990 年到 1995 年,土地利用/土地覆被的主要变化是耕地、林地和草地之间的转化,最终导致耕地面积的减少以及林地和草地面积的增加。由于未利用土地面积占总面积的比例很少,因此该类型的土地利用方式与其他类型之间几乎没有发生转化。另外,随着流域内人口的增长和经济的发展,部分耕地和草地转化为建设用地。1995 年到 2000 年期间,土地利用/土地覆被的主要变化是草地转化为林地、耕地转化为草地,从而使草地面积稍有减少,而林地面积明显增加。此外,水域面积的减少主要转换为林地,而建设用地和未利用地面积基本未发生转化。

表 2-5　大理河流域 1990 ~ 1995 年土地利用面积转移　　　　(单位:hm²)

项目		1995 年					
		耕地	林地	草地	水域	建设用地	未利用地
1990 年	耕地	203 497.2	707.27	3601.2	2.72	105.57	0
	林地	486.24	20 949.61	2 207.13	92.92	31.9	0
	草地	2 341.11	2 387.03	153 742.9	52.48	105.95	0
	水域	41.64	3.11	198.26	576.41	0	0
	建设用地	19.2	32.03	41.9	0	501.51	0
	未利用地	0	0	0	0	0	74.93

表 2-6 大理河流域 1995~2000 年土地利用面积转移　　　　（单位:hm²）

项目		2000 年					
		耕地	林地	草地	水域	建设用地	未利用地
1995 年	耕地	205 871.6	37.44	454.98	0	21.4	0
	林地	117.49	23 718.31	204.95	0	38.3	0
	草地	441.91	1 865.6	157 442	0	41.86	0
	水域	14.02	86.23	8.94	615.33	0	0
	建设用地	0	0	0	0	744.92	0
	未利用地	0	0	0	0	0	74.93

　　为了研究土地利用/覆被变化的区域差异性,现将大理河的一个支流——小理河流域切割出来做进一步的分析讨论。小理河流域面积 82 651.39 hm²,占大理河流域总面积的21.1%。现状 2000 年小理河流域不同土地覆被类型占流域总面积的比例分别为:耕地占55.40%,林地占 2.36%,草地占 41.92%,水域占 0.17%,建设用地占 0.14%。小理河流域 20 世纪 90 年代的土地利用类型面积如表 2-7 所示,就前后 2 个 5 年的情况看,耕地面积是先减少后稍有增加;草地与建设面积是增加的;林地面积是先减少后增加的;水域的面积是减少的。由小理河流域土地利用/土地覆被变化的转移矩阵(见表 2-8)可以看出,80 年代末到 1995 年主要是耕地转变为草地、草地转变为林地。

表 2-7 20 世纪 90 年代小理河流域不同土地利用/覆被类型面积　　　　（单位:hm²）

项目	80 年代末	1995 年	2000 年
耕地	46 074	45 785	45 792
林地	1 958	1 942	1 954
草地	34 332	34 636	34 652
水域	223	188	141
建设用地	65	101	113
未利用地	0	0	0

表 2-8 小理河流域 80 年代末至 1995 年土地利用/土地覆被变化转移矩阵　　　　（单位:hm²）

项目	耕地	林地	草地	水域	建设用地	未利用地
耕地	45 485	12	548	0.1	28.2	0
林地	33	1 814	82	28.6	0	0
草地	238	116	33 961	0	16.9	0
水域	23	0	41	159.3	0	0
建设用地	6	0	4	0	55.4	0
未利用地	0	0	0	0	0	0

第三章　小流域实验

近年来,气候变化及人类活动对天然水循环过程的影响凸显,流域水循环状况因此发生改变,虽然在黄土高原地区开展了很多降水－径流关系、植被对产汇流过程影响等方面的研究,但是仍然缺乏对黄土高原地区大气降水－地表水－土壤水－地下水间转化关系变化的系统研究。现代化高科技、高精度及自动化水文气象仪器的发展和应用,为实验的高起点设计、高标准建设和高精度观测提供了一定的物质基础,为水文实验的精确定量提供了新的保证。环境同位素信息有助于确定大气降水水汽来源,研究地表水对降水的响应过程,测算土壤水入渗、蒸发速率,确定地下水补给更新,以及相互之间的转化关系;有助于变化环境下流域水循环的研究。

本项目旨在运用地球系统科学理论,坚持室内实验与野外实验相结合,点、面不同尺度相结合,传统水文实验与环境同位素技术相结合的原则,全面研究高强度人类活动影响下的黄河流域水循环规律。研究着重选取无定河中游的岔巴沟流域为研究对象,通过黄河水利委员会水文局在岔巴沟流域建设的子洲径流实验 1959~1969 年的野外实验观测成果和近 30 年新的观测比较分析,结合岔巴沟流域和曹坪西沟实验流域情况,通过天然及人工控制降雨条件下不同下垫面的产汇流和土壤水分入渗规律研究,结合环境同位素技术,分析小尺度产汇流的控制性因子及对产汇流的贡献率,探讨人类活动影响/气候变化条件下流域降雨－径流关系、地表水－地下水转换、土壤水入渗及降雨对地下水的补给等为主的水循环过程,全面阐明变化环境下黄河流域支流水循环机理变化规律。

第一节　实验流域选取

根据实验流域建设的目的要求,实验流域应能代表黄土高原变化的自然环境,体现黄土高原典型小流域的产汇流规律。岔巴沟流域已有 1959~1969 年的野外实验观测成果,因此仍选取岔巴沟流域作为实验流域。

岔巴沟位于东经 109°47′,北纬 37°31′,位于陕西省子洲县北部,是黄河无定河水系的二级支流,在无定河流域的西南部与无定河的大支流大理河相汇。流域面积 205 km²,出口站曹坪水文站控制面积 187 km²。沟道长 26.5 km,流域形状基本对称,干沟与支沟的相汇夹角约为 60°,流域平均宽度 7.22 km,曲折系数 1.15,沟道密度 1.05 km/km²。该流域位于黄河中游主要泥沙来源区,在气候(降雨)和地质地貌等下垫面条件上具有广泛的区域代表性。

岔巴沟流域属于干旱少雨的大陆性气候,1960~1997 年多年平均降水量为 379.7 mm,降水年际、年内分配极不均匀。年内降水量主要集中于汛期(6~9 月),降雨多以暴雨形式出现,全年降水量主要集中于几场暴雨之中,每逢暴雨干、支流均会出现较大的洪水和高含沙水流。该流域内暴雨洪水的特点为:暴雨历时短、雨强大,洪水含沙量高、输沙量大,全年输沙量主要集中于年内少数几场大洪水中。

本地区属于鄂尔多斯地台,白垩纪以前,地台只有过缓慢的上升、下降运动,白垩纪以后由于燕山和喜马拉雅山运动的影响,地台发生了轻微的褶皱,第四纪初期开始,在地台上沉积了大量的黄土,形成了现代的黄土高原,地层组成由老至新为基岩、老黄土、新黄土。

按地貌形态可划分两大类:一是河谷阶地区;二是黄土丘陵沟谷区,其中又分两个亚区,即梁地沟谷亚区和峁地沟谷亚区,除此以外,尚有崩塌、滑坡、假喀斯特、黄土柱等特殊的地面景观。流域上游以梁地沟谷区为主,下游以峁地沟谷区为主,中游是二者皆有。主沟两岸及一级支沟的沟头一般都有较开阔的平地,而二级支沟的沟头切割很深,沿沟两岸近似垂直,垂直节理发育,崩塌严重。本地区的地貌特点是:侵蚀严重,沟谷发育,整个沟谷被大小沟道切割得支离破碎,构成千沟万壑。地面坡度变化复杂,且不连续,同一峁、梁的各个方向及同一方向的上、中、下各坡面坡度变化都很急剧,其特点是:沟谷坡面在主沟的两岸多为陡峭,一般大于 $60°$,主沟上游及大的支沟则稍缓,一般在 $45° \sim 60°$,在沟头及支沟的上部则减至 $30° \sim 45°$;峁梁坡面峁梁顶部坡度平缓,一般在 $5° \sim 10°$,梁的两侧坡度较陡,峁腰上部较陡,下部则较缓,变化范围在 $15° \sim 30°$。

本地区土壤侵蚀的现象主要有片蚀、沟蚀、崩塌、潜蚀、滑坡等五种。有单个分布在坡度较大的山坡上,亦有成群成片密布在陡壁上,或布满峁梁腰部。新黄土质地疏松,暴雨之中受湿下陷,大量滑落于沟谷之中,滑塌土方有时可达千余立方米,有时堵住沟谷,形成 2 m 深的水池。在沟的沿头,雨水顺着黄土节理下渗,形成很深的陷穴(假喀斯特)。陷穴附近的地表径流均汇入其中,使之逐渐加大、加深,其上部直径一般均在 5 m 以上,下部较小。陷穴下部有暗道与沟相连,或者陷穴的出口即为沟的沿头,土壤侵蚀极其严重。究其土壤侵蚀的原因,主要是该地区沟谷发育、黄土疏松、胶结力弱、颗粒细小、黏性很差,坡面和沟谷极易产生泥沙,又易被沟道输出;坡度陡、降雨强度大、黄土吸水能力强,因此形成的地表径流皆产生于强度最大的降雨时段,洪水历时短、强度大,形成坡面漫流及沟道汇流的挟沙能力与冲刷能力都很大;气候干旱、植被少、地面缺乏保护;坡地耕作及放牧不合理。在开展水土保持工作后,水土流失严重的状况开始改变。

根据子洲径流试验站的资料,本地区的含水层初步确定为:①分布在河流川地粉砂夹砾石层中的潜水。其埋藏深度在 10 m 左右,来源于雨水下渗,在枯水期又补给河流。②基岩中的裂隙溶洞水。多以泉的形式出露于河谷两岸补给河流,为本地区枯水流量的主要来源。

岔巴沟处于黄河中游多沙粗沙区,流域水土保持综合治理力度大,因而人类活动的影响主要体现在水土保持工程的影响上。流域治理工作始于 1959 年,治理措施以治沟为主,治坡为辅;工程设施为主,生物措施为辅。治沟措施以修建小型淤地坝为主。岔巴沟流域自 50 年代就开始建坝淤地,至 1970 年建有库坝 139 座,坝高多在 10 m 以下,库容多在 5.0 万 m³ 以下,拦蓄能力一般在较大洪水后失去。1970 年北方农业会议后,大规模农田基本建设蓬勃发展,截至 1978 年底,全流域共建坝库 448 座,总库容达 2 548 万 m³。在全流域范围内,骨干坝与一般坝结合,大坝和小坝结合,基本是小沟有小坝,大沟有大坝,实现沟沟都有坝,在当时为黄河中游区以库坝体系治理流域的典型之一。淤积主要发生在 1978 年以前,暴雨水毁等使坝库的拦水拦沙能力衰减,而冲刷量却在增加。自 1983 年开始,岔巴沟流域被列入无定河重点治理区,主要进行以治坡为主的梯田、造林、种草建设,治沟工程基本上没有开展。流域坡面治理以种草、植树、修筑水平梯田的形式进行。

第二节　实验设计

一、最大降雨量分析

实验流域不同时段最大降雨量的分析确定,是估算实验流域最大流量的基础。

据统计,1970 年以来,岔巴沟曹坪水文站最大 2 h 降雨量为 68.9 mm,最大 12 h 降雨量为 97.8 mm;无定河流域最大 2 h 降雨量为 126.3 mm(榆溪渠),最大 12 h 降雨量为 650.0 mm(呼吉尔特)。因所选实验流域目前尚无降水观测资料,故可利用水文现象在地域上的相似性特点,借用以上雨量统计极值数据来估算实验流域最大流量。

二、最大流量估算

采用以上时段最大点降雨量,不考虑降雨下渗、蒸发等损失,并假定形成出口断面洪水的洪水历时为降雨历时,采用三点概化线法,对岔巴沟实验流域出口断面最大流量进行估算(见表 3-1),从表 3-1 可以看出,采用不同时段不同最大降雨量估算的实验流域出口断面流量在 0.453 ~ 3.51 m³/s。

表 3-1　岔巴沟实验小流域最大流量估算

序号	站名	时段最大降雨量		实验小流域面积（km²）	径流量（m³）	流量（m³/s）
		时段(h)	雨量(mm)			
1	曹坪	2	68.9		6 890	1.91
2		12	97.8	0.1	9 780	0.453
3	榆溪渠	2	126.3		12 630	3.51
4	呼吉尔特	12	650.0		65 000	3.01

三、实验流域测流槽设计

(一)设计参数

(1)最大过流能力为 4 m³/s。

(2)设计过水断面面积。

据统计,曹坪水文站多年平均最大断面平均流速为 2.55 m/s,多年平均最大点流速为 3.62 m/s。采用以上数据,按最大过水流量 4 m³/s 计算,过水断面面积分别为 1.57 m² 及 1.10 m²。

考虑到实验流域比降较大,其出口断面流速大于曹坪水文站测流断面流速,故取实验流域设计断面面积为 1.2 m²。

（二）设计方案

岔巴沟实验流域出口断面拟设于沟口位置，由于受地形条件限制，建立标准的量水堰、量水槽均是十分困难的，加之该区域多发生大含沙量洪水，大尺度地抬高堰底和缩窄堰宽均会对泥沙造成阻碍，在堰槽前形成泥沙淤积，故本次设计方案为类似低坎矩形宽顶堰形式的测流槽，堰底高出原河底0.2 m。

（三）测流槽尺寸的确定

测流槽全部采用C20钢筋混凝土浇筑。

测流槽进口段开口净宽6.2 m、长2.0 m，收缩段侧墙前段高2.0 m，后段与测流主槽侧墙相连，高为1.2 m，墙体上口宽为0.30 m，侧墙与底板连接处厚0.4 m，底板厚0.6 m（其中0.1 m厚的素混凝土垫层，0.5 m厚的钢筋混凝土板）。

测流主槽宽1.0 m、深1.2 m、长3.0 m，低坎高0.2 m。

测流槽出口段消力池及消力坎根据沟口基岩情况，在其上凿制，消力池长1.5 m、宽2.0 m、消力坎长0.5 m、宽2.0 m、高0.2 m。

进口收缩段和出口扩散段均为喇叭口形收缩角和扩散角，角度均采用30°。收缩段和扩散段底板顶面均低于堰顶0.2 m。为防止洪水掏刷堰底，在堰底首尾做深1.0 m、厚0.4 m、宽7.0 m的截水墙。

（四）设计参数选用

测流槽全部用C20钢筋混凝土，$\gamma_{\text{砼}}=2.4\ \text{t/m}^3$，钢筋采用Ⅰ、Ⅱ级；地质为沙壤土，$\gamma_{\pm}=1.6\ \text{t/m}^3$，地基许可承载力$[\delta_{zp}]=2.0\ \text{kg/cm}^2$，土壤摩擦角$\varphi=35°$，土壤与混凝土的摩擦系数$f=0.4$，边墙填土以上活荷载按500 kg/m² 计，侧墙外地下水位比墙顶低约0.4 m，堰槽内按无水考虑，计算钢筋时安全系数k取1.7，抗倾覆安全系数k_0取1.1，抗滑安全系数k_1取1.2。

（五）安全校核

取进水收缩段1 m宽堰槽进行计算，侧墙高按1.40 m计，计算简图见图3-1。

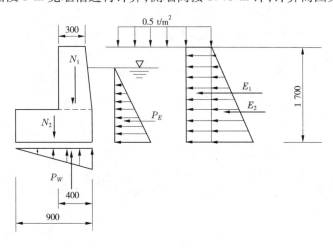

图3-1 宽堰槽安全校核计算简图 （单位:mm）

1. 各力的计算

土壤压力系数 $m = \tan^2(45° - 35°/2) = 0.271$

(1)垂直力计算

立板自重 $N_1 = (0.3 + 0.4)/2 \times 1.2 \times 2.4 = 1.01(t)$

地板自重 $N_2 = 0.6 \times 0.9 \times 2.4 = 1.3(t)$

上浮力 $P_W = -1/2 \times 1.2 \times 0.9 = -0.54(t)$

总合力 $\sum N = 1.01 + 1.3 - 0.54 = 1.77(t)$

(2)水平力的计算

土压力 $E_1 = 0.5 \times 0.271 \times 2.0 = 0.27(t)$

土压力 $E_2 = 1/2 \times 1.2 \times 1.7^2 \times 0.271 = 0.47(t)$

水压力 $P_E = 1 \times 1.2^2/2 = 0.72(t)$

总合力 $\sum E = 0.27 + 0.47 + 0.72 = 1.46(t)$

(3)力矩计算

立板 $M_1 = N_1 \times L_1 = 1.01 \times 0.67 = 0.677(t \cdot m)$

底板 $M_2 = N_2 \times L_2 = 1.3 \times 0.45 = 0.585(t \cdot m)$

浮力 $M_3 = P_W \times L_3 = -0.54 \times 0.9 \times 2/3$
$$= -0.324(t \cdot m)$$

土压力 E_1 $M_4 = E_1 \times L_4 = -0.27 \times 1.7/2 = -0.229(t \cdot m)$

土压力 E_2 $M_5 = E_2 \times L_5 = -0.47 \times 1.7/3 = -0.266(t \cdot m)$

水压力 P_E $M_6 = P_E \times L_6 = -0.72 \times 1.2/3 = -0.288(t \cdot m)$

正力矩 $M_Y = M_1 + M_2 = 0.677 + 0.585 = 1.262(t \cdot m)$

负力矩 $M_0 = M_3 + M_4 + M_5 + M_6$
$$= 0.324 + 0.229 + 0.266 + 0.288$$
$$= 1.107(t \cdot m)$$

总力矩 $\sum M = M_Y - M_0 = 1.262 - 1.107 = 0.155(t \cdot m)$

2. 抗倾覆计算

$$K_0 = M_Y/M_0$$
$$= 1.262/1.107 = 1.14 > 1.1 \qquad 安全$$

3. 抗滑计算

$$K_1 = \sum N \times f/\sum E$$
$$= 1.77 \times 0.4/1.46 = 0.48 < 1.2$$

因两边对称,滑动力相互抵消,不存在不安全因素。

4. 地基应力计算

偏心距 $e_0 = L/2 - \sum M/\sum N$
$$= 0.9/2 - 0.155/1.77$$
$$= 0.36(m)$$

地基最大应力　　　$\sigma_{max} = \sum N/L \times (1 + 6e_0/L)$

$\quad\quad = 1.77/0.9 \times (1 + 6 \times 0.36/0.9)/10$

$\quad\quad = 0.67(\text{kg/cm}^2) < 2.0 \text{ kg/cm}^2$

小于地基许可承载力。

地基最小应力　　　$\sigma_{min} = \sum N/L \times (1 - 6e_0/L)$

$\quad\quad = 1.77/0.9 \times (1 - 6 \times 0.36/0.9)/10$

$\quad\quad \approx 0$

未出现拉应力。

(六)立板计算

按悬臂梁受弯构件计算,校核拟定尺寸,计算在水平力的作用下配置钢筋的数量。

立板固定端厚 B 为 40 cm,高度为 1.2 m,计算简图见图 3-2。

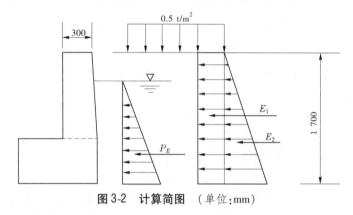

图 3-2　计算简图　（单位:mm）

1. 截面尺寸计算

弯矩由侧向水压力、活荷载及土压力组成。

$$M = 1 \times 1.0^3/6 + 0.5 \times 1.2^2/2 + 1.6 \times 0.271 \times 1.2^3/6$$

$$= 0.651(\text{t} \cdot \text{m})$$

设含筋率 $\mu = 0.2\%$,根据混凝土标号查表得 $r_0 = 0.45$

计算立板净厚　　　$B_0 = r_0 \times \sqrt{K \times M/b}$

$$= 0.45 \times \sqrt{1.7 \times 0.651 \times 10^5/100}$$

$$= 14.97(\text{cm})$$

式中:b 为截取堰槽的宽度,100 cm。

根据构造需要,选用 $B = 40$ cm,取 $a = 4$ cm,则 $B_0 = 36$ cm,偏安全。

2. 钢筋配筋计算

计算参数　　　　　$A = KM/b/B_0^2$

$$= 1.7 \times 0.651 \times 10^5/100/36^2$$

$$= 0.854$$

根据混凝土标号和参数 A 查表得 $\mu = 0.05\%$

计算钢筋面积　　$F_a = \mu B_0 b$

$= 0.05\% \times 36 \times 100$

$= 1.80 (\text{cm}^2)$

选用 3Φ10　　$F_a = 2.36 \text{ cm}^2$，偏安全。

(七)底板计算

亦按悬臂梁受弯构件计算，校核拟定尺寸，计算在各力综合作用下配置钢筋的数量。底板长 0.90 m，计算长度 0.50 m，底板高度 $H = 0.5$ m（10 cm 厚素混凝土垫层不计算强度），宽度 $b = 1$ m。

1. 截面尺寸计算

弯矩由地基应力、底板自重及渗流上浮力组成。

弯矩　　$M = 0.27 \times 0.5^2 / 2 + (0.4 - 0.27) \times 0.5^3 / 6$

$= 0.036 (\text{t} \cdot \text{m})$

设含筋率 $\mu = 0.2\%$，根据混凝土标号查表得 $r_0 = 0.45$

计算底板净厚　　$h_0 = r_0 \sqrt{K \times M/b}$

$= 0.45 \times \sqrt{1.7 \times 0.36 \times 10^5 / 100}$

$= 11.14 (\text{cm})$

根据构造要求，选用 $h = 50$ cm，取 $a = 4$ cm，则 $h_0 = 46$ cm。

2. 钢筋配置计算

计算参数　　$A = KM/b/h_0^2$

$= 1.7 \times 0.36 \times 10^5 / 100 / 46^2$

$= 0.29$

根据混凝土标号和参数 A 查表得 $\mu = 0.1\%$

计算钢筋面积　　$F_a = \mu h_0 b = 0.1\% \times 46 \times 100 = 4.6 (\text{cm}^2)$

选用 3Φ14，$F_a = 4.6 \text{ cm}^2$，安全。

钢筋布置见设计图。

(八)过流能力计算

利用淹没式宽顶堰流量计算公式

$$Q = \sigma_s \varepsilon B m \sqrt{(2q)} H_0^{3/2}$$

式中：Q 为流量；σ_s 为淹没系数，按 $H_s/H_0 = 0.9$，取 $\sigma_s = 0.84$；ε 为边墩形状系数，$\varepsilon = 1 - 0.2\zeta_k H_0 / B$，$\zeta_k = 0.4$；$B$ 为堰宽，1.0 m；m 为流量系数，$m = 0.32 + 0.01(3 - P/H)/(0.46 + 0.75P/H)$；$P$ 为堰高，0.2 m；H 为水头，按最大过流时的水位计算，1.2 m；H_0 为总水头，$H_0 = H + (\alpha_0 v_0^2)/(2q)$；$\alpha_0$ 为动能改正系数，取 1；v_0 为行进流速，最大泄流时按 1.5 m/s 计算。

将各式代入数值进行计算：

$H_0 = 1.2 + (1 \times 1.5^2)/(2 \times 9.81) = 1.31 (\text{m})$

$m = 0.32 + 0.01 \times (3 - 0.2/1.2)/(0.46 + 0.75 \times 0.2/1.2)$

$= 0.368$

$$\varepsilon = 1 - 0.2 \times 0.4 \times 1.31/1 = 0.9$$

$$Q = 0.84 \times 0.9 \times 1 \times 0.368 \times \sqrt{2 \times 9.81} \times 1.31^{3/2}$$

$$= 1.85 (\mathrm{m^3/s})$$

在堰槽满流时,最大泄洪能力为 1.85 $\mathrm{m^3/s}$,当洪水大于 1.85 $\mathrm{m^3/s}$ 时,就要越槽漫滩,漫滩后的洪水,可用比降面积法推算流量。

四、建筑工程设计及预算简介

本建筑工程设计主要包括:水文气象观测房、测验观测路及标准气象观测场围栏等设计(实验流域出口流量测验测流槽堰另文设计),其设计及预算简介如下。

(一) 观测房

建筑面积:5.3 m × 7.1 m = 37.63 $\mathrm{m^2}$;

结构形式:砖混结构;

房高:3.11 m(挑檐标高 3.92 m);

外墙饰面:外墙面贴白色面砖;

挑檐斜面:贴红色面砖;

地面:全瓷防滑地板砖;

门窗:防盗门、铝合金窗、防盗网。

(二)气象观测场围栏

气象观测场面积:15 m × 15 m;

围栏:铸铁花栏杆,高 1.2 m,中间节点为 Φ200 mm 钢管,上镶白色防水灯;

基础:C20 钢筋混凝土圈梁;

围墙:0.26 m 高砖墙,外贴白色面砖。

(三)观测路

长度约 100 m,高差约 10 m。

设计路宽:1.0 m;

路面:水平段为碎、片石灌浆路面(利用当地材料)台阶为浆砌毛石。

五、分水岭围墙设计

黄土高原丘陵地貌类型,属于湿陷性黄土地区。根据国家抗震规范及湿陷性黄土地区(GBJ25—90)规范,按照岔巴沟实验流域径流实验研究的目的和对地表水下渗流向的要求,考虑到当地冻土层深度,确定该围墙基础埋深为 1.50 m。

(一)砌体材料

考虑当地建筑材料的实际情况,基础采用 M2.5 水泥砂浆毛石基础砌筑,开槽后如遇地下水时,改用 M5 水泥砂浆砌筑。

围墙采用 MU7.5 机制红砖,M2.5 水泥砂浆砌筑(240 mm),外饰面为清水墙 1:1 水泥砂浆勾缝,墙高 600 mm。

(二)压顶做法

墙面压顶采用 C20 混凝土压顶。按照实验要求,混凝土压顶设计为斜三角形。

（三）伸缩缝

由于该项工程围墙长度较长，基础高度变化不一，所以按照有关规范要求，每个砖垛处设一伸缩缝，墙垛间距为 3 600 mm。

（四）勒脚

围墙勒脚采用 20 mm 厚、1∶2.5 水泥砂浆，高 240 mm。

第三节　实验流域建设内容

一、岔巴沟流域实验

利用现有 13 个雨量点进行雨量过程观测。

流域出流过程利用现有的曹坪水文断面进行观测。同时观测项目还有水位、含沙量、泥沙颗粒级配、河床冲淤、水面比降、水温、水化学成分、地下水位、降水量、水面蒸发量、土壤蒸发量、土壤含水率、土壤储水量、气温、气压、日照、风速、风向、地温等。

二、坡面实验

根据不同覆被条件、不同土壤湿度条件下降雨径流试验的需求，实验流域建设有不同植被的 2 m×3 m 小型径流实验场 2 个。1 号径流实验场为天然草地实验场，2 号径流实验场为荒地实验场。2 个实验场的坡度均为 15°17′。

三、标准气象场

气象观测场面积 15 m×15 m，铸铁花围栏高 1.2 m。主要仪器设备有 Vantage Pro 电子气象站、E601 型蒸发器、固态存储雨量计、人工雨量筒等，观测要素有气温、气压、湿度、风速、风向、降雨、蒸发、地温（地面、5 cm、15 cm、30 cm）、土壤含水量（10 cm、20 cm、30 cm、50 cm）等。

四、小流域实验

通过对岔巴沟流域的实地考察和反复比较分析论证，选择岔巴沟曹坪水文站基本断面下游约 50 m 处右岸支沟为实验小流域（集水面积 0.1 km²），并命名为"岔巴沟曹坪西沟径流实验小流域"（见图 3-3）。实验流域内共建设有雨量观测及雨水样采集站点 3 个，土壤水观测站 2 个，土壤墒情（旱情）监测系统 4 个。

五、环境同位素技术应用

环境同位素在水文学中的应用研究开始于 20 世纪 50 年代，随着科学技术的发展，其在流域水循环研究中的应用范围不断拓宽。水循环各水体间不断发生着环境同位素分馏，同位素组分的变化反映了不同的水文、气象微物理过程，如水汽的混合、水汽蒸发温湿度、蒸发速率等，这些过程又恰恰对流域水循环构成潜在的影响。研究作为流域水循环重要输入因子的降水的环境同位素组分特征，对比分析其时空变化，可以探讨降水的水汽来

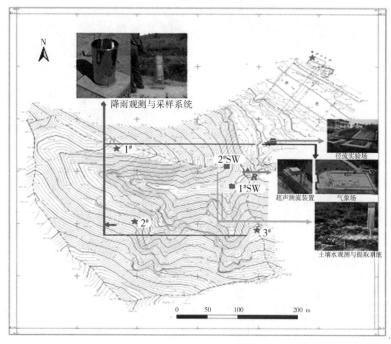

图3-3 岔巴沟曹坪西沟实验项目布设图

源、对应气象气候信息,有助于揭示研究区重要自然地理特征及降水等要素的历史变迁,还可以研究流域产汇流、水文过程划分等,为确定降水对地下水的补给、研究流域水循环深层机理奠定基础。

利用分馏作用引起的环境同位素组分变化,可以确定大气降水水汽来源,研究地表水对降水的响应过程,划分流量过程线;测算土壤水入渗速率、蒸发速率,土壤蒸发与植物蒸腾比例等;确定地下水年龄、更新周期,辅助流域水资源可更新能力的研究。结合降水、地表水、地下水同位素组分及水文地质状况,可以探明地区地下水补排关系;对植物体中水分及土壤水、地下水的研究,可以确定植物用水规律,给生态建设中植被用水过程有关的规划问题提供依据。综合研究多个要素之间的环境同位素组分变化,可以确定地表水与地下水的转化关系,研究降水通过入渗对地下水的补给及地下水更新能力,以及地下水以基流形式排入河道后的变化,将有助于揭示强人类活动影响下的岔巴沟流域水循环机理研究。

与此同时,环境同位素信息需要与其他观测信息相结合才能发挥更大作用。本实验选取氢氧环境同位素和水化学信息作为地表水 – 地下水转化关系,尝试性地探讨水保工程对水质的影响;结合土壤水分观测和人工降雨实验,确定降水入渗的情况以及水分在土壤中的入渗,进而研究降水对地下水的入渗影响,最终达到研究流域水循环的目的。主要的技术路线见图3-4。

为研究降水同位素的时空变化及水期来源,2004年开始,在每年5~10月,每月末在岔巴沟流域13个空间分布雨量站采集月混合降水,在曹坪西沟实验流域内3个雨量站、气象场和曹坪水文站等5个站点采集历次大于5 mm的降水。2004年7~10月共获得曹坪西沟实验流域大于 5 mm 的降水 14 次共 61 个,岔巴沟流域月混合降水样 48 个;2005年 5 ~ 10 月采集降水 22 次,样品 110 个,月混合降水样 72 个,其中 10 月共降水 4 次,最大 4.9 mm,最小 0.2 mm,未取样。次降水样在降水过程结束后或次日早 8 时采取,月混合降水是将月内历次降水密封保存后于次月 1 日摇匀取样。

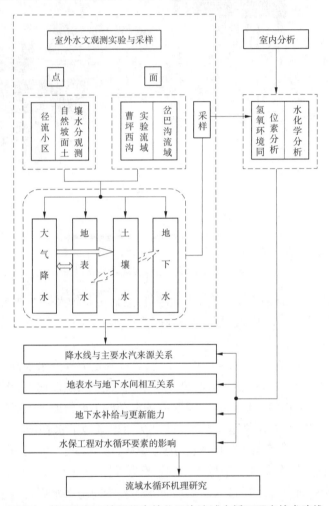

图 3-4 基于氢氧环境同位素的岔巴沟流域水循环研究技术路线

在曹坪西沟实验流域出口附近的耕地和荒草两个荒坡,观测土壤水分同时还抽取 10 cm、20 cm、30 cm、50 cm 处的土壤水。由于黄土地区降雨入渗时间短,难以形成有效入渗,所采取土壤水较少,其中 2005 年采取土壤水样 62 个(有些样品量少),2006 年采取土壤水样 18 个,收集在 25 mL 水样瓶中。

在岔巴沟流域 13 个空间分布雨量站检测降雨信息同时采取月混合水样以及浅层地下水。采集办法为将每月降雨统一收集,于月末充分混合后采集一个降雨混合样,作为本月降雨平均值;并于每月末采集各站对应民用井中浅层地下水水样一个。

为更好地研究岔巴沟流域地表水 – 地下水之间的转化关系,于 2005 年 6 月上旬和 8 月中旬,两次集中采取流域内地表水、地下水样 112 个,其中首次采样 23 个,8 月采集 89

个,并现场测定了相应的 pH 值、电导率(E_c)及水温等信息;地下水从民用井或泉中采取,地表水在沟道流水中采取,两者尽量对应布点。流域雨量站及 2005 年 8 月采样点分布见图 3-5。

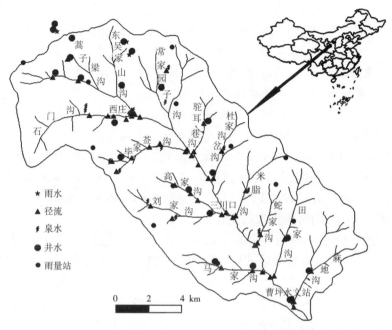

图 3-5　岔巴沟流域环境同位素采样具体位置示意

除土壤水外,其他样品都用 50～100 mL 塑料瓶采集密封保存,中国科学院地理科学与资源研究所用 Finnigan MAT – 253 同位素质谱仪 TC/EA 法测定氢氧环境同位素组分 δD 和 $\delta^{18}O$(‰),δ 值采用 VSMOW 标准,精度分别为 ±2‰ 和 ±0.3‰。对 2005 年 6 月采集水样还进行了水化学简分析,研究流域水质的演化问题。

六、人工降雨实验

为解决自然降雨量次数不足问题,开展了人工降雨实验。所建设的两个径流小区四周均由混凝土立墙与周围隔开,彼此水分循环相对独立。小区均由人工回填土形成,一个是裸露土壤,荒坡小区上种植了冰草,该草种有较强的生长和存活能力,经过一年的生长其高度为 25～40 cm,覆盖度为 60%～70%,与裸露地面有明显的区别。考虑到已经有一年的稳定时间,认为已经接近于天然状态下的土壤情况。

整套模拟降雨实验主要包括供水设备、供水水源、喷水设备、接流设备、率定装置、土壤水分测定设备等几部分。供水设备主要有一级抽水水泵、储水水桶(1.5 m³)、二级抽水水泵、流量计等组成,按照实验要求实现不间断恒定流量供水。供水水源采用靠近实验场地的曹坪水文站饮水井,该水井的水主要是由河道径流补给,受河道水质影响大,但由于实验时间较短,不考虑供水水源的水质对实验设备损害进而对实验结果的影响。喷水设备主要有喷灌用的喷灌带(控制喷水范围为左右 2 m)、连接各喷灌带的供水管道、喷灌支架、防风外围布等。本次实验在 4 m(2 m + 2 m)的宽度上均匀设置了 11 对供水口与喷灌带相连,可以通过调节流量计的阀门大小控制喷灌带的水头压力,调节降雨强度。在每次开始降雨之前,利用率定设备对流量计不同刻度对应的实际降雨强度进行率定,确定降雨强度与流量计标志之间的关系,同时在降雨过程中还在不同位置放置10个同口径的杯子校订实际雨强。在小区出口通过接流管道,借助自制翻斗雨量计与hobo配合测定流量及变化过程。实验之前和结束之后分别对该翻斗的单斗水量进行标定。水流通过翻斗之后进入事先设计好的集水池,通过集水池内立置的水尺对单场降雨进行总水量的标定。为研究降雨入渗过程中土壤水的运动情况,特在流域内埋设人工观测负压计,观测土壤水分变化,通过土壤水分的变化监测水分运动情况。

实验主要采用低高度的喷灌设备,实现只考虑雨量的人工降雨。供水流量控制为:400 L/h,600 L/h,800 L/h,1 000 L/h 和 1 200 L/h 几个流量,可以实现强度为 23 mm/h、37 mm/h、50 mm/h、63 mm/h、77 mm/h 的降雨实验,对于不同的降雨强度选择不同的降雨历时,主要以稳定出流为控制条件(通过适时的水量测定确定稳定出流),同时对 800 L/h 强度进行不同降雨历时的实验(5 min、15 min、30 min、45 min、60 min 和 90min),以分析该强度下不同降雨历时径流系数的变化规律。

在完成上述实验之后,还对现有的地表类型进行改变,包括割除 50% 和全部割除草地,以及翻耕 50% 和全部翻耕裸地,以增加下垫面类型的组合,根据时间确定每种情况的降雨次数,分析下垫面改变对降雨 – 径流 – 土壤水的转化关系的影响。

通过 2005 年 9 月 12 ~ 25 日进行的 16 场人工模拟降雨实验,对典型坡面上不同覆被情况下的降雨 – 径流 – 入渗关系进行了深入研究,分析了不同下垫面对土壤水分入渗规律以及对降雨径流关系的影响规律,为黄土高原丘陵沟壑区的水循环机理研究奠定了实验基础。本实验针对变化条件下流域水循环规律的改变,主要对不同下垫面类型、不同下垫面覆盖度及不同土地利用方式等进行了人工控制条件下的野外模拟降雨实验研究,并针对不同植被覆盖度、不同耕作措施、不同雨强时径流系数以及土壤水含量随时间的变化规律及其对两者的影响进行了研究。

第四章　研究区域水循环机理研究

本章基于水循环实验成果,对黄河沟壑区水循环机理进行了深入剖析。

第一节　小流域实验结果分析

一、不同下垫面及降雨特性对径流关系的影响分析

(一)下垫面条件对降雨径流的影响

一个完整的降雨径流过程,其产流量大小与雨强、蒸发条件、下垫面的植被情况、土壤类型以及土壤前期含水量等因素都有关系,黄土高原地区表层土壤以单一的黄土覆盖为主,因此本实验主要针对黄土层开展,同时由于实验时间比较集中可以不考虑蒸发,本章主要就其他几个方面分别进行比较说明。

下垫面条件是影响流域产汇流的一个非常重要的因素,为了研究这一因素,主要对草地和裸地两种类型进行了不同强度的降雨实验。

1. 不同下垫面对降雨径流关系的影响

图4-1与图4-2为不同降雨强度情况下的产流过程曲线,从图中可以看出,不论降雨强度如何,草地的产流时间不但比裸地的晚,同时草地产流的流量也远小于裸地产流量。由于产流量小,所以对于保护土壤免受侵蚀有很大的好处,同时通过增加入渗也可以增加土壤水资源量。另外,当雨强增加1倍时,裸地产流量也大约增加1倍。草地产流量的增幅明显偏大,说明裸地土壤对降雨径流的调节能力差。草地由于其特殊的生物功能改善了土壤结构,使得土壤对降雨有较好的储蓄调节功能,但这种功能随降雨强度增加而明显减弱。

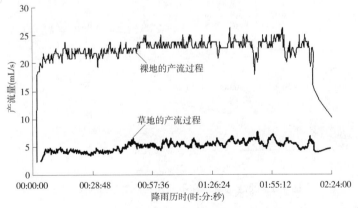

图4-1　雨强为 20 mm/h 时的产流过程曲线

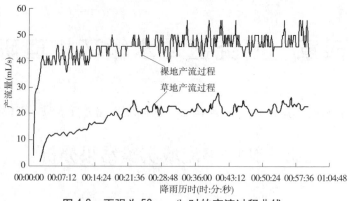

图 4-2　雨强为 50 mm/h 时的产流过程曲线

图 4-3 显示了裸地与草地的径流系数随雨强的变化规律,从图中可以看出,本实验所选取的两种下垫面类型,径流系数与雨强之间有较强的线性相关关系。对某一土壤类型来说,雨强对径流系数有较大影响。雨强较小时,草地坡面的径流系数也较小,即降雨转化为土壤水的比率较大;随雨强增加,径流系数明显增大。而需要注意的是,裸地也存在相似的变化趋势,但与草地相比曲线斜率明显要小。该结果一方面说明土壤表层特征是决定产流多少的一个重要因素,另一方面也说明草地在增加土壤入渗、减小地表产流方面存在一定的限度,雨强增大时该作用体现减弱。荒草的根系可以使表层土壤因空隙增加而增加降雨入渗,地表植物体形成的表层覆盖既可增加表层土壤糙率,还可以缓解雨滴对土壤表面的冲击,有效保护表层土壤的自然特性,所以其对应产流系数明显偏小;而随雨强增大,可以穿透草层直接落地的雨量增加,满足表层土壤入渗的能力增大,同时冰草条形叶面对降雨形成一定的拦截后,降水顺叶面到达地表,其速率远远超过了土壤入渗能力,起到了汇流作用,该双重作用使得产流系数随雨强增加的增幅较快。对于裸露地面来说,由于没有受到任何保护,外界环境对其影响很大,同时雨滴的打击可以改变地表结构特征,土体结构较为密实,下渗能力较低,使得产流系数基准值高,但由于增加雨强前后,其他影响因素变化较小,产流系数随着雨强增加的增幅小于草地。

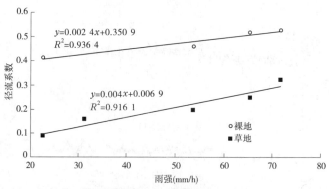

图 4-3　裸地与草地在不同雨强下的径流系数对比

2. 人类活动影响下的下垫面状况对径流的影响

从图 4-4 可以看出,在相同降雨强度与前期土壤含水量情况下,当坡地上的植被部分或全部被割除后,产流过程没有发生明显变化,只是在稳定产流量上表现出微小差异,主要表现为,随草地割除面积增加,稳定产流量略有增大。

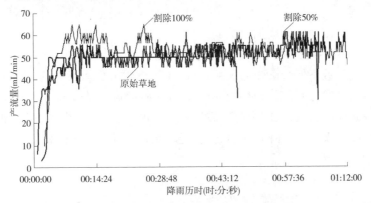

图4-4　不同植被覆盖情况下对产流的影响

割除冰草,对降雨径流过程的影响主要是作物截流量减少,但在本实验中,前期降雨量大,使得截流量不会很大,不会对降雨径流过程有明显影响;而在草地割除过程中人为践踏干扰了土壤的表层,减小了表层土壤的下渗能力,使稳定产流量增大。

3. 不同耕作措施对产流过程的影响

根据现有的实验条件,通过对裸露土壤的表面进行不同程度的翻耕,研究不同耕作措施对产流过程的影响,一种方式是在小区的上方进行翻耕,翻耕范围为50%,翻耕深度为5~10 cm;另外一种方式是将整个小区都进行翻耕,翻耕深度同样为5~10 cm。

实验结果如图4-5所示,而对于裸地,由于翻耕对上层土壤的破坏,使得整个入渗过程发生了很大变化,当50%翻耕之后,由于翻耕的是小区的上半部分,下半部分区域依然可以按照先前的产流模式产流,但是达到全面产流的时间有所延误,且最后的稳定产流量有一定程度的减小。当全部土壤翻耕之后,开始产流的时间明显迟缓,同时稳定产流所需要的时间也明显增加,整个稳定过程变得非常缓慢,说明当全部翻耕之后小区内部的整个入渗过程发生了变化,稳定之后的产流量也小于没有翻耕的土壤。主要是初期降雨量,一方面通过翻耕之后的大空隙进入深层土壤,另一方面翻耕之后土壤表面凹凸不平,需要有较大的水量进行填洼。该实验结果表明,表层土壤的结构特点对土壤的产汇流过程有明

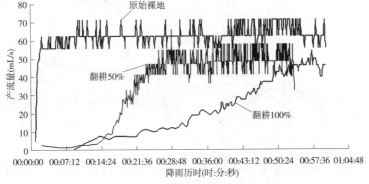

图4-5　不同耕作措施对产流过程的影响

显的影响。当地表的覆盖情况发生变化之后,表层土壤的结构特征随之发生改变,使得同种土质土壤也产生不同的产汇流。另外也说明,离流域出口近的地区的耕作措施是影响整个产汇流过程的主要因素,如果在远离出口处改变表层土壤的结构,这种改变对产流造成的影响会随着汇流距离的增加而减弱。

(二)相同雨强不同历时对径流系数的影响

区域的径流系数不但受雨强的影响,且由于土壤水分的入渗是一个随时间变化的过程,径流系数也必然受到降雨历时的影响。图 4-6 显示了雨强为 50 mm/h 时,不同降雨历时与径流系数之间的关系,从图中可以看出在该强度下,径流系数与降雨历时的关系可以简单地用对数曲线来表示。降雨开始之后,径流系数较小,与土壤水分入渗的过程相反,随着时间的增加径流系数明显增大。

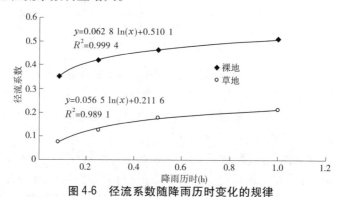

图 4-6　径流系数随降雨历时变化的规律

(三)前期土壤含水量对产流过程的影响

土壤的前期含水量不但影响降雨开始时表层土壤存储的水量,同时也影响土壤水分的入渗速率。因此,前期土壤含水量也是影响土壤水分入渗的一个重要因素。

图 4-7 和图 4-8 分别为两种不同下垫面条件下不同前期含水量的产流过程,可以看出前期土壤含水量对产流过程有很大影响,其中包括产流时间与产流量两部分,两个坡面上的共同特点是前期含水量不同时,稳定产流量差异较大;前期含水量越小,开始产流时间越晚。两者不同之处在于:对于草地,由于草对地表所产生的综合作用,差异不是太大;对于裸露地面,差异明显。

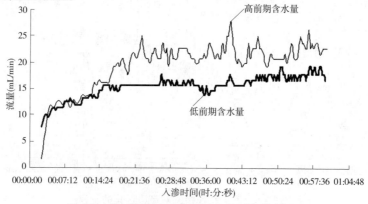

图 4-7　草地前期含水量影响产流过程的对比

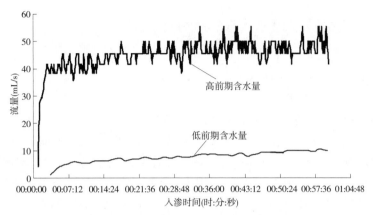

图4-8　裸地前期含水量影响产流过程的对比

（四）主要认识

本实验主要针对黄土地区的产汇流情况，以岔巴沟流域为研究对象，设计了两个2 m×3 m的实验小区；通过人工种植冰草的方式，设计了两种不同下垫面类型，在此基础上进行了人工降雨实验，实验后期又通过割除草地和对裸地进行翻耕增加了4种下垫面类型，进行了基础实验研究。设置情景包括以下几个方面：①不同前期土壤含水量（只有一场前期含水量较低）；②同一雨强、不同降雨历时；③不同雨强（降雨历时没有加以限制，一般以达到稳定入渗为条件）；④改变下垫面的状况，包括割除草地和翻耕裸地。通过上述实验得到了以下认识：

（1）对于任何一场降雨，降雨停止后，从上到下各土层含水量很快依次下降，说明该地区的土壤土层深厚，透水性好，不具备产生壤中流的条件，也说明该地区参与入渗的地表水转化为土壤水的速度较快，该地区产流模式为超渗产流。

（2）小区内部不同位置的下垫面条件发生改变时，对产汇流过程的影响不同。割除草地上半部分覆被后，主要影响稳定产流量，对开始产流时间没有太大影响；而割除下半部分荒草后，不但影响稳定产流量，对于达到稳定产流整个过程的影响也都非常明显。因此，在流域内部的坡耕地上，对上半部分进行耕作通常只影响流域产流量，不会明显影响产流过程，但对坡地的下半部分进行耕作将对流域内部的整个产流过程产生明显影响。土地利用类型的变化对黄土丘陵沟壑区的降雨径流关系有很大影响，其中耕作方式的影响远大于地表覆盖度变化产生的影响。

（3）对于不同植被类型，径流系数与雨强间的关系可以用线性关系描述，但不同植被覆盖下径流系数随雨强增加而增加的幅度明显不同，土壤表层特性是产流的重要影响因素。裸露地面受各种因素的影响，产流系数整体较大，随雨强增加而增加的幅度大；而草地，由于根系发育以及表层覆盖层的综合作用，减小径流的作用明显，使径流系数明显小于裸露地面。随着雨强增大，产流系数增加幅度明显增加，但仍小于裸露地面。

（4）特定降雨强度下，径流系数与降雨历时的关系可以用简单的对数曲线表示。降雨伊始，径流系数较小，随降雨历时增加径流系数逐渐增大，草地的增幅小于裸露坡地。

（5）土壤前期含水量对整个产汇流过程也有非常重要的影响，其对于草地的影响要远小于对裸露地面的影响。

二、不同下垫面对土壤水入渗影响分析

不同雨强、不同下垫面情况下的产流过程有很大差别。对于相同雨强、相同降雨历时,裸地坡面上单位面积产流量明显比草地坡面的产流量大,草地坡面上的起始产流时间略迟于裸露坡面的产流时间。

(一)雨强对坡面土壤湿润锋前进速度的影响

图4-9为草地和裸地土壤水分入渗过程中湿润锋在不同雨强下前进速度的变化规律图,从图中可以看出,对于草地和裸地,湿润锋锋面的前进速度随着雨强增加而加快,但是影响程度受雨强控制。当雨强在一定范围内变化时,湿润锋的前进速度变化不明显。对于该实验区域内的地表状况,当雨强在35~50 mm/h变化时,土壤湿润锋面的前进速度受雨强影响变化最大,即当雨强在该范围内时,入渗速度随雨强的增大明显加快;当雨强低于或超过该范围时,雨强对土壤水分的转化影响不大。

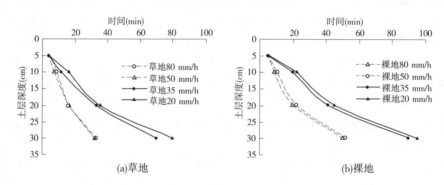

图4-9 不同雨强下土壤水分入渗过程中湿润锋变化规律

(二)不同下垫面对土壤水分入渗速度影响规律

图4-10为草地与裸地不同雨强下湿润锋下行规律的对比,从图中可以看出,在不同雨强下,草地中湿润锋的前进速度都比裸地中湿润锋的前进速度稍快,说明草地中的土壤结构有助于土壤水分的下渗。

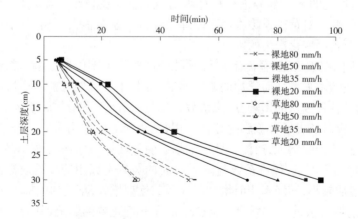

图4-10 草地与裸地不同雨强下对土壤水分入渗速度的影响规律

(三)不同下垫面对入渗过程中土壤水分变化规律的影响

由于土壤根系对土壤物理特性的影响,土壤的水分特征曲线也发生了相应改变,因此本章通过不同深度土壤水势的差别,探讨不同下垫面对土壤水分入渗过程的影响。从图4-11可以看出,初次降雨到再降雨之前,由于植被对水分的消耗大于裸地蒸发,其相同深度的土壤水势较高,即土壤含水率较低,但在降雨过程中,由于土壤质地的变化,土壤水势迅速下降,当降雨结束时,土壤水势已低于裸地的土壤水势,说明草地土壤结构的改变有助于土壤水分入渗。对于降雨过后的退水过程,二者的变化速度没有明显的区别。

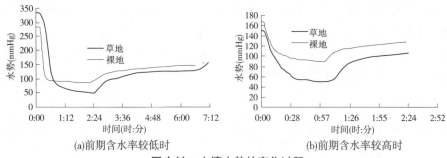

(a)前期含水率较低时　　　　　　　　(b)前期含水率较高时

图4-11　土壤水势的变化过程

(四)草地与裸地在降雨过程中土壤水分剖面的差异分析

从图4-12和图4-13可以看出,在草地和裸地两种情况下,在起始土壤水势基本相同的情况下,降雨之后它们的水势也相当,草地的水势稍稍小于裸地的土壤水势,在土壤特

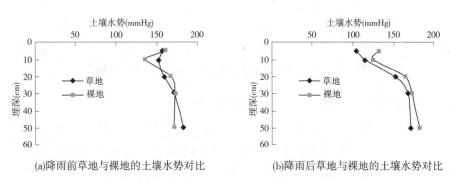

(a)降雨前草地与裸地的土壤水势对比　　　　(b)降雨后草地与裸地的土壤水势对比

图4-12　雨强为35 mm/h时的土壤水分入渗过程

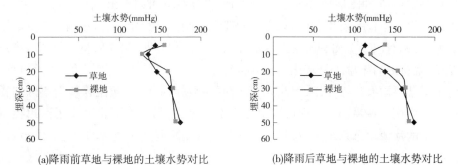

(a)降雨前草地与裸地的土壤水势对比　　　　(b)降雨后草地与裸地的土壤水势对比

图4-13　雨强为60 mm/h时的土壤水分入渗过程

性基本相同的情况下,深入土壤中的水量也应该相当,但是实际的径流测量反映的结果却有非常大的差别。这说明有冰草覆盖的土壤不但表面特征发生了变化,而且其深层的土壤特征也发生了相当的变化,使得整个入渗过程发生了较大的变化。

(五)不同覆盖下的土壤水转化率

从图 4-14 中可以看出,在不同的降雨强度下,草地的土壤水转化率明显高于裸地,随着雨强的增加,二者的土壤水转化率均明显下降,但转化量仍缓慢上升。但是在实验雨强较小时(22 mm/h),草地的土壤水转化率可达 0.9 以上,如果雨强更小,可能不产流。由此可见,在黄土丘陵沟壑区,草地对于土壤水分的转化有非常明显的正面影响;但是如果草地面积过大,会减少径流产生,使得大部分降雨以蒸散发的形式进入大气,直接参与了水分循环,从而减少人类的可利用水量,因此在该地区必须合理配置草地的面积,即要根据实际情况合理安排退耕还林还草的比例。

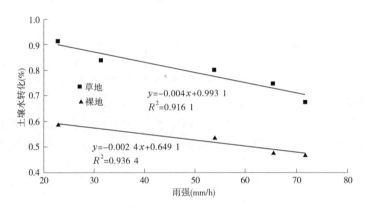

图 4-14　相同降雨历时不同雨强条件下的土壤水转化率

(六)不同的耕作措施对土壤水转化量的影响

草地对土壤水分转化的影响主要是通过改变表层与深层土壤的结构特性实现的,而耕作措施是人类活动直接改变了土层的结构特点,对降雨与土壤水分的转化关系必然会有较大程度的影响。本实验改变草地的覆盖比例和对裸地采取翻耕的方法是通过改变土壤的结构特点来探讨不同耕作措施对土壤水转化的影响。不同下垫面情况下的土壤水分入渗过程如图 4-15 和图 4-16 所示。从图 4-15 和图 4-16 可以看出,草地割除之后,土壤水分的入渗过程基本没有发生改变,只是由于在人工割除过程中,人为影响了土壤表层的特征,入渗过程稍有改变。而翻耕对土壤水分的入渗过程有明显影响,整个降雨入渗过程发生了变化,翻耕之后土壤水分转化量可以达到原先转化量的 1.5 ~ 2.5 倍,由此可见,土壤翻耕对于增蓄降雨有积极作用,因此人为活动(主要是耕作)对黄土丘陵沟壑区的径流减少起决定性作用。该措施一方面可以增加土壤蓄水量,另一方面也减少了河川径流。对于健康稳定的河流生态系统来说,只有合理开发利用不同地表类型的土地,才能保证该地区河流生态系统的健康稳定。

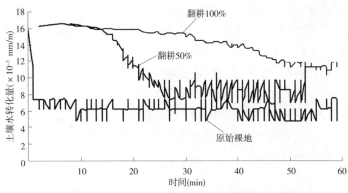

图4-15　裸地不同处理情况下的土壤水入渗过程

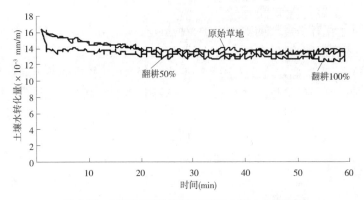

图4-16　草地不同处理情况下的土壤水入渗过程

(七)主要认识

通过上述实验得到以下主要认识:

(1)雨强对土壤水分入渗过程有较大影响,其影响规律可以分为三个阶段:雨强小于35 mm/h时,草地与裸地中湿润锋面向下移动的速度随雨强的增加变化不明显;雨强在35～50 mm/h时,二者湿润锋面的下移速度随雨强增加明显加大;雨强大于50 mm/h时,二者的下移速度随雨强的增加不再发生明显变化。相同雨强情况下,草地中湿润锋的下移速度相对较快。

(2)通过对降雨过程中土壤水势变化的比较发现:草地与裸地在各个深度处的土壤水势变化规律相似,都表现为草地中土壤水势下降较快,一定程度上可以说明,草地更有利于土壤水分入渗。

(3)通过对降雨前后土壤剖面的水势对比分析,降雨前后草地与裸地的土壤水势变化幅度没有很大的差别,但从产流资料分析发现,水量损失的差别很大,因此认为草地的根系发育改变了土壤的物理特性,即相同的土壤水势对应完全不同的土壤含水量,同一土壤水势对应的含水量在草地中的值明显大于裸地中的值。

(4)降雨历时相同时,随着雨强的增加草地与裸地土壤水转化率都下降;相同雨强时草地的土壤水转化率远大于裸地,这说明植树造林将大大增加该地区土壤水的转化率,增加植被的蒸散发,减少河道径流。但过度强调植树造林会大大增加该地区的绿水所占的比例,减少蓝水的数量,不能很好地实现社会经济系统与生态系统的和谐发展。

(5)人类活动的影响也对降雨与土壤水分的转化关系有重要的影响。实验结果表明,耕作措施是改变土壤水转化的重要影响因素,当改变下垫面覆盖率时,只是总产流量稍微变化;而当土壤翻耕后,破坏了土壤表层的物理特性,可以将土壤水转化量提高1.5 ~ 2.5倍,土壤水分转化率大大增加,其随时间的变化关系亦发生较大变化。这说明人类耕作措施是改变该地区降雨入渗的主要途径,土地利用类型的变化对黄土丘陵沟壑地区的土壤水转化有很大影响。翻耕必须采用合适的耕作措施,在保证土壤水转化率满足作物需求的同时,尽可能增加径流量。

第二节　环境同位素技术应用结果分析

降水是流域水循环中重要的输入因子,对其同位素组分的研究有助于确定流域水体间的水力联系,还可反映流域综合自然地理及气象气候信息;结合地表水、土壤水及地下水同位素组分变化,可以确定降水入渗及产汇流过程、地下水补给及更新能力,进而为完整的水循环机理研究提供依据。结合水文气象观测,本文分析了黄土高原典型丘陵沟壑区岔巴沟流域2004 ~ 2005年月混合降雨以及曹坪西沟实验流域次降雨环境同位素组分雨量效应、高程效应、季节变化、δD 与 $\delta^{18}O$ 间的关系等,并对不同时空尺度上大气降水线的变化规律进行了分析,结果表明,该地区不同年份及雨季前后,降水的水汽来源不同且蒸发过程差异较大。

一、降雨及氢氧环境同位素特征分析

(一)流域降雨及同位素采样布设

为研究降雨同位素的时空变化,2004年5月开始,分别在曹坪西沟实验流域的3个雨量站、气象场和曹坪水文站等5个站点采集次降雨量大于5 mm的降雨,并于每月末在岔巴沟流域13个雨量站采集月混合降雨。2004年7 ~ 10月在曹坪西沟实验流域共获得大于5 mm的降雨14次共61个,岔巴沟流域月混合降雨样48个;2005年5 ~ 10月采集次降水22次,样品110个,月混合水样72个。各站降雨量采用南京水利水文自动化研究所JDZ - 1型雨量数据采集器观测,时间步长5 min,以每日早8时到次日8时的降雨作为日降雨量;次降雨样在降雨过程结束或次日早8时采取,月混合降雨(以下简称月降雨)是将月内历次降雨密封保存,于次月1日混合摇匀后取样。样品用100 mL密封塑料瓶采集,在中国科学院地理科学与资源研究所环境同位素实验室用 Finnigan MAT - 253同位素质谱仪 TC/EA 法测定氢氧环境同位素组分 δD 和 $\delta^{18}O$(‰),δ 值采用 VSMOW 标准,精度分别为 ±2‰ 和 ±0.3‰。具体采样位置见图3-5。

(二)流域降水特征分析

从2004 ~ 2005年观测资料来看,流域内降水在时间、空间上均存在较强的变异性。根据曹坪水文站观测(见图4-17),两年平均降水量为354 mm,其中5 ~ 9月降雨占到全年的90%,7月、8月占46%,而11月 ~ 次年2月降雨很少。根据实际观测,2004年5 ~ 10

月间流域 13 个雨量站 5～10 月降水量为 360.3 mm,远低于流域 1959～2001 年平均降水量 430.8 mm。图 4-18 和图 4-19 反映了流域各月降雨量的空间变化。各场次降雨量也存在明显的差异。

(三)降水同位素特征分析

1. 降水同位素效应及水汽来源变化分析

次降水环境同位素组分的变化规律,体现了各场次对应水文气象等要素的差异,而月降雨则是这些特征按降雨量加权平均后的综合反映,融入了更大时间尺度上的信息。本文着重选取岔巴沟流域上游和民墕站(海拔 1 260 m)、中游杜家山站(海拔 1 120 m)以及下游曹坪西沟实验流域(5 个站点平均海拔 975 m)的月降雨 δ 值研究同位素组分的时空变化。因 $\delta^{18}O$、δD 基本同步变化,主要对 δD 进行讨论。

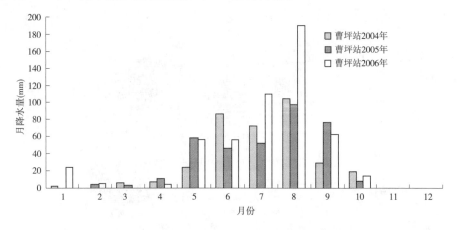

图 4-17　曹坪水文站 2004～2006 年年内各月降雨量分布

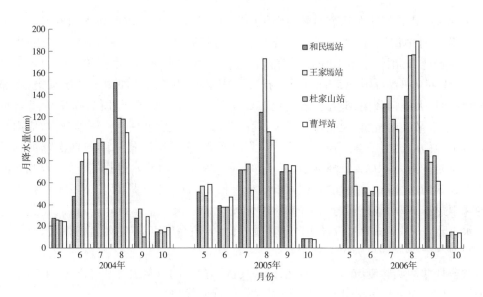

图 4-18　岔巴沟流域上下游四站 5～10 月降雨量变化

1) 次降雨同位素组分时间变化

图 4-20 是 2004 年、2005 年曹坪西沟实验流域 5 个雨量站采集的次降雨 δD 算术平均值和对应降雨量的时间变化。从图中可以看出,对 2004 年 6 月 29 日至 10 月 10 日期间 14 次降雨过程,场次间 δ 值变化大,部分场次同位素组分高度富集,δ^{18}O 和 δD −89.0‰ ~ 8.5‰ 间变化,最大值出现在 9 月 20 日;在整个流域上,杜家山站 7 月 13 日降雨 δD 达 −92.7‰。2005 年 5 ~ 9 月间 22 场降水分别在 −115.7‰ ~ 12.9‰ 变化,最大值出现在 6 月,最小值出现在 9 月 28 日;而 δ 值接近。

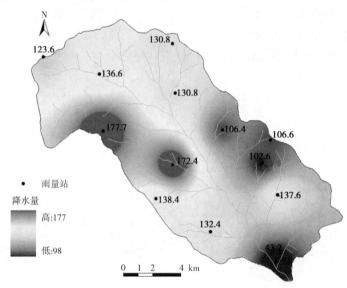

图 4-19　2005 年 8 月岔巴沟流域月降雨量空间变化　（单位:mm）

年内次降雨 δ 值存在几个明显的变化周期,每年 5 ~ 6 月整体偏高,8 月初到 9 月上旬明显下降,9 月中旬经历个别场次小雨的同位素富集后又开始下降,形成较完整的类正弦形式。一般地,日雨量小于 10 mm 的降雨过程同位素水平偏高,大于 20 mm 的降雨趋于贫化;持续 48 小时、日雨量 5 mm 以下的连续降雨随降雨历时增加,δ 值逐渐富集,而邻近两场短历时、大雨强降雨,δ 值逐渐贫化。如 5 月 24 ~ 27 日降雨过程,随累计降雨量增加,同位素水平反而富集,说明随着降雨过程的推进,大气中残留水汽逐渐减少,成雨水汽在降落至地面前经历了逐渐强化的蒸发过程。而 2005 年 8 月 11 ~ 12 日两次降雨都是大雨强短历时降雨,其中 12 日降雨是 11 日大雨量(29.1 mm)降水过程的延续,因此 δ 值贫化主要表现为连续降水过程的累积雨量效应。而对 2004 年 9 月 16 日及 2005 年 6 月 12 日的降雨过程,降雨量分别为 4.4 mm、8.0 mm,之前三天以上未有降雨过程,高温环境有利于水汽蒸发,因此成雨水汽经历严重蒸发,降水 δ 值高度富集,达两年内最大。

2) 月混合降水同位素组分时空变化

对曹坪西沟实验流域,月平均 δ 值按各场次降雨的同位素组分和降雨量,采用雨量加权平均法(公式(4-1) ~ 公式(4-4))所得计算值近似代替。

$$P_i = 1/5 \times \sum P_j \qquad (4-1)$$

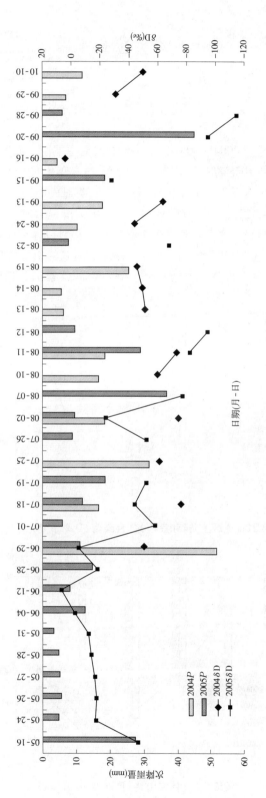

图4-20 曹坪西沟实验流域次降雨同位素组分δD季节变化

$$P = \sum P_i \qquad\qquad (4\text{-}2)$$

$$\delta D_i = 1/5 \times \sum \delta D_j \qquad\qquad (4\text{-}3)$$

$$\delta D = \sum \frac{P_i}{P} \times \delta D_i \qquad\qquad (4\text{-}4)$$

其中,P 为次降雨量;$j=1,2,\cdots,5$,代表各个次降水采样站;$i=1,2,3\cdots$,为月内降雨次数。

图 4-21 至图 4-23 给出了 2004、2005 年岔巴沟流域上中下游三站月降雨 δD 变化和对应降雨量信息。2005 年,上中下游三站均存在明显的季节变化且趋势相近,都在 6 月达最大,7、8 月逐渐贫化,9 月达最低,10 月又大幅升高,呈明显的季节变化。其中 5 月以上游和民塌站最小,达 $-34.4‰$,中下游两站为 $-22.4‰$ 和 $-31.6‰$;6 月,上游 δD 为 $-18.2‰$,显著小于中下游的 $-3.7‰$ 和 $-6.4‰$;而 7～9 月降水 δD 差异减小,9 月上、中、下游分别为 $-78.8‰$、$-79.7‰$ 和 $-78.4‰$。各月份不同的组分值反映了不同的水汽运移状况。5 月份由于 27.4 mm 的降雨过程,气温较低,同位素组分相对较低;而 6 月,由

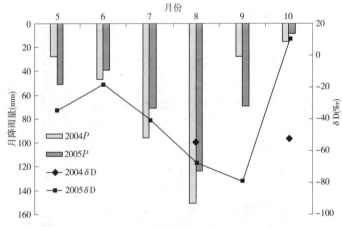

图 4-21　流域上游(和民塌站)月降雨 δD 季节变化

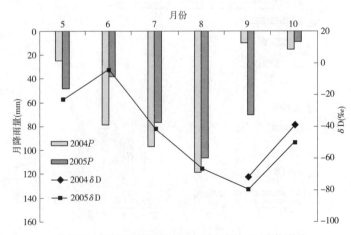

图 4-22　流域中游(杜家山站)月降雨 δD 季节变化

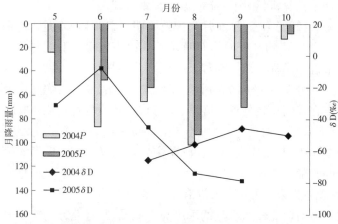

图4-23　流域下游（曹坪站）月平均 δD 季节变化（雨量加权平均）

于次降雨量小,降水时间间隔大,气温骤然升高,蒸发作用加强,因此同位素富集,对应 δ 值明显大于临近月份;7～8月,随着携带大量水汽的季风势力的增强,降雨量及降水次数增加,水汽蒸发伴随的重同位素富集过程缩短,最终以贫化的同位素组分降落,受降雨量影响明显。

3）次降雨与月降雨的降雨量效应

对2004年14次降水,δ^{18}O 值与不同时段内降雨量之间以对数关系更好,其中与最大 5 min 雨强 I_5 间关系为 δ^{18}O $= -1.93 \ln(I_5) - 6.56, R^2 = 0.462$;与最大 30 min 雨量 I_{30} 关系为 δ^{18}O $= -2.15 \ln(I_{30}) - 3.91, R^2 = 0.491$;与最大小时雨量 I_h 间为 δ^{18}O $= -2.69 \ln(I_h) - 2.39, R^2 = 0.565$;与总降水量 P 关系 δ^{18}O $= -3.70 \ln(P) + 2.61, R^2 = 0.412$。可以看出,从 5 min 最大雨量、30 min 最大雨量到 1 h 雨强,与同位素组分之间对数关系的相关性逐渐增大,在 1 h 雨强处达最大,而总降水量与同位素值间的相关性又开始降低,说明2004年曹坪西沟实验流域同位素值随 I_h 增大而降低的相关性最好,与次降水量 P 的关系略差。而值得注意的是,δ^{18}O 与 I_5、I_{30}、I_h、P 间对数关系的系数却逐渐增大,说明次降雨量增大引起 δ 值减小的速度最快,体现了 P 的影响。2005年次降水有所不同,δ^{18}O 与 I_5、I_{30}、I_h、P 以线性关系最好,且与 P 相关性最高,其中下半年雨量效应更为明显。综合 2004～2005 年（排除8月12日和9月28日明显偏离点）降雨同位素组分,δ^{18}O - P 间关系为 δ^{18}O $= -0.222P - 2.85$ 和 δD $= -1.70P - 17.2$,如图4-24所示。根据气象观测,8月 11～12 日期间风速小,排除外来水汽的可能,而组分严重贫化,说明本次降雨过程是 11 日降雨的残留水汽与蒸发混合的结果。

对月降雨来说,亦存在分阶段的雨量效应。5～8月,流域三站均表现出很好的雨量效应,随月降雨量 P 增加同位素组分趋于贫化,相关方程为 δD $= -39.38 \ln(P) + 124.8$ （$R^2 = 0.624, n = 16$）;9月,深入内陆的东南季风消退过程中携带的残余水汽重同位素贫化,其形成的降水同位素组分进一步贫化,掩盖了年内整体的雨量效应;然而 9～10 月时段内也存在一定规律 δD $= -24.26 \ln(P) + 25.3$（$R^2 = 0.613, n = 9$）,如图4-25所示。结果表明,对于不同宏观气团作用形成的降雨过程,不宜进行笼统的雨量效应分析,应针对不同气团控制时期单独分析,否则可能掩盖了客观规律。

从三站对比来看,2005年5月、6月高程效应明显,2004年7月也有所体现,即5月、6月或某些年份的7月,δ值随高程增加而明显递减;8月、9月,上下游差异显著减小,受高程影响减弱。结果说明高程效应受高程及水汽降落前循环路径的共同影响。若水汽经过较高地形的抬升后部分在流域上游背风坡降落,之后继续向下游输送、冷凝致雨,重同位素相对富集的水汽在较高海拔处优先降落,低海拔处δ值相对贫化,则此时高程效应不明显;若水汽从流域下游向上输送,则沿河道向上同位素组分逐渐贫化,高程效应明显。综合三站月降水的结果表明,每年5~8月,降雨主要水汽是从东南向西北运移,使高程效应表现突出;雨季期间,随着季风影响增强,水汽混合作用强烈,降雨强度大,导致地形抬升作用减弱,几乎表现不出来。9月降水没有雨量效应及高程效应,且组分值较8月更低,说明9月降水主要是向西北输送水汽的季风势力减弱,来自北方的冷空气势力增强,残余水汽逐渐回退时冷凝形成。

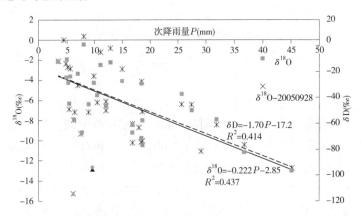

图4-24　2004~2005年曹坪西沟实验流域次降雨与岔巴沟流域月降雨量效应(A)

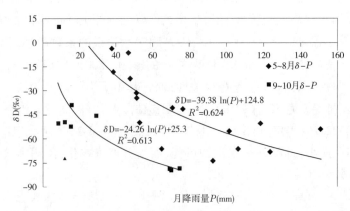

图4-25　2004~2005年曹坪西沟实验流域次降雨与岔巴沟流域月降雨量效应(B)

2. 降雨中$\delta D - \delta^{18}O$关系及大气降水线探讨

对某站点降雨来说,$\delta D - \delta^{18}O$之间往往有很好的线性关系,并显示出较强的地缘性。当地大气降水线是一个地区某一阶段内降水$\delta D - \delta^{18}O$间的线性关系,其可以很好地反映地区的自然地理和气象气候条件,在解决历史气候变迁及水汽来源等方面具有明显优势。

为对比大气降雨线的时空变化,本文对五个次降雨采样点 2004 ~ 2005 年历次降水的 $\delta D - \delta^{18}O$ 值分别作了回归分析,还对 2004 年流域 12 站点 7 ~ 10 月月降雨、2005 年 7 月 15 日前后降雨过程分别进行了拟合,最后利用所有降雨样(219 个,未含 2005 年月降雨)得出了当地大气降雨线 $\delta D = 7.50\delta^{18}O + 2.9(R^2 = 0.923, n = 219)$。表 4-1 列出了不同拟合方式下的 $\delta D - \delta^{18}O$ 关系,其中,F 部分还对某月各雨量站月降雨的 $\delta D、\delta^{18}O$ 进行了尝试性拟合。

1) $\delta D - \delta^{18}O$ 线性关系的年际及季节变化

从表 4-1 中各曲线看出,2004 年,气象场与 2 号雨量站斜率在 6.50 左右,1 号、3 号、曹坪站斜率最小,在 5.42 ~ 6.05,远小于全球均值 8;而 2005 年 5 站在 7.63 ~ 8.57 间变化,1 号、3 号、曹坪站均大于 8,恰与 2004 年形成对比;整体上 2004 年明显小于 2005 年。将两年资料结合分析后斜率趋于相似。对氘盈余(截距)来说,2004 年最大值仅 −8.0,最小值 −15.7,远小于 2005 年及全球均值 10。结果表明,两年降水的水汽来源有明显差别,2004 年降水在降落过程中经历更为强烈的蒸发过程,导致了斜率下降和氘盈余减小。

相应的,氘盈余的变化亦呈现出很强的规律性。2004 年降水线斜率小于 2005 年,且氘盈余小于 0;而 2005 年氘盈余最小值为 7.6,即曲线斜率越大,氘盈余越大;斜率下降时氘盈余亦随之下降,表现出强相关性。斜率与氘盈余变化的原因,蕴含着自然地理和气候方面的重要信息。

鉴于 2004 年各点 $\delta D - \delta^{18}O$ 关系中斜率的较大变化,为分析年内不同季节时曲线斜率及氘盈余的变化,特对 5 个次降雨采样点 $\delta D - \delta^{18}O$ 关系曲线进行了回归分析,列于表 4-1 中 D、E 部分。结果显示,2005 年 5 月至 7 月 15 日之前降水 $\delta D - \delta^{18}O$ 的曲线斜率整体小于下半年,年内不同季节的变化可能受水汽来源不同的影响,造成降雨年内时间分布和同位素组分的差异。曲线斜率变化与水汽来源的关系还有待深入探讨。

表 4-1　岔巴沟流域各雨量站对应 $\delta D - \delta^{18}O$ 关系曲线的综合对比

对比项目	站点	$\delta D - \delta^{18}O$ 关系	R^2	水样数
A. 2004 年 7 ~ 10 月次降水过程	气象场	$\delta D = 6.52\delta^{18}O - 10.7$	0.959	10
	1 号雨量站	$\delta D = 6.05\delta^{18}O - 9.3$	0.976	12
	2 号雨量站	$\delta D = 6.55\delta^{18}O - 8.0$	0.958	12
	3 号雨量站	$\delta D = 5.43\delta^{18}O - 15.7$	0.893	13
	曹坪水文站	$\delta D = 5.42\delta^{18}O - 14.2$	0.910	14
	曹坪西沟流域降水综合	$\delta D = 5.91\delta^{18}O - 11.9$	0.929	61
	12 站月降水	$\delta D = 7.13\delta^{18}O - 3.0$	0.907	48
	2004 年降水综合	$\delta D = 6.21\delta^{18}O - 10.0$	0.918	109
B. 2005 年 5 ~ 9 月曹坪西沟实验流域次降水	气象场	$\delta D = 7.89\delta^{18}O + 7.6$	0.963	22
	1 号雨量站	$\delta D = 8.28\delta^{18}O + 9.6$	0.976	22
	2 号雨量站	$\delta D = 7.63\delta^{18}O + 8.3$	0.964	22
	3 号雨量站	$\delta D = 8.57\delta^{18}O + 16.8$	0.964	22
	曹坪水文站	$\delta D = 8.21\delta^{18}O + 10.8$	0.970	22
	曹坪西沟流域降水综合	$\delta D = 8.06\delta^{18}O + 10.3$	0.963	110

续表 4-1

对比项目	站点	$\delta D - \delta^{18}O$ 关系	R^2	水样数
C. 2004~2005 年采集所有降水	气象场	$\delta D = 7.54\delta^{18}O + 2.3$	0.933	32
	1 号雨量站	$\delta D = 7.71\delta^{18}O + 4.4$	0.955	34
	2 号雨量站	$\delta D = 7.34\delta^{18}O + 3.3$	0.939	34
	3 号雨量站	$\delta D = 7.63\delta^{18}O + 6.3$	0.889	35
	曹坪水文站	$\delta D = 7.26\delta^{18}O + 2.2$	0.918	36
	2004~2005 年降水综合	$\delta D = 7.50\delta^{18}O + 2.9$	0.923	219
D. 2005 年 5 月~7 月 15 日曹坪西沟实验流域次降水	气象场	$\delta D = 7.16\delta^{18}O + 6.7$	0.857	11
	1 号雨量站	$\delta D = 8.41\delta^{18}O + 10.4$	0.894	11
	2 号雨量站	$\delta D = 9.43\delta^{18}O + 15.6$	0.878	11
	3 号雨量站	$\delta D = 8.03\delta^{18}O + 16.3$	0.88	11
	曹坪水文站	$\delta D = 6.33\delta^{18}O + 5.8$	0.898	11
	时段内降水综合	$\delta D = 7.42\delta^{18}O + 9.3$	0.963	55
E. 2005 年 7 月 16 日~9 月降水	气象场	$\delta D = 7.61\delta^{18}O + 3.6$	0.978	11
	1 号雨量站	$\delta D = 8.10\delta^{18}O + 7.8$	0.976	11
	2 号雨量站	$\delta D = 7.03\delta^{18}O + 2.0$	0.967	11
	3 号雨量站	$\delta D = 7.95\delta^{18}O + 9.2$	0.956	11
	曹坪水文站	$\delta D = 8.26\delta^{18}O + 9.3$	0.987	11
	时段内降水综合	$\delta D = 7.72\delta^{18}O + 5.8$	0.966	55
F. 2004 年 7~10 月月降水	8 月	$\delta D = 6.73\delta^{18}O - 5.8$	0.921	12
	9 月	$\delta D = 6.69\delta^{18}O - 7.0$	0.891	11
	10 月	$\delta D = 6.57\delta^{18}O - 4.3$	0.851	13

2) 空间分布雨量站月降雨 $\delta D - \delta^{18}O$ 关系及原因初步分析

为研究降雨同位素组分的空间变化,分析了 13 个雨量站月降雨的同位素组分,结果显示,2004 年月降水 δ 值空间变化大,7~10 月无明显规律,而各站点历次月降雨之间及某月中 13 个雨量站月降雨 $\delta D - \delta^{18}O$ 之间均呈较好的线性相关。前者的相关原理与次降水相似,并无大异常,由于测点较少,目前暂不作定量分析,而着重讨论后者。

一般的,同一地点不同场次降雨间 $\delta D - \delta^{18}O$ 有很强相关性,而同场次降雨在小空间尺度上变化不大,不足以形成卓有意义的线性关系,如曹坪 5 个雨量站同场次降雨 $\delta D - \delta^{18}O$ 间几乎不具线性相关。而岔巴沟流域的结果则不同,13 个站点某月月降雨 $\delta D - \delta^{18}O$ 之间有良好线性关系。其表明,岔巴沟流域降雨同位素组分的空间变化大,足以形成明显的线性关系;流域各雨量站的月降雨更好地融合了同位素组分的空间变化,充分体现了月内历次降雨的混合作用;增加雨量站月降雨采样,更好地反映了空间变异性,增加了大气降水线的覆盖面。可以认为,对于小尺度地形地貌及水循环条件变异较大且面积在200 km² 左右的流域,需充分考虑同位素组分的空间变化。

3) 大气降水线中斜率与截距间关系初探

Kendall 等研究了美国各主要区域的河水线斜率与氘盈余的空间分布及其可能的控制因素,发现很多地区河水线斜率与地形地貌条件存在很强的相关性,与氘盈余的空间分布也有很强相关性,但从美国范围内所有研究站点来看,两者相关系数仅为 0.04。然而,本研究区却存在更为良好的相关关系。不同站点曲线斜率及氘盈余的变化可以看出,2004 年斜率远小于 2005 年且氘盈余小于 0。各站大气降水线斜率和氘盈余关系如图 4-26 所示。

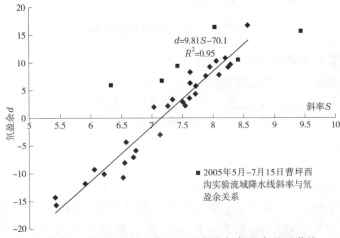

图 4-26 岔巴沟流域大气降水线斜率与氘盈余关系曲线

由于 2005 年上半年 δ 值变化范围小,表 4-1-D 中各曲线的相关系数整体不高,排除拟合后,可以看出,$\delta D - \delta^{18}O$ 曲线的斜率与氘盈余之间有良好的线性关系,线性回归得到 S 与 d 间关系为 $d = 9.81S - 70.1 (R^2 = 0.95)$,变换形式后为

$$9.81S - d = 70.1 \tag{4-5}$$

该公式表明,虽然流域内不同时间、不同站点的大气降水线可能存在显著的年际或年内变化,但斜率与氘盈余间的关系却相对固定,亦即不同年份大气降水线的变化具有一定的共性,该共性隐含着地区自然地理条件和气象气候条件方面的重要信息,有必要结合其他地区的大气降水线及自然地理条件、降水水汽运移进行研究,深入探讨其在大气降水研究中的应用。该规律也可在一定程度上提醒研究者在进行水样分析时审慎地调整仪器状态,对 δD 与 $\delta^{18}O$ 的测定值进行必要、合理的结果校正;甚至将为不同研究者针对同一地区、不同时期得出的氢氧同位素结果之间的比较提供可能。对比大气降水、地表水甚至地下水 $\delta D - \delta^{18}O$ 关系中斜率与氘盈余的关系,有助于研究水汽来源及气象气候条件变化,对照历史时间尺度上不同水体来源的古今变化,为判断地表水、地下水来源提供辅证。

(四)主要认识

(1)通过对岔巴沟流域两年次降水及月降水的氢氧同位素分析,得出了一系列年际及年内 $\delta D - \delta^{18}O$ 线性关系,据此初步探讨了年际和年内不同水汽来源控制的作用;首次得出了较有代表性的流域大气降水线,为分析地区自然地理特征及气象气候要素提供了参考。

(2)流域月降水同位素组分空间变化大,不同月份上中下游三站的空间差异不同,对应的雨量效应、高程效应也有明显差异,由此可以判定降水水汽的大致运移路径;200 km² 空间尺度上的降水同位素组分变化已比较显著,各站月降水的研究为进一步确定流域降水对地下水的补给奠定了基础。

(3)大气降水线的时间、空间变异大,且斜率 S 及氘盈余 d 之间存在很好的线性关系 $9.81S - d = 70.1$,两者关系隐含着研究区重要的自然地理及气候气象信息,为对照地区水汽来源的古今变化、判断地表水地下水来源提供辅证;同时还为不同研究者针对同一地区的不同研究成果的对比提供了可能。该关系可能将成为氢氧同位素在大气降水及气候变迁等相关领域中的考虑方向之一,有待结合其他区域的结果进行深入研究。

二、地表水与地下水环境同位素与水化学特征分析

(一)流域地表水资源状况

流域地表水资源多伴随高含沙量,尤其是降雨后的洪水过程;属于暴起暴落形式,洪水过程一般在 3 天内退去,之后流量很小;其他时间以地下水补给为主;经过沟道时,受到淤地坝淤积物的影响,蒸发面增大,地表水经历强烈蒸发,常引起电导率升高。由于径流时间短,含沙量高,很少作为灌溉用水,地表水资源利用率较低。与地下水之间趋向于单向水力联系。

(二)地表水集中采样环境同位素特征

由于 6 月上旬地表径流很小,所取地表水主要集中在主河道,15 个地表水样 $\delta D - \delta^{18}O$ 关系为 $\delta D = 3.56\delta^{18}O - 34.4$,$R^2 = 0.895$,$\delta^{18}O$ 变幅 $-11.51‰ \sim -4.34‰$,δD 为 $-74.6‰ \sim -45.7‰$;源头处到中部的三川口段,逐渐增大到 $-4.72‰$,其下则贫化后又逐渐富集。地表水线斜率 3.56,远小于 GMWL 斜率 8 及当地大气水线斜率 7.50;截距亦远小于全球和当地大气水线的 10.0 和 2.9。地下水同位素组分较为接近,$\delta^{18}O$ 和 δD 分别在 $-8.35‰ \sim -7.26‰$ 和 $-66.6‰ \sim -50.8‰$ 间变化,变幅仅为地表水 1/4;对 δD 来说,除 W6 - J 明显偏离(值 -50.7)外,其他点变化很小($-66.6‰ \sim -61.0‰$)。

2005 年 8 月,地表水同位素组分分别在 $-5.89‰ \sim -10.01‰$ 和 $-54.2‰ \sim -70.5‰$ 间变化,变幅较 6 月小,大多数支沟地表水同位素组分沿河道向下有所增加,又多小于对应的地下水组分。地下水变化较小,在 $-6.59‰ \sim -8.92‰$ 和 $-59.4‰ \sim -74.0‰$ 变化,最小值出现在主河道西侧蒿子梁沟、毕家岔沟和刘家沟。

2005 年 6 月上旬,地表水线 $\delta D = 3.56\delta^{18}O - 34.4$,斜率与氘盈余与大气降水线存在巨大差异,反映出主河道地表水经历了强烈的蒸发作用,引起曲线斜率下降。Kendall 等对美国 391 个站点共 4 800 个河水样的 $\delta D - \delta^{18}O$ 组分按站点进行了回归,分析了 δD、$\delta^{18}O$、$d - excess$ 及斜率的时空变化,并将其与环境参数(温度、降水量、潜在蒸散发、高程等)进行回归分析,最后提出用河水线近似代替当地大气水线进行古气候及古水文地质重建的设想。而本地区河水线与大气水线间显著的差异,使得该假设的使用范围受到限制。这与 Dutton 等对美国降水及河流曲线关系对比后得出的"河水与雨水组分可能存在较大不同,用河水线进行古气候重建时应慎重"的观点一致。淤地坝、大坝等措施及特殊

的气候条件可能都会加速地表水沿河道的蒸发进而导致曲线斜率的明显下降,从而失去了进行还原或重建的意义。因此,不考虑当地气候条件或人类活动对地表水的影响而直接用河水线代替当地大气水线进行古气候重建或者不考虑地表水沿程蒸发的流量过程线划分是有风险的。应用前应充分考虑河水经历的沿程蒸发过程,尤其在干旱-半干旱或者水保工程作用明显的地区。

8月中旬采样的地表水 $\delta D - \delta^{18}O$ 关系为 $\delta D = 3.40\delta^{18}O - 37.2$ ($R^2 = 0.459, n = 48$)。相关系数较6月有所减小,除采样点增多外,主要还与以下因素有关:一方面,采样历时较长(6天)且前期采样略受降水消退过程影响,降雨径流的衰退过程扰动了地表水线的点图分布和线性关系;另一方面,6月上旬采样主要分布在主河道附近,多属地下水直接排泄,其间没有降水补给,主要是单一的蒸发过程,线性关系良好,而8月采样很多分布在支沟中,情况复杂,使得曲线分布趋于离散。复杂性表现在降水的混合使曲线斜率有所抬升,而8月平均气温及日照强度均高于6月,支沟中地表水流相对缓慢,蒸发面积较主河道大,蒸发作用更加强烈,斜率减小。整体上,曲线斜率略低于6月的斜率3.56(截距也相应减小),说明多数沟道的地表水经历了较6月强烈的蒸发过程,此时蒸发温度的作用也有所凸显。

(三)地表水电导率及水化学信息特征分析

从上游到中游三川口段,EC 值逐渐减小,其下又逐渐增大,出口处达 2 850 μS/cm;而 pH 值整体呈增大趋势,在中段增加尤为迅速。地下水 EC 值在 1 004 ~ 3 210 μS/cm 间变化,相对集中且井水(1 119 ~ 3 210 μS/cm)明显高于泉水,河道附近或沟道汇合处的井水 EC 值尤高,该类6处井水 EC 值平均为 2 662 μS/cm;而泉水在 1 004 ~ 2 590 μS/cm,最大值集中在毕家荟沟上游。流域内地表水及地下水均呈碱性,其中地下水 pH 值在 7.85 ~ 9.37间变化,70%在 8.0 ~ 8.5 之间;地表水为 7.82 ~ 10.12,均值 9.31,65%在 9.0 ~ 9.6 间;流域东南三条支沟中,地表水 pH 值在 10.0 左右,明显高于地下水。

三、不同下垫面状况下的土壤水分变化

为了深入研究降雨过程中土壤水分入渗规律以及降雨通过土壤界面对地下水的补给过程,本研究选取曹坪西沟实验流域的出口附近进行土壤水分观测和土壤水庆阳环境同位素组分研究。由于研究地区降雨过程集中,降雨有效补给时间较短,土壤表面入渗量有限,土壤水分较难入渗至 50 cm,只有在 50 mm 以上的降雨过程后才可以取出,因此采集水样较少。通过对 2005 年以及 2006 年土壤水的分析,对比观测土壤水分变化,初步得到如下认识:由于受黄土地区土壤特性以及降雨入渗时间短等因素的影响,虽然土壤入渗性能中等,但黄土层中土壤水分含量一般,最大值在 15% 左右,土壤水分抽取量不多,降雨过程不够连续,尤其是深土层 30、50 cm 土层抽取更少,导致同位素应用受限制,但土壤含水量的连续观测,有效减小了该现实条件的不足。未来的研究,除加大降雨采样中的跟踪力度外,对于深层次来说,还要进行真空抽提设备提取土壤水分。在坡面选取上,选取平坦的荒坡和耕地进行土壤水分入渗研究。

图 4-27 至图 4-30 给出了 2005 年荒坡、耕地坡面不同层次土壤体积含水量变化情况。图 4-31、图 4-32 给出了 2006 年实验数据分析结果。

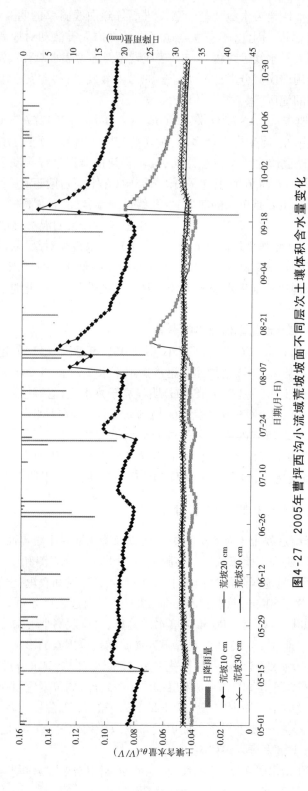

图 4-27　2005年曹坪西沟小流域荒坡坡面不同层次土壤体积含水量变化

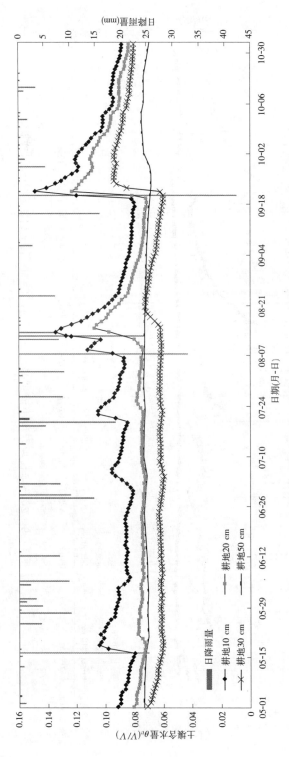

图4-28 2005年曹坪西沟小流域耕地坡面不同层次土壤体积含水量变化

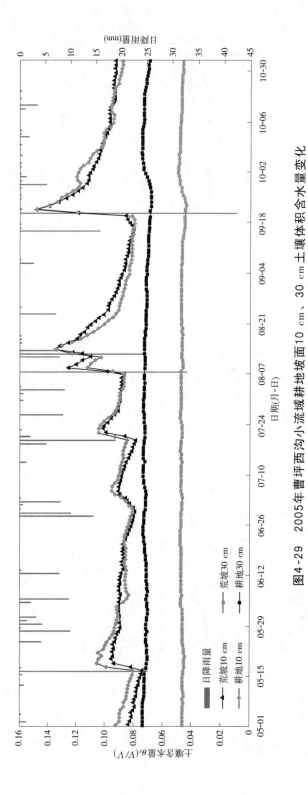

图 4-29　2005 年曹坪西沟小流域耕地坡面 10 cm、30 cm 土壤体积含水量变化

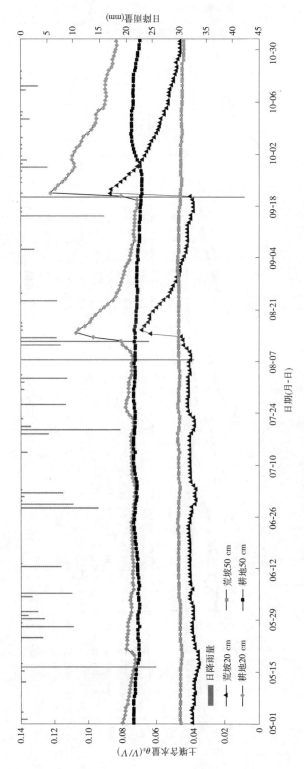

图4-30　2005年曹坪西沟小流域耕地坡面20 cm、50 cm土壤体积含水量变化

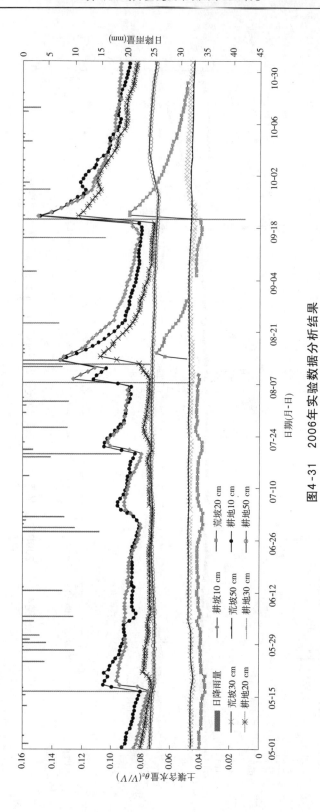

图 4-31 2006 年实验数据分析结果

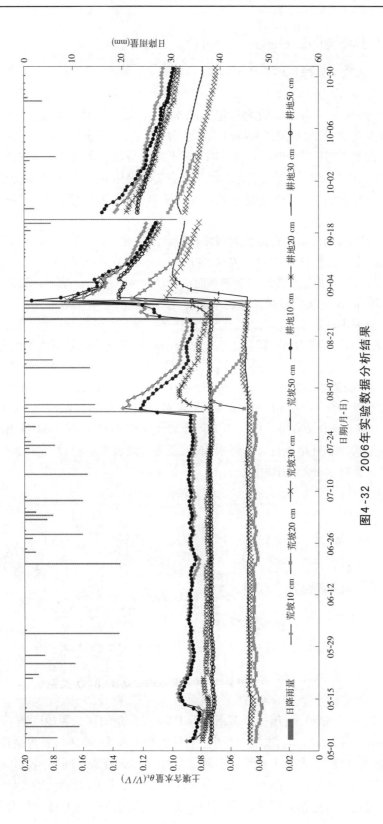

图4-32　2006年实验数据分析结果

四、地下水环境同位素水化学特征

(一) 地下水集中采样环境同位素特征

黄土高原丘陵沟壑区的地下水属于典型的黄土水,多储存于黄土及下伏基岩(风化壳)中,由于丘陵区黄土底部常缺失稳定的隔水层,黄土与下伏基岩构成统一的含水系统,该系统具有孔隙、裂隙双层结构特点,加之气候干旱、地形破碎,不利于降水入渗和地下水储存,形成黄土高原特有的黄土水,称为黄土高原型地下水系统水量贫乏。降水入渗是该地区地下水的主要补给方式。地下水开采主要以民用井为主,也有部分以泉水排泄,主要供人畜饮用,对旱季以基岩裂隙泉或黄土泉形式排泄,形成地表水,但各处泉水流量均较小。

沟道切割到基岩后,泉水在露头处缓慢排泄。近年来,在西庄处,地下水水位下降。

2005 年 8 月地下水 $\delta D - \delta^{18}O$ 存在关系 $\delta D = 2.67\delta^{18}O - 44.9\,(R^2 = 0.17, n = 38)$,趋势上可以大致反映降水经土壤到达地下水面前经历的蒸发作用。然而,部分取样井与河道距离小于 30 m,很可能明显受到地表水中同位素组分的影响而形成判断上的假象。因此,为了探讨流域内地下水的实际更新能力及降水对地下水的补给过程,有必要尽可能地还原地下水的初始同位素组分,即与地表水未有明显水量交换时地下水的组分值。为此,将 8 月采样中靠近河道且明显受邻近河水影响的井(井号为 W8、W9、W18、W20、W42、W48、W50、W90)排除后,得到 $\delta D = 4.46\delta^{18}O - 30.6\,(R^2 = 0.327, n = 30)$,而将 6 月采样的地下水加入(排除西庄汇流处井水 W6 – J,8 月对应点 W20)后,$\delta D - \delta^{18}O$ 关系为 $\delta D = 4.41\delta^{18}O - 30.4\,(R^2 = 0.296, n = 37)$,相关系数增大。图 4-33 和图 4-34 给出的曲线关系初步表明,地下水并非直接源自大气降水,而是经历较地表水略轻微的蒸发后才到达地下水面,其直接接受降水补给的作用微弱。

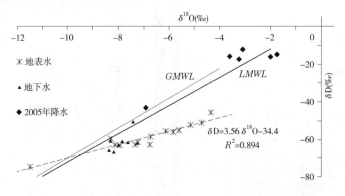

图 4-33　2005 年 6 月降水、地表水、地下水 $\delta D - \delta^{18}O$ 关系

该地下水系列的氘盈余,超过了 Mebus 等 1998 年发现的阿拉善地区地下水稳定同位素异常(其氘盈余 – 22‰),与前人一些研究结果也相差较大,并多将氘盈余低于 10 的原因归结为气候条件变化、古地下水等。本研究中对地下水滞留时间等问题作进一步的分析,应联合流域空间分布雨量站对应的地下水月采样以及土壤水采样,对比同位素曲线的变化,进而确定地下水更新问题等。前者由于地势高,有助于确定地下水同位素组分的初

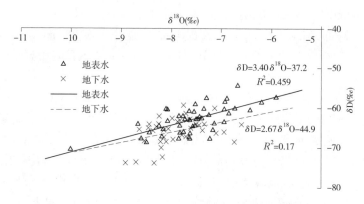

图 4-34　2005 年 8 月地表水与地下水 $\delta D - \delta^{18}O$ 关系

始值,而后者则可以确定降水入渗形成土壤水后同位素组分及曲线的变化,确定其与地下水间的关系。值得注意的是,以上分析中,对地下水采用不同归类方法时得出的地下水与地表水蒸发过程对比差别很大,说明利用环境同位素研究流域水循环问题时,要充分认识采样点类型及当地地形地貌条件,结合实地调查慎重分析。

1.6 月上旬采样的空间变化及因素分析

地表水同位素组分 $\delta^{18}O$ 在 $-11.51‰ \sim -4.34‰$ 间变化,变化相对较大。从图 4-33 看出,除 R22 - J((June)外,最小值 -8.27,接近地下水最小值 -8.35。而地下水的环境同位素组分变化很小,仅 1‰,且处于地表水的左端,说明地下水排泄后经历了不同程度的蒸发后,同位素组分沿水线逐渐富集,亦即在旱季或雨季初期,流域地表水主要源于地下水的直接排泄补给。

对地下水来说,除 W6(-7.43, -50.7)δD 明显偏离且处当地大气降水线附近外,其他点同位素组分变化很小。为分析可能的原因,将 2005 年 6 月前(5 月 15 日至 6 月 4 日)共 6 次降水的同位素组分进行了对比(如图 4-33 所示)。因 2005 年 6 月采样前的 6 场降雨均属降水面广而分布均匀、历时长的小雨强降水,因此可以采用流域出口附近 5 个雨量站观测的次降水同位素组分平均值代替整个流域上降水的同位素组分。6 场降水同位素水平整体很高、相对富集且存在雨量效应,$\delta^{18}O$ 变化范围为 $-6.90‰ \sim -1.72‰$,δD 为 $-43.6‰ \sim -12.3‰$,显著大于地表水和地下水。可以看出,W6 - J 点地下水的 δD 异常很可能是井水接受降水入渗补给(主要为 5 月 15 ~ 16 日)的结果,从而处于地下水与降水连线上。该次降水流域平均降水量 25.7 mm 且空间变化很小,而其他场次 3 日内降雨量均小于 20 mm(最大 18.8 mm,日最大降雨 10.2 mm)。由于 5 月 24 ~ 31 日期间降水的组分远远偏离地下水,因此其对地下水形成的补给量可以忽略不计。假设补给前地下水的环境同位素组分为其他 7 处的组分平均值(-7.94, -63.0),5 月 15 ~ 16 日降水组分为(-7.01, -45.6),运用环境同位素质量守恒方程:

$$Q_t = \sum Q_i \tag{4-6}$$

$$C_t Q_t = \sum C_i Q_i \tag{4-7}$$

分别通过 δD 和 $\delta^{18}O$ 计算得到,西庄支沟汇流处地下水(W6 - J)有 55% 和 71% 源于

5 月 15 ~ 16 日的降水过程,结果相近。因此,即使考虑降水入渗前的蒸发作用,降水补给所占比重会有所降低,但结果可以表明,在雨季初期,西庄上游 25 mm 降水事件 18 天后,可对地下水形成 50% 以上的补给,而日降雨量小于 10 mm 或 3 日降雨量小于 20 mm 时则很难形成有效补给。

空间上,从流域上游到中游三川口镇,地表水组分从 -7.23‰ 变化到 -4.72‰,逐渐富集;而地下水则相反,从西庄支沟交汇处(W6 - J)的 -7.43‰ 减小到 -8.31‰ 左右。而三川口直到出口,地表水组分逐渐增加(蛇家沟处为 -5.15‰,之后增到曹坪站的 -4.34‰),而地下水变化仍与前段相似,从 -7.26‰ 逐渐减小到蛇家沟的 -8.16‰。该异常结果表明,在雨季前期,流域上游沟道狭长,支沟汇流处地势相对平缓,地下水与地表水水力联系密切,地下水易接受地表水补给而呈富集态势;沿河道向下,主河道附近沟道的地势趋于陡峭,地下水排泄条件转好,与地表水之间呈单向水力联系,而当地地下水更多源于较高海拔处大气降水甚至支沟上游较老地下水的补给。

2.8 月中旬采样的空间变化及因素分析

8 月,地表水同位素在 -5.89‰ ~ -10.01‰ 和 -54.2‰ ~ -70.5‰ 间变化,变幅近似于 6 月(-8.27‰ ~ -4.34‰),反映了降水混合作用与较 6 月更为强烈的蒸发两种因素间的动态平衡,导致最终相似的蒸发曲线。地下水的环境同位素组分相对集中,在 -6.59‰ ~ -8.92‰ 和 -59.4‰ ~ -74.0‰ 间变化,最小值出现在流域蒿子梁沟、毕家签沟和刘家沟,且 δ 值与采样点或补给区的高程呈一定负相关,反映出地下水所接受的补给降水的高程效应,说明该处地下水受当地降水或更高高程坡面上降水的入渗补给。

从上游到中游三川口段,地表水同位素组分从蒿子梁沟处的 -8.59‰ 开始逐渐富集,杜家沟岔汇流前主河道地表水达到 -6.73‰,之后由于接受杜家沟岔贫化地表水汇流后变为 -6.89‰ 以及三川口处的 -6.93‰;之后沿河道向下相对稳定 4 km 后又逐渐增大,流域出口处达 -5.89‰。而 EC 值变化趋势则相反,从上游到三川口镇,EC 值逐渐减小,从 3 160 μS/cm 逐渐下降到三川口镇的 2 190 μS/cm,之下又逐渐增大,出口达 2 850 μS/cm;而 pH 值整体呈增大趋势,在中段增加尤为迅速。流域地表水 EC 值在三川口镇上下呈不同趋势,可能是以下原因共同作用的结果:向支沟下游,降水对地表水影响比重增大,稀释了地表水较高的矿化度;地表水量增大,水流加快,单位水体经历的蒸发作用减小;流域中段沟道较短,淤地坝对地表水的蒸发作用减小。

地下水 EC 值在 1 004 ~ 3 210 μS/cm 间变化,相对集中且井水(1 119 ~ 3 210 μS/cm)明显高于泉水,河道附近或沟道汇合处的井水 EC 值尤高,8 月地下水 $\delta D - \delta^{18}O$ 曲线拟合中被排除的 6 个水井点的井水 EC 值平均为 2 662 μS/cm,高于泉水最大值毕家签沟上游的 2 590 μS/cm。说明该类沟道中地下水与地表水间存在明显的水力联系,地下水接受了沟道中地表水的补给或在到达地下水面后又经历了一定程度的二次蒸发;而泉水由于以单向排泄为主,埋深大,蒸发作用相对微弱,EC 值较低。另一方面,流域内泉水多为基岩裂隙水,只有少数为黄土层上的地下水露头,而水井则以黄土层中直接成井为主。井水与泉水 EC 值的整体差异说明,黄土层与地下水的相互水岩作用形成了地下水高的 EC 值和矿化度,而这种作用对基岩裂隙水明显减弱。因此,地下水 EC 值(或矿化度)的大小可能成为该地区地下水滞留时间的一个辅助表征要素。

　　流域内地表水及地下水均呈碱性,其中地下水 pH 值主要为 8.0～8.5,而地表水多在 9.0～9.6,明显高于地下水,反映了地表水水化学组分受蒸发影响的沿程变化。而流域东南 3 条支沟中 pH 值明显偏大,除支沟中矿藏勘探工程排泄地下水等可能的人为影响外,其恰与采样时间具有一定相关。本区段的水样最后采取,期间没有降水过程。pH 值的变化是否与水样蒸发时间成正比以及增加速度有多大,还需进一步确定。

　　在高家沟,沿河道向下,地表水同位素组分逐渐富集($\delta^{18}O$ 从 -8.5‰变化到 -6.41‰)、EC 值增加,而地下水 $\delta^{18}O$ 几乎不变,δD 显著贫化,说明刘家沟与高家沟汇流处的井水可能来自流域较高海拔处降雨深层渗漏的补给,通过基岩裂隙运移,对外以井水形式排泄。同位素与 EC 值同步富集的趋势体现了地表水经历的蒸发作用。然而,马家沟地表水 δ 值与 EC 值之间趋势相反,其同位素组分逐渐富集,电导率逐渐减小(从 1 584 μS/cm 变化到 1 418 μS/cm),小于地下水 EC 值,而地下水同位素略微富集、EC 值小幅增加。地表水同位素富集,反映水体经历了蒸发过程,而在地下水 EC 值升高时地表水 EC 值反而下降,说明越向支沟下游,地下水对河水的贡献降低,同时降水沿坡面补给土壤水形成的慢速壤中流逐渐释放且影响增加,使得地表水虽经历了较强烈蒸发过程,引起了同位素分馏,但并未对水体 EC 值产生明显影响,亦即地表水同位素组分的增长超过了电导率。

　　流域所有地表水、地下水同位素与 EC 值之间的关系,如图 4-35 和图 4-36 所示。图中,$\delta^{18}O$ 变化较大,不随 EC 值增大而增大,相比之下 δD 与 EC 值的相关系数略高,但斜率仅在 -0.002 1～0.000 5间变化,说明同位素组分与 EC 值之间并无明显相关关系。该结果与很多已有研究结果(同位素组分和 EC 值(或矿化度)间往往正相关)有所不同。该结果显示了该地区复杂的水循环模式及水化学特征,同时,地表水与地下水 δ 值与 EC 值之间两种不同的变化模式也表明,黄土丘陵沟壑区淤地坝等水保工程对地区水质的最大潜在影响并非来自坝体所拦截降水产流的蒸发,而是来自对地下水排泄形成的地表水的拦截和浓缩作用。在雨季,连续一周晴天后,流域监控出口曹坪水文站主河道两侧会有大面积白色盐晶析出,这便是流域高矿化度地下水排泄后强烈蒸发的外在表现。

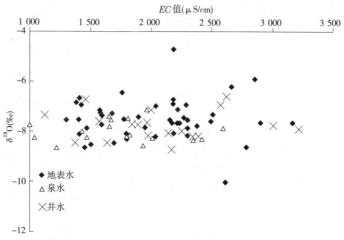

图 4-35　2005 年 8 月不同地表水、泉水、井水 $\delta^{18}O$ 与 EC 值关系(a)

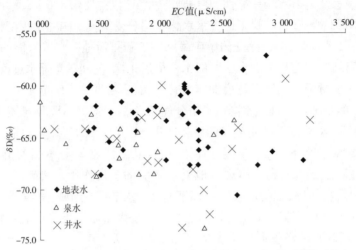

图 4-36 2005 年 8 月不同地表水、泉水、井水 δD 与 EC 值关系(b)

(二)空间上月采样地下水的环境同位素特征分析

1. 地下水同位素组分特征

从岔巴沟流域 13 个站点地下水月采样中 6 个站点来看,地下水环境同位素组分变化很小,$\delta^{18}O$ 在 $-9‰ \sim -7.5‰$ 变化,δD 为 $-74‰ \sim -61‰$。对各站点来说,地下水组分值不存在高程效应,反映了地下水补给并非简单来自于当地降水的直接入渗。

2. 月混合降水与地下水同位素组分对比

从月混合降水的同位素组分来说,月混合降水组分整体高于地下水,同时年降水的降水量加权平均后的同位素组分值明显高于地下水。只有小姬站的降水加权值与地下水相近,说明地下水并非来自当年降水的简单补给。

第五章　水循环模拟技术

水循环模拟技术,是中国科学院地理科学与资源研究所夏军教授于1989~1995年在爱尔兰国立大学(U. C. G.)参加国际河川径流预报研讨班提出的一种方法,在国外曾经受到各种不同资料的检验。初步应用表明:在受季风影响的半湿润、半干旱地区和中小流域,实际应用效果较好。它的概念是:降雨径流的系统关系是非线性的,其中重要的贡献是产流过程中土壤湿度(即土壤含水量)不同所引起的产流量变化。

本项目所建分布式时变增益模型基于前版分布式时变增益模型(Distributed Time Variant Gain Model,简记为DTVGM)(夏军、王纲胜等,2002,2004),并对其进行了改进与发展。DTVGM模型分为月尺度模型、日尺度模型、时尺度模型3个子模型。根据DEM的精度与流域尺度的实际情况,可以采取划分子流域或网格上计算。汇流是在DEM提取的河网中采用运动波汇流。根据不同的目的与流域尺度可以选择不同的时间尺度进行模拟。月模型主要针对尺度比较大的流域,进行中长期水资源分析;时段尺度模型主要针对小流域或实验流域,进行产汇流机理分析;日尺度模型介于二者之间。

第一节　DTVGM模型结构

分布式模型根据不同的应用目的与建模思路可以有不同的建模结构。分布式模型大都将流域划分为网格或子流域(统称计算单元)进行计算。在每个计算单元上仍然可以采用集总模型的产流模式进行计算。单元计算中主要的几个水文物理过程是不可少的,包括降水、蒸散发、下渗、地表径流和地下径流。在高寒山区还必须考虑融雪问题。很多模型的产流计算是通过计算下渗,然后根据水量平衡计算各个水文要素。时变增益模型是总结了水循环规律,通过优先计算地表产流来计算各个水文要素的。DTVGM的模型结构如图5-1所示。

第二节　空间数据同化

分布式水文模型的输入要求是每个单元上的信息,遥感信息能够满足模型的计算,可遥感测得的信息精度不高(如降雨量)。实际中我们能够采用的精度高的信息还是地面站测得的信息,可地面的水文站、雨量站的数量是非常有限的,因此必须采取数据同化技术来将有限的点的信息扩展到整个流域中去。在分布式时变增益模型中主要同化的是降雨与蒸发两个水文要素,其他的如气温、气压等气象信息在需要时也要数据同化。

DTVGM降水空间分布处理分别试验了如下7种方法:泰森多边形法;三角剖分线性插值法;距离倒数平方法;距离方向加权平均法;Kriging法;修正距离倒数法;梯形距离倒数平方法。并采用交叉验证法(cross – validation)来验证插值的效果,即首先假定每一站

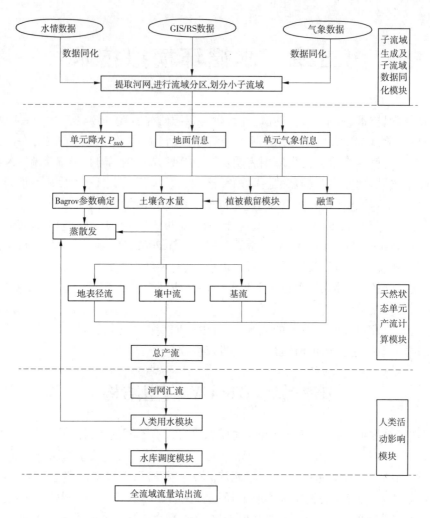

图 5-1　模型计算流程图

点的降水量未知,用周围站点的值来估算,然后计算实际观测值与估算值的误差,以及观测站点的多年平均绝对误差来评判估值方法的优劣。至于误差指标则采用径流模拟中的"效率系数"和相关系数以及水量平衡偏差。取用大理河 2000 年资料试验结果见表 5-1。可以看出,对于大理河流域,距离方向加权法是上述 7 种方法中最为适合的方法,而且雨量空间插值效果较好、方法简单可行,故采用距离方向加权法结果作为 DTVGM 的输入。

表 5-1　数据同化试验结果

插值方法	效率系数 R	相关系数 R_e	水量平衡误差 B_e
泰森多边形	0.59	0.83	1.02
三角剖分	0.46	0.83	1.13
距离倒数平方	0.70	0.87	1.02
Kriging	0.55	0.86	1.06

续表 5-1

插值方法	效率系数 R	相关系数 R_e	水量平衡误差 B_e
距离方向加权	0.73	0.88	1.03
修正距离倒数	0.65	0.85	1.03
梯度距离倒数	0.62	0.85	1.08

注：1. 效率系数：$R = \left[1 - \sum (P_c - P_0)^2 \big/ \sum (P_0 - \overline{P}_0)^2 \right] \times 100\%$

2. 相关系数：$R_e = \sum (P_c - \overline{P}_c)(P_0 - \overline{P}_0) \big/ \sqrt{\sum (P_c - \overline{P}_c)^2 \cdot \sum (P_0 - \overline{P}_0)^2}$

3. 水量平衡误差：$B_e = \left| 1 - \sum P_c \big/ \sum P_0 \right|$

式中：P_c、P_0、$\overline{P}_0$ 分别为计算雨量、实测雨量、实测雨量均值。

第三节　DTVGM 产流模型

本研究中，产流发生在每个水文单元（子流域或网格）上，产流模型在垂直方向上分三层：地表以上，表层土壤，深层土壤。地表以上产生地表径流，表层土壤产生壤中流，深层（中间层与潜水层）土壤主要产生基流（地下径流）。

DTVGM 产流模型是一水量平衡模型。实际计算中通过迭代计算出蒸散发、土壤水含量、地表径流、壤中流与基流。

水量平衡方程为：

$$P_i + W_i = W_{i+1} + Rs_i + E_i + Rss_i + Rg_i \tag{5-1}$$

式中：P 为降雨，mm；W 为土壤含水量，mm；E 为蒸散发，mm；Rs 为地表径流，mm；Rss 为壤中流，mm；Rg 为地下径流，mm；i 为时段数。

图 5-2 为产流模型示意图。

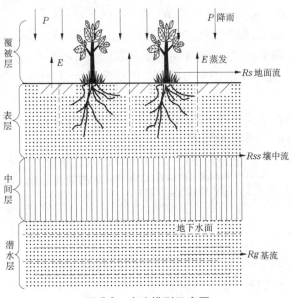

图 5-2　产流模型示意图

一、降雨蒸散发计算模型

蒸散发分为潜在蒸散发(水面蒸散发或蒸散发能力)与实际蒸散发。

潜在蒸散发的计算具有的物理机制是:Penman(1948)依据热量平衡和湍流扩散原理,利用波文比,提出在无水汽平流输送时可能蒸发的估算式。但 Penman 公式计算比较复杂,后来很多学者对 Penman 公式进行了改进,如 Penman – Monteith 公式。潜在蒸散发经验公式法是将温度、湿度、辐射或蒸发皿资料直接与陆面的潜在蒸散建立经验关系。应用气温和太阳辐射两项来拟合潜在蒸散的经验公式比较多,其中比较有名的主要有 Makkink 公式、Jensen – Haise 公式和 Hargreaves – Samani 公式。

在水文模型中我们需要的是实际蒸散发,实际蒸散发的计算可以根据能量平衡得到。但计算要求的资料过多,计算过于复杂,所以在水文模型中大都通过潜在蒸散发来计算实际蒸散发。通常我们依靠流域中的水文站或气象站能够得到一个或多个点潜在蒸散发信息,然后空间插值到整个流域中。这样计算简单,但由于流域中测潜在蒸散发的站点一般非常少,导致精度不高。很多学者尝试从气象学角度去计算潜在蒸散发,即将站点测得的气温、风速、气压等气象要素,考虑地形后插值到流域中每个单元,然后用经验公式计算每个点的潜在蒸散发。

影响实际蒸散发的因素有:降雨、土壤湿度、覆被、潜在蒸散发等。不同的时间尺度在实际蒸散发中主要的影响因素不一样,所以计算公式也不一样。对于月以上的时间尺度,覆被对实际蒸散发影响很大,覆被越密集的地方实际蒸散发越大,模型计算就必须充分考虑覆被影响。互补相关理论也能够成立,即随着潜在蒸散发的增大,实际蒸散发是减小的。对于日及以下的时间尺度,土壤湿度在实际蒸散发计算中占主导因素,实际蒸散发是随着潜在蒸散发的增大而增大的,蒸发互补相关理论在小时尺度上是不合理的。蒸散发互补理论之所以能够满足月以上的时间尺度而不满足小时的尺度,原因在于在月以上的时间段内,如果潜在蒸散发大,说明降雨少、空气湿度小、气温高、土壤湿度小,可能导致土壤完全蒸干而无水分蒸发,所以实际蒸散发就小;当潜在蒸散发很小时,说明空气湿度大、气温不高、降雨多、土壤湿度也大,这样实际蒸散发大。可在小时尺度的水文模拟时,一般只考虑雨期的计算,土壤一般很少出现蒸干的情况,所以互补相关理论不适合日以下时间尺度的模型计算。

在分布式时变增益水文模型中采用的还是实测的潜在蒸散发,主要的计算实际蒸散发模型是改进的 Bagrov 降雨蒸散发模型。

对于月尺度影响潜在蒸散发的主导因素考虑降雨、土壤湿度、潜在蒸散发与覆被,采用的是 Bagrov 模型。在 Bagrov 模型中认为降雨、潜在蒸散发、实际蒸散发之间存在如下关系:

$$\frac{dET_a}{dP} = 1 - \left(\frac{ET_a}{ET_p}\right)^N \tag{5-2}$$

式中:P 为实测降雨,mm;ET_p 为潜在蒸散发,mm;ET_a 为实际蒸散发,mm;N 为反映覆被与土壤类型的参数,覆被越密集土壤颗粒越小 N 则越大,即覆被越密集实际蒸散发将越大。

上式在给定 N 后可以求得数值解,给出 $\dfrac{ET_a}{ET_p}$ 与 $\dfrac{P}{ET_p}$ 的关系,即

$$\frac{ET_a}{ET_p} = f\left(\frac{P}{ET_p}\right) \tag{5-3}$$

此处没有考虑到土湿的影响,故夏军教授将其改进成:

$$\frac{ET_a}{ET_p} = f\left(\frac{AW}{AWC}, KET_{\text{Bagrov}}\right) \tag{5-4}$$

式中:AW 为土壤含水量,mm;AWC 为饱和土壤含水量,mm。

$$KET_{\text{Bagrov}} = f\left(\frac{P}{ET_p}\right) \tag{5-5}$$

在实际模型中简化计算公式为:

$$\frac{ET_a}{ET_p} = \left[(1 - KAW) \cdot KET_{\text{Bagrov}} + KAW \cdot \frac{AW}{AW_M}\right] \tag{5-6}$$

式中:KAW 为权重(0 ~ 1)。

Bagrov 模型在小时与日尺度是不合适的,因为在 Bagrov 模型中降雨为 0 时,认为实际蒸发为 0,显然是不合理的,所以在计算日、小时尺度时候,将 KAW 赋值 1。

在实际流域中,当土壤含水量低于田间持水量后实际蒸散发量很小,不是同蒸发成正比的,故给定一很小的稀疏 k,实际蒸发按照下式计算:$ET_a = k \cdot AW$。计算时需判断实测蒸散发必须小于降雨与土壤含水量之和。

在实际流域中我们能够测到的土壤含水量一般是体积比或者重量比,而不是土壤中含水的质量多少(mm),所以在分布式时变增益模型中,给定土壤厚度 $Thick$,然后通过土壤含水率(体积比)W,计算出土壤实际含水量,即

$$AW = Thick \cdot W \tag{5-7}$$

$$AWC = Thick \cdot WM \tag{5-8}$$

式中:AW 为土壤含水量,mm;AWC 为饱和土壤含水量,mm;$Thick$ 为土壤厚度,mm;W 为土壤含水率,m^3/m^3;WM 为饱和土壤含水率,m^3/m^3。

根据流域的实际情况,如果土层很厚(如我国的黄土高原地区),一般实际蒸散发都是表层土产生,深层土壤中除少量的植物蒸腾外,蒸发量非常小。为了简化计算可以忽略深层土壤蒸散发,所以蒸散发模型中的土壤湿度可以只用表层土壤湿度与饱和土壤湿度计算。

二、地表水产流模型

很多的水文模型是通过计算下渗来计算地表产流的,分布式时变增益模型总结了降雨产流的关系后,通过时变因子优先计算地表径流,而后计算下渗量。对地表径流影响最大的因素是土壤表层的植被与表层很薄的一层土壤。所以在分布式时变增益模型中将采用下式计算地表径流:

$$R_s = g_1 \left(\frac{AW_u}{WM_u \cdot C}\right)^{g_2} \cdot P \tag{5-9}$$

式中:R_s 为子流域地表产流量,mm;AW_u 为子流域表层土壤湿度,mm;WM_u 为表层土壤饱

和含水量,mm;P 为子流域雨量,mm;g_1 与 g_2 是时变增益因子的有关参数,$(0 < g_1 < 1,$
$1 < g_2)$,其中 g_1 为土壤饱和后径流系数,g_2 为土壤水影响系数;C 为覆被影响参数。

其中表层土壤湿度的计算采取的仍是土壤厚度与土壤含水率的乘积形式,即

$$AW_u = Thick_u \cdot W_u \tag{5-10}$$

$$AWM_u = Thick_u \cdot WM_u \tag{5-11}$$

如果我们能够得到实际流域中的土壤厚度,当土壤厚度很小,低于理论上对产流的影响厚度时就用实际的土壤厚度值(如我国南方的山区),当土壤厚度很大时(如我国黄土高原地区),就用理论上对产流影响的土壤厚度计算。针对不同的雨强与降雨历时以及不同的模拟时间尺度该厚度是有所不同的,在实际模拟时往往是通过模型拟定得到该值。基本的规律是时间尺度越长影响产流的土壤厚度就越大,雨强越大厚度也就越小。

对于覆被的影响现在仍然存在很多的争论,但大多数学者认为随着覆被的密度增加产流量是减小的。如密林地相对于草地,密林地植被截流能力显然要强一些,直接导致的地表径流的产流起始时间晚,产流量小。大量的人工降雨实验结果也说明草地的地表径流产流量远远小于裸地产流量,甚至只有裸地的1/3。但植被的存在使下渗的水量增加,对土壤水的补充较多,这样壤中流与地下径流将增大(刘昌明,2004)。流域中的总产流量一般认为还是减小的,因为植被增加了无效蒸发。

一般按照裸地、耕地、草地、林地,覆被影响参数 C 依次增大,具体值将由实验与模型拟合确定。表5-2 给出的是 C 值的参考值。

表 5-2　不同土地类型 C 值

土地类型	水田	旱地	有林地	灌木林	疏林地	其他林地	高覆盖度草地	中覆盖度草地	低覆盖度草地	河渠	湖泊	水库坑塘
C	1	0.7	1	1	1	1	0.8	0.8	0.8	0.1	0.1	0.1
土地类型	滩涂	滩地	城镇用地	农村居民点	其他建设用地	沙地	戈壁	盐碱地	沼泽地	裸土地	裸岩石砾地	其他
C	0.4	0.4	0.5	0.5	0.5	0.5	0.58	0.5	0.5	0.5	0.5	0.5

三、土壤水产流模型

降雨下渗后,当土壤湿度达到田间持水量后,下渗趋于稳定。继续下渗的雨水,沿着土壤空隙流动,一部分会从坡侧土壤空隙流出,转换为地表径流,注入河槽,一般称该部分径流为表层流或壤中流(见图5-3)。

在分布式时变增益水文模型中,为了简化计算让模型可行,假设壤中流正比于土壤含水量,在表层土壤含水量大于田间持水量后可以用下式计算壤中流:

$$Rss_i = AW_u \cdot K_r \tag{5-12}$$

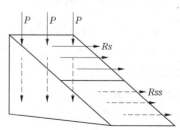

图 5-3　壤中流产流示意

式中:Rss 为壤中流;AW_u 为表层土壤平均含水量;K_r 为土壤水产流系数;i 为计算时段。

土壤水是运动的,土壤湿度是一个过程量,在实际计算时取时段起止的平均,如果时段较长,建议取多点平均。

$$AW_u = \frac{W_{ui} + W_{ui+1}}{2} \tag{5-13}$$

实际流域中每个计算单元的 K_r 应该是不一样的,K_r 是土壤颗粒粒径 S_R、土层的厚度 S_H、土壤间隙 S_C 以及坡度 S_S 的函数,即

$$K_r = f(S_R, S_H, S_C, S_S) \tag{5-14}$$

K_r 与 S_R, S_H, S_C, S_S 的定性关系是:土壤的粒径越大、间隙越大、土层越薄、坡度越陡,K_r 则越大;反之 K_r 则越小。如果计算的流域面积不是很大,流域中土壤属性的差异不大时,为了简化计算,可以假设每个单元的 K_r 值是一致的。

四、地下水产流模型

地下径流是深层土壤或基岩的裂隙中蓄存的水。地下水有交换周期长、产流稳定的特点,一般是径流分割中的基流部分。由于流域地下水的分水线往往同地表水的分水线不一致,这就导致了水文模拟的难度。在分布式时变增益模型中,将土壤划分为两层,认为当水下渗到第二层(深层)后主要是补充地下水。为了模型能计算,此处有两个假设:①流域中地下水分水线与地表水一致,忽略外流域输入与输出;②地下径流正比于深层土壤含水量。故采用下式计算:

$$R_{gi} = AW_{gi} \cdot K_g \tag{5-15}$$

式中:R_g 为地下径流;AW_g 为深层土壤含水量;K_g 为地下水出流系数;i 为计算时段。

其中,深层土壤湿度的计算采取的仍是土壤厚度与土壤含水率的乘积形式,即

$$AW_g = Thick_g \cdot W_g \tag{5-16}$$

$$AWM_g = Thick_g \cdot WM_g \tag{5-17}$$

式中:AWM_g 为地下水饱和含水量,mm;$Thick_g$ 为深层土壤厚度,mm;WM_g 为上层土壤含水率,m^3/m^3。

由于地下水出流小且稳定,所以 K_g 是一个数量级非常小的数。在计算时当土壤湿度大于饱和土湿时,认为进入稳定下渗状态,下渗量等于地下水产流量。

假设在基流所占比例很小的流域中是可以满足的,尤其在计算洪水时可以忽略外流域的水交换。但在进行枯水计算时,该假设往往不成立。需要建立复杂的地下水模型才能计算。

五、单元产流计算

分布式时变增益模型中采用的是水量平衡方程,通过迭代计算出各个水文要素。将蒸发、地表水产流、壤中水产流、地下水产流模型代入水量平衡方程中可得:

$$P_i + AW_i = AW_{i+1} + g_1 \left(\frac{AW_{ui}}{WM_u \cdot C_j}\right)^{g_2} P_i + AW_{u_i} \cdot K_r + E_{p_i} \cdot K_e + W_{g_i} \cdot K_g \tag{5-18}$$

考虑到上层土壤水到下层的土壤水传递较慢与模型的可实现性,此处将上层与下层

分开计算,即先计算上层土壤水,再计算下层。

故上式可简化为:

$$P_i + AW_{ui} = AW_{ui+1} + g_1 \left(\frac{AW_{ui}}{WM_u \cdot C_j} \right)^{g_2} P_i + AW_{u_i} \cdot K_r + E_{p_i} \cdot K_e \tag{5-19}$$

$$AW_u = \frac{AW_{ui} + AW_{ui+1}}{2} \tag{5-20}$$

令

$$f(AW_u) = 2AW_u - P_i - AW_{ui} + g_1 \left(\frac{AW_{ui}}{WM_u \cdot C_j} \right)^{g_2} P_i + AW_{ui} \cdot K_r + E_{p_i} \cdot K_e \tag{5-21}$$

$$f'(AW_u) = 2 + g_1 g_2 \left(\frac{AW_{ui}}{WM_u \cdot C_j} \right)^{(g_2-1)} P_i \cdot (WM_u \cdot C_j)^{-1} + K_r + E_{p_i} \cdot K'_e \tag{5-22}$$

则牛顿迭代公式为:

$$AW_u^{j+1} = AW_u^j - \frac{f(AW_u^j)}{f'(AW_u^j)} \tag{5-23}$$

在给定初始土壤含水量后即可迭代出每个时段的上层土壤含水量,通过含水量即可解出地表产流。计算时当土壤湿度低于田间持水量后迭代公式应相应的变化。

计算完表层土湿后,给定表层到深层的下渗率为 $f(\mathrm{mm/h})$,即可得到上层土壤渗入到下层的水量 $f \cdot \Delta t$,即可计算出深层的土壤含水量:

$$AW_{g,i+1} = AW_{g,i} + f \cdot \Delta t \tag{5-24}$$

式中:AW_g 为深层土壤含水量,mm;f 为土壤下渗率,mm/h;Δt 为计算时段长,h。

通过深层土壤湿度,即可得到地下水产流。

此处需要注意的是土壤湿度边界情况的控制,当土壤湿度低于田间持水量时,没有重力水,上层对下层的下渗量是非常小的,当下层饱和后这部分下渗量将会转变为壤中流的形式产流。下渗率 f 可参考流域实验可以确定,由于实验只能在一个点上进行,很难完全代表整个流域的属性,实际带入模型计算的是参考实验后的模型拟合值。

六、总产流

子流域总产流量即为地表水产流量、土壤水产流量、地下径流之和,也就是:

$$R = R_s + R_{SS} + R_g \tag{5-25}$$

式中:R、R_s、R_{SS} 分别表示子流域总产流量、地表水产流量和土壤水产流量,mm;R_g 表示地下径流。

七、水保工程耗水模型

人类为了满足自己的生存要求,总是在不断地征服自然、改造自然甚至破坏自然,受到自然的惩罚后才开始保护自然。这些都完全改变了天然的降雨产流模式。此处将考虑覆被变化与水保工程的影响。

现在一般我们能够得到的覆被变化资料是不同覆被的面积。从土地利用图上我们能够得到的覆被类型是 25 种,一般综合考虑其中为主的 5 种类型,分别是耕地、林地、草地、水域、沙漠。水保工程现在主要有梯田、林地、草地、淤地坝等。不同的覆被类型其对降雨产流的影响能力是不同的,定义每种覆被的影响能力为 $\gamma_i(\gamma'_i)$,其表示的意义是若某流域的覆被只有一种类型,且覆盖度为 100% 时,流域单位产流(或降雨)被减少的量。假设实际减少的量同流域的覆盖度成正比。则以上产流模型计算的产流就变为:

$$R' = R\left(1 - \sum_{i=1}^{n} \frac{\gamma_i S_i}{S}\right) \tag{5-26}$$

式中: S_i 为植被面积; S 为子流域总面积; R' 为经过截流后的的产流; R 为总产流; i 为不同的覆被类型; n 为覆被类型总数; γ_i 表示对产流的影响能力。

或将以上模型降雨改为经过影响后的实际降水:

$$P' = \left(1 - \sum_{i=1}^{n} \frac{\gamma'_i S_i}{S}\right) \cdot P \tag{5-27}$$

式中: γ'_i 表示对降雨的影响能力。

据统计发现 $\gamma_i(\gamma'_i)$ 在不同时期是不同的,如在枯水期可能会等于 1,而在汛期相对要小一点。对于不同的雨强 $\gamma_i(\gamma'_i)$ 也是不同的,一般会随着雨强的增大而减小。所以 $\gamma_i(\gamma'_i)$ 是雨强、降水历时、土壤湿度(前期降雨)的函数。

$$\gamma_i = f(I, t, AW) \tag{5-28}$$

式中: I 为雨强; t 为降雨历时; AW 为土壤湿度。

在实际分布式月模型中,考虑到模型的复杂度及实现的可能性,本项目针对不同的植被类型,每个月给出不同的值。

受植被影响而损失的水量主要是产生了无效的蒸散发,所以在模型中将这部分水量补充到蒸散发中。则实际蒸散发变为:

$$ET'_a = ET_a + R' - R \tag{5-29}$$

$\gamma_i(\gamma'_i)$ 同雨强关系见图 5-4。

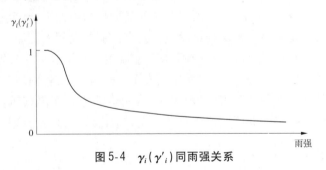

图 5-4　$\gamma_i(\gamma'_i)$ 同雨强关系

八、人类用水模型

人类用水主要包括农业用水、工业用水、生活用水等。在干旱半干旱地区人类的用水占水资源的比重越来越大,甚至是全部的水资源。尤其是农业用水,大面积的漫灌造成河流的断流。在分布式水文模型中必须考虑这部分的影响。

人类用水中以农业用水为主。农业灌溉用水由灌溉的面积及作物的种类决定,本项目中考虑到可行性与实用性,采用下式模拟农业用水。

$$I_r = \alpha_j \, \beta \, \frac{S_1}{S} \tag{5-30}$$

式中:α_j 为农业耗水不同月份的分配,由灌溉时期确定$(j=1,2,\cdots,12)$;β 为农业的单位面积年耗水量,mm,由作物的类型及灌溉方式确定,一般有实测资料;S_1 为耕地面积,其他含义同前。

α_j、β 理论上是随时间变化的,并且受气候、人类需求以及先进的灌溉技术使用的影响都将改变其值。在短时间内 α_j、β 变化不是很大。

农业用水除了很少的部分回归到了流域中,大部分还是被蒸散发消耗。此处的 β 是扣除了灌溉回归后的农业耗水,该部分水量在模型中最终加到蒸散发中。

除了农业用水,大流域中的工业用水、生活用水的比重很小,在模型中进行综合考虑,加入 W 项。W 是工业产值 I_n,人口总数 P_o,城乡、工矿、居民用地面积 S_5 的函数,即

$$W = f(I_n, P_o, S_5) \tag{5-31}$$

W 随着工业产值、人类生活水平的提高快速增大,所以其影响程度也越来越大。

考虑人类用水后的产流量变为:

$$R'' = R' - \alpha_j \, \beta \, \frac{S_1}{S} - W \tag{5-32}$$

则实际蒸散发变为:

$$ET'_a = ET_a + R'' - R \tag{5-33}$$

第四节　　DTVGM 汇流模型

汇流在水文模型中同样重要,尤其是在分布式水文模型中,汇流模型的是否合理与优劣直接影响着整个水文模型的模拟效果。分布式水文模型的产流是在网格或划分的子流域中进行的,比集总模型要精细得多,所以必须配备同样精细的汇流模型。现有的分布式模型常用的汇流方法是马斯京根法与运动波法。在产流单元间的汇流计算不同的模型做了不同的简化,如将流域分层计算。这些简化很多情况下是同流域中实际汇流不一致的。

本项目结合动力网络的理论,将河网建立成无尺度网络,又将网络分成坡面与河道两部分来进行汇流计算。在每个节点(产流单元)内用运动波计算,节点间通过网络连接汇流计算。该法完全模拟实际的流域汇流路径与模式进行计算,理论合理。

一、子流域内汇流计算

为了使汇流模型简单可行,首先假设动量方程中忽略摩阻项,认为摩阻比降 S_f 等于坡度比降 S_0。

径流深度 h 采用下式计算:

$$h = \frac{A}{w} \tag{5-34}$$

式中:h 为断面平均深度,m;A 为断面面积,m^2;w 为断面平均宽度,m。

流速 $v(m/s)$ 则采用曼宁公式计算:

$$v = \frac{1}{n} h^{\frac{2}{3}} S_0^{\frac{1}{2}} \tag{5-35}$$

式中:n 为曼宁糙率系数，根据流域下垫面和土地利用类型的不同而选取相应的值，具体参考 L. F. Huggins 等的成果;S_0 为坡度比降。

则断面流量 $Q(\mathrm{m}^3/\mathrm{s})$ 为:

$$Q = Av \tag{5-36}$$

流域中的汇流一般分成坡面汇流与河道汇流(见图 5-5 和图 5-6)。若有实测流域的河道资料很容易区分坡面与河道，可实际中很难得到实测河道的资料。本项目采用 DEM 直接提取河道，通过汇水面积的大小来判断栅格是坡面还是河道。即给一个阈值 N，大于该阈值的认为是河道，小于该阈值的认为是坡面。

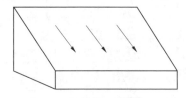

图 5-5　坡面汇流示意图

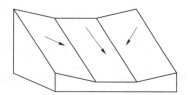

图 5-6　河道汇流示意图

对于坡面汇流，断面平均宽度即是网格的宽度:

$$w = \Delta x \tag{5-37}$$

式中:w 为断面平均宽度，m;Δx 为网格宽度，m。

联立式(5-34)~式(5-37)可得

$$Q = A \cdot v = A \cdot \frac{1}{n} h^{\frac{2}{3}} S_0^{\frac{1}{2}} = A \cdot \frac{1}{n} \left(\frac{A}{\Delta x}\right)^{\frac{2}{3}} S_0^{\frac{1}{2}} = \frac{1}{n} \Delta x^{-\frac{2}{3}} S_0^{\frac{1}{2}} A^{\frac{5}{3}} = \alpha \cdot A^{\beta} \tag{5-38}$$

$$\alpha = \frac{1}{n} \Delta x^{-\frac{2}{3}} S_0^{\frac{1}{2}} \quad \beta = \frac{5}{3} \tag{5-39}$$

对于河道汇流，断面平均宽度是随水深变化的，即随着流量的增大，断面面积增大，水深增大，断面平均宽度增大，故假设断面平均宽度与平均水深成线性关系，即

$$w = ah \tag{5-40}$$

式中:h 为断面平均深度，m;a 为参数，由河道属性决定;w 为断面平均宽度，m。

联立式(5-34)~式(5-36)、式(5-40)可得

$$h = \frac{A}{w} = \frac{A}{ah} \to h = \left(\frac{A}{a}\right)^{\frac{1}{2}} \tag{5-41}$$

$$Q = A \cdot v = A \cdot \frac{1}{n} h^{\frac{2}{3}} S_0^{\frac{1}{2}} = A \cdot \frac{1}{n} \left(\frac{A}{a}\right)^{\frac{1}{3}} S_0^{\frac{1}{2}} = \frac{1}{n} a^{-\frac{1}{3}} S_0^{\frac{1}{2}} A^{\frac{4}{3}} = \alpha \cdot A^{\beta} \tag{5-42}$$

$$\alpha = \frac{1}{n} a^{-\frac{1}{3}} S_0^{\frac{1}{2}} \quad \beta = \frac{4}{3} \tag{5-43}$$

河道的水流属于明槽非恒定渐变流，其连续性方程为:

$$\frac{\partial A}{\partial t} + \frac{\partial Q}{\partial x} = q \tag{5-44}$$

式中:A 为断面面积，m^2;t 为时间，s;Q 为流量，m^3/s;x 为流程，m;q 为侧向入流，m^3/s。

差分解得

$$\frac{\Delta A}{\Delta t} + \frac{\Delta Q}{\Delta x} = q \rightarrow \Delta A \Delta x + \Delta Q \Delta t = q \Delta x \Delta t \qquad (5\text{-}45)$$

在一个栅格中,侧向入流主要是净雨,则

$$\Delta A \Delta x + \Delta Q \Delta t = R \cdot Area \qquad (5\text{-}46)$$

对于 t 时刻:

$$\Delta A = A_t - A_{t-1} \quad \Delta Q = Q_O - Q_I \qquad (5\text{-}47)$$

式中: $Area$ 为节点面积, m^2; A 为断面面积, m^2; t 为时间, s; Q_I 为流入栅格的流量, m^3/s; Q_O 为流出栅格的流量, m^3/s。

流入栅格的流量 Q_I 等于上游汇入的网格流出流量的和,流出栅格的流量 Q_O 可由下式计算:

$$Q_O = \alpha \cdot \left(\frac{A_t + A_{t-1}}{2}\right)^\beta \qquad (5\text{-}48)$$

将式(5-47)、式(5-48)代入式(5-46)可得

$$(A_t - A_{t-1}) = \left(Q_I - \alpha \cdot \left(\frac{A_t + A_{t-1}}{2}\right)^\beta\right)\frac{\Delta t}{\Delta x} + R \cdot \frac{Area}{\Delta x} \qquad (5\text{-}49)$$

令

$$f(A_t) = \left(Q_I - \alpha \cdot \left(\frac{A_t + A_{t-1}}{2}\right)^\beta\right)\frac{\Delta t}{\Delta x} + R \cdot \frac{Area}{\Delta x} - A_t + A_{t-1} \qquad (5\text{-}50)$$

$$f'(A_t) = -\frac{\alpha\beta}{2} \cdot \left(\frac{A_t + A_{t-1}}{2}\right)^{\beta-1}\frac{\Delta t}{\Delta x} - 1 \qquad (5\text{-}51)$$

则牛顿迭代式为:

$$A_t^{(k)} = A_t^{(k-1)} - \frac{f(A_t^{(k-1)})}{f'(A_t^{(k-1)})} \qquad (5\text{-}52)$$

通过迭代即可求出断面面积 A_t。代入式(5-48)中可以计算出栅格的出流 Q_O。

二、河网汇流计算

利用作者提出的提取河网的方法,通过 DEM 能够得到每个网格的流向、水流累积值,确定出每个栅格的流入、流出栅格。该法将整个流域建成了一个有向无环图,能够保证流域中的每个栅格的水流都能够流到流域的出口(见图 5-7)。

取阈值为 -1 提取河网,则提取的河网包含了流域中的所有栅格。河网是从流域出口到流域边界逐河段编码的,汇流计算则需从河源向流域出口逐河段计算,即按照编码从大到小计算。给出区分坡面与河道的阈值 N,该阈值需要结合网格尺度的大小与流域特性定。如在黄河流域的多沟壑区则比较小,对于平原区则比较大。将该阈值与每个网格的水流累积值进行比较。小于该阈值的用坡面汇流计算,大于该阈值的用河道汇流计算。如此即可计算出每个网格的入流与出流。一般流域中至少有流域出口的实测流量。可以通过实测流量来拟定模型中参数。

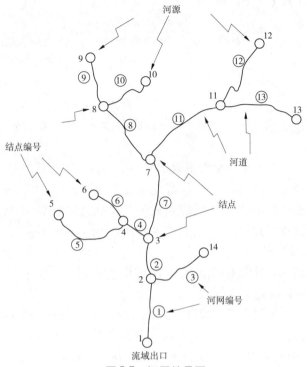

图 5-7　河网编号图

第五节　模型尺度与复杂度分析

　　水文模型的尺度主要从时间上与空间上划分,具体见表 5-3。在分布式时变增益水文模型中计算了月、日、时三个时间尺度及相应的空间尺度。不同尺度的模型计算结构基本相同,只在具体细节上存在差异。

表 5-3　水文尺度

时间尺度	分钟	小时	日	月	年
空间尺度	实验场	小流域	中流域	大流域	全球
复杂度	简单	较复杂	复杂	较复杂	简单

一、月尺度模型

　　月尺度模型输入的是每个月的降雨、蒸发、流量等数据,即所有涉及到时间的输入都是月的。全球大气水循环的周期约为 8 天,一般流域的地表水循环周期也不会超过 1 个月。也就是说即使在流域源头的产流到出口也很少超过一个月,这样就可以忽略汇流的动力学计算。即汇流只需是各个产流单元的产流的叠加。

　　不同的时间尺度,模型的参数值是不一样的。

上层到下层的下渗率 f 是计算时段内的一个平均值,即

$$f = f_w / \Delta t$$

式中:f 为下渗率,mm/h;f_w 为上层土壤下渗到深层土壤的总水量,mm;Δt 为时段长,h。在月模型中 $\Delta t = 24$ h × 月天数,时间长,而一个月中往往存在无雨的天数,这样平均值就很小。

在月模型中,因为表层的土壤相当于一个产流调节水库,月的时间长,降雨是月的累积值,对地表产流影响的土壤厚度就要厚,所以表层的土壤厚度的设置相对于日模型应该要厚。

初始土壤湿度对月模型来说是很不敏感的一个参数。因为月的降雨量一般都远大于土壤内的含水量的,所以在月模型中土壤湿度对模型计算的影响相对要小。

月尺度的蒸散发计算是最复杂的,需要充分考虑到土壤湿度、覆被、潜在蒸散发的影响。尤其在非雨期,植被的蒸腾是蒸散发的主要部分,在月模型计算时就必须加强考虑覆被的影响,设置的 KAW 值要小。

月的输入降雨是一个月的累积值,在大流域中(如黄河),降雨发生在月的上、中、下旬对流域出口的产流影响是不一样的。如在上旬下雨,产流就能够在当前月流域出口的流量上反映出来。但在下旬下雨,尤其在月末下雨时,产流是在下个月发生的,这就给模型模拟带来了难度,会对模型结果产生影响。但在不足 10 000 km² 的小流域,其汇流时间很短,月末最后一天的降雨在一个月中所占的比例又很小时,对当前月的产流的影响是非常小的。

二、日尺度模型

日尺度模型输入的是每天的降雨、蒸发、流量等数据,即所有涉及到时间的输入都是以天为单位的。在超过 1 000 km² 的流域上,产流的汇流时间都可能超过 1 天的,所以在日模型中必须有汇流计算。

在日模型中,上层到下层的下渗率 f 相对于月模型要大一些,因为计算时间短,平均下渗量就大。

表层的土壤厚度相对于月也要薄,实际流域中在一天内能够影响地表产流的表层土壤厚度是相对小一些的,所以计算时该值相对月要小。

日模型的计算一般习惯于计算一年或者多年,至少几个月,这样初始土湿在模型计算中影响就非常小了。其仅仅能影响模型计算的开始几个时段的产流,对整个过程没有影响。

在日模型蒸散发计算中既要考虑植被的影响又要考虑土壤湿度的影响,这两项所占的比重可在模型计算中各占 50%。这就增加了蒸发计算的难度。

日模型的输入是一天中的雨量累积值,在日模型中同样存在降雨时刻问题,我们计算采用的日雨量是 0:00 到次日 0:00 之间的雨量。降雨发生在 0:00 左右时的降雨计算的产流就在不同的天中了。如在 0:00 前 1 小时的降雨放在当前天计算,显然不合适,因为其产流会汇流到下一天而不是当前天,这就会影响模型的模拟结果。但在大流域(大于 1 000 km²)由于汇流时间长,在汇流过程中的不同时刻产流的叠加,可减小降雨时刻的影响。

三、时尺度模型

模型主要应用的对象还是场次洪水的模拟与预报。但在分布式时变增益模型中可以连续地多场次计算。在时模型中,时间单位设置的是分钟。计算的时段可以是几分钟到几十小时。由于计算的时段很短,所以汇流在整个模型计算中影响比较大。汇流的过程快慢则由河道的糙率系数 n 决定,n 越大说明河道断面越粗糙,对水流的影响越大,让其波形坦化,流到流域出口的时间就长,即洪水过程线就是长而低的。反之,洪水过程则是陡高的,暴涨暴落。

时模型的应用对象是小流域,如果流域比较大也应该分割成多个小流域计算。在场次洪水中,对地表径流的影响最大的往往不是整个土壤层,而是很薄的地表土壤与覆被,所以在时模型中的表层土壤厚度设置是非常薄的,这样使上层到下层土壤的下渗率 f 就大。

如果仅仅计算场次洪水中的单场洪水,计算的时段数就不太长,初始土壤湿度的影响相对日月模型要大一些,定初始土壤湿度就需要慎重。

在洪水期间由于降雨的存在,空气湿度大,使潜在蒸发本身就小,实际蒸发自然很小,在整个模型计算中蒸发所占总水量的比重也很小。这就使时模型模拟难度降低,模拟精度也较好。

四、模型复杂度分析

模型复杂度是根据资料的具体程度来定的,机制越明确,资料越多,复杂度就越高,不确定性就越小。最复杂的模型就是完全模拟天然状况的模型,这就必须完全认识到现实中的每个环节与细节,这是不可能也是不必要的。建模型的目的是简化现实世界,认识现实世界,从现实世界的部分现象中去解决我们需要解决的问题。即抓住问题的主要矛盾忽略次要矛盾,近似地模拟现实世界,而不是要求同现实世界完全一致,但也并非模型越简单越好,过分简单的模型不能反映现实世界,甚至完全偏离现实世界,这样模型也就没有意义了。

模型的复杂度同我们需要解决的问题与尺度是直接相关的,小尺度的模型主要应用于洪水预报和水文物理机制(产汇流规律)的探讨。如一个 $100~km^2$ 的实验小流域,就可以建立日、小时甚至分钟尺度的分布式模型,可以将流域中的网格划分得很细(如 50 m × 50 m),也比较容易得到流域的各种信息,可以建立一个复杂度很高的模型,模拟的精度一般较高。在 79.5 万 km^2 的黄河流域上,若要做全黄河流域的小时或日分布式模型是不可能做好的,现有的技术下就是计算时间上也很难保证。在大尺度下只有降低模型的复杂度,一般模拟全黄河月或年的降雨径流情况,并且通过划分子流域才可能做好。随着模型尺度的增大,为了保证模型的精度就必须降低模型的复杂度,模型的复杂度是同模型的尺度成反比的(见图 5-8)。

不同的尺度模型有以下特点:

(1)随着时间尺度的加长,产流模型分层中表层越厚,显然在一场洪水中仅仅是地表的 30 cm 左右的土壤厚度对产流影响最为剧烈了;而在月径流模拟中,由于时间长下渗量

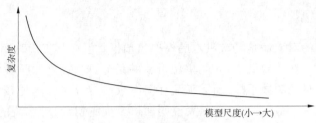

图5-8　建模尺度与复杂度的关系

大,就必须考虑到更深层的土壤影响。

（2）随着时间尺度的加长,汇流的作用越小。如在月尺度模型中,基本可以忽略汇流了,而在时段模型中就必须考虑汇流的影响。

（3）随着计算时间的加长,初始土壤湿度的影响会减小。

（4）随着时间尺度变大,由于表层厚度增加,上层到下层的下渗能力是减小的。

对于时段尺度的场次洪水计算,由于计算历时相对较短,蒸散发的影响就相对较小,土壤湿度的变化影响较大。而在月尺度的模型中,蒸散发影响相对很大,土湿变化影响相对较小。在日模型中土壤湿度与蒸散发影响都较大,所以一般月模型与时段模型都容易得到较好结果,而日模型就很难得到较好的模拟精度。

第六章　水循环机理模拟技术应用

DTVGM 模型的建立与模拟是基于对水循环机理的认识。本项目建立的野外实验流域，2003~2006 年实验数据分析对 DTVGM 模型建立与模拟具有如下几个方面的指导作用：

（1）模型结构的改进。实验中观测到在研究流域的表层土壤湿度变化较大，由于黄土高原地区土壤厚度大，降雨多以短历时高强度暴雨形式出现，导致深层土壤湿度变化非常小。在设计分布式水文模型的单元产流模块时，将土壤分成两层计算。通过表层土壤含水量来计算地表产流，通过深层土壤含水量来计算土壤水与浅层地下水。

（2）模型参数的确定。本项目设计的模型是系统理论与物理机制结合的分布式时变增益水文模型，在有实验资料提供支撑的前提下，模型的参数将由实验直接提供，并根据点到面的推广进行适当的修正。主要由实验提供的参数有：下渗率、覆被影响参数、超渗雨强、雨量等。根据对长期土壤湿度、降雨的观测，得到地表以及表层土壤与深层土壤间的下渗率；不同的覆被与土地利用对降雨产流影响很大，在模型中设置了覆被影响参数，根据不同覆被人工降雨与坡面长期观测的实验分析结果，确定了覆被影响参数值；超渗雨强、雨量根据长期观测的资料统计分析，结合人工降雨不同的情景值得到。

按照流域大小与时间尺度大小，在大理河上采取月尺度模拟，小理河上采取日尺度模拟，岔巴沟上采取小时尺度模拟。模型模拟检验评价指标：

水量平衡系数 = 模拟径流总量/实测径流总量

$$相关系数 = \frac{\sum (Q_c - \overline{Q}_c)(Q_o - \overline{Q}_o)}{\sqrt{\sum (Q_c - \overline{Q}_c)^2 \sum (Q_o - \overline{Q}_o)^2}}$$

$$模型效率系数 \, R = \left[\frac{\sum (Q_c - Q_o)^2}{\sum (Q_o - \overline{Q}_o)^2} \right] \times 100\%$$

式中，Q_o、Q_c、$\overline{Q}_o$、$\overline{Q}_c$ 为实测、模拟流量和实测、模拟流量均值。

经过分析研究，不同尺度模型参数分别见表 6-1 至表 6-3。图 6-1 至图 6-5 为项目组研制开发的 DTVGM 模型操作界面示意图。

表 6-1　大理河月模拟参数

序号	参数分类	参数名	最小值	最大值	参数值	说明
1	时间					
2						
3		RCount	0	3 000	252	要计算的时段数
4		Interval	0	1 440	Month	计算时间间隔（min）

续表 6-1

序号	参数分类	参数名	最小值	最大值	参数值	说明
5	产流参数	g1	0	1	0.3	产流计算参数
6		g2	0	10	2	产流计算参数
7		Kr	0	1	1.331	土壤水出流系数(1 mm/100 mm)
8		Krg	0	1	10	地下水出流系数(1 mm/1 000 mm)
9		fc	0	20	0.05	上层到下层的稳定下渗率(mm/h)
10		Kaw	0	1	0.09	蒸发修正系数
11		Pc	0	3 000	200	雨强阈值(mm)
12		Snow	0	100	3	融雪径流(mm)
13	汇流参数	RoughRss	0.001	0.5	0.03	糙率系数
14		a	0	1 000	50	河宽回归系数(水深求河宽)
15		thr	0	8 000	1	坡面与河道汇流阈值
16		FlagRout	0	1	0	是否汇流计算(0 否 1 是)
17		TimeRout	0	100	0	汇流时长
18	流域属性	Wmi	0	100	8	土壤水最小含水量(田间含水量)(%)
19		WM	0	300	24	上层饱和土壤及覆被含水量(%)
20		WMD	0	300	10	下层饱和土壤及覆被含水量(%)
21		ThickU	0	1 000	1 500	上层土壤厚度(mm)
22		ThickD	0	1 000	1 000	下层土壤厚度(mm)
23		Pm	0	1	1	地形指数计算初始土湿参数
24		Pma	0	200	0.1	地形指数计算初始过水面积参数
25		HruCount	0	30 000	3 791	流域中单元个数
26		BasinExport	1	800 000	3 791	流域出口单元号
27		Udistance	1	10 000	1 000	网格长度
28	初始值	AW	0	300	6	初始土湿(上层)(%)
29		Awd	8	300	5	初始土湿(下层)(%)
30		Area	0	10 000	0	初始过水面积(m²)
31	牛顿迭代	maxNO	1	1 000	1 000	最大迭代次数
32		maxERR	0	1	0.001	容许的最大计算误差(迭代)

表6-2　小理河日模拟参数

序号	参数分类	参数名	最小值	最大值	参数值	说明
1	时间					
2						
3		RCount	0	3 000	365	要计算的时段数
4		Interval	0	1 440	1 440	计算时间间隔(min 分钟)
5	产流参数	g1	0	1	0.145 1	产流计算参数
6		g2	0	10	2.725	产流计算参数
7		Kr	0	1	0.1	土壤水出流系数(1 mm/100 mm)
8		Krg	0	1	0.6	地下水出流系数(1 mm/1 000 mm)
9		fc	0	20	1	上层到下层的稳定下渗率(mm/h)
10		Kaw	0	1	0.007 42	蒸发修正系数
11		Pc	0	3 000	200	雨强阈值(mm)
12		Snow	0	100	3	融雪径流(mm)
13	汇流参数	RoughRss	0.001	0.5	0.03	糙率系数
14		a	0	1 000	50	河宽回归系数(水深求河宽)
15		thr	0	8 000	1	坡面与河道汇流阈值
16		FlagRout	0	1	0	是否汇流计算(0 否 1 是)
17		TimeRout	0	100	0	汇流时长
18	流域属性	Wmi	0	100	11.5	土壤水最小含水量(田间含水量)(%)
19		WM	0	300	24	上层饱和土壤及覆被含水量(%)
20		WMD	0	300	10	下层饱和土壤及覆被含水量(%)
21		ThickU	0	1 000	300	上层土壤厚度(mm)
22		ThickD	0	1 000	900	下层土壤厚度(mm)
23		Pm	0	1	1	地形指数计算初始土湿参数
24		Pma	0	200	0.1	地形指数计算初始过水面积参数
25		HruCount	0	30 000	788	流域中单元个数
26		BasinExport	1	800 000	781	流域出口单元号
27		Udistance	1	10 000	1 000	网格长度
28	初始值	AW	0	300	8.1	初始土湿(上层)(%)
29		Awd	8	300	5	初始土湿(下层)(%)
30		Area	0	10 000	0	初始过水面积(m²)
31	牛顿迭代	maxNO	1	1 000	1 000	最大迭代次数
32		maxERR	0	1	0.001	容许的最大计算误差(迭代)

表 6-3　岔巴沟时段模拟参数

序号	参数分类	参数名	最小值	最大值	参数值	说明
1	时间					
2						
3		RCount	0	3 000		要计算的时段数
4		Interval	0	1 440	120	计算时间间隔（min 分钟）
5	产流参数	g1	0	1	0.2	产流计算参数
6		g2	0	10	2	产流计算参数
7		Kr	0	1	0.458	土壤水出流系数（1 mm/100 mm）
8		Krg	0	1	0.05	地下水出流系数（1 mm/1 000 mm）
9		fc	0	20	5	上层到下层的稳定下渗率（mm/h）
10		Kaw	0	1	0.005	蒸发修正系数
11	汇流参数	RoughRss	0.001	0.5	0.01	糙率系数
12		a	0	1 000	50	河宽回归系数（水深求河宽）
13		thr	0	8 000	1	坡面与河道汇流阈值
14		FlagRout	0	1	1	是否汇流计算（0 否 1 是）
15		TimeRout	0	100	0	汇流时长
16	流域属性	Wmi	0	100	15	土壤水最小含水量（田间含水量）（%）
17		WM	0	300	24	上层饱和土壤及覆被含水量（%）
18		WMD	0	300	10	下层饱和土壤及覆被含水量（%）
19		ThickU	0	1 000	265	上层土壤厚度（ mm）
20		ThickD	0	1 000	800	下层土壤厚度（ mm）
21		Pm	0	1	1	地形指数计算初始土湿参数
22		Pma	0	200	0.1	地形指数计算初始过水面积参数
23		HruCount	0	30 000	322	流域中单元个数
24		BasinExport	1	800 000	1	流域出口单元号
25		Udistance	1	10 000	50	网格长度
26	初始值	AW	0	300	15	初始土湿（上层）（%）
27		Awd	8	300	5	初始土湿（下层）（%）
28		Area	0	10 000	0	初始过水面积（m^2）
29	牛顿迭代	maxNO	1	1 000	1 000	最大迭代次数
30		maxERR	0	1	0.000 1	容许的最大计算误差（迭代）

图 6-1　DTVGM 模型系统封面

图 6-2　空间插值系统界面

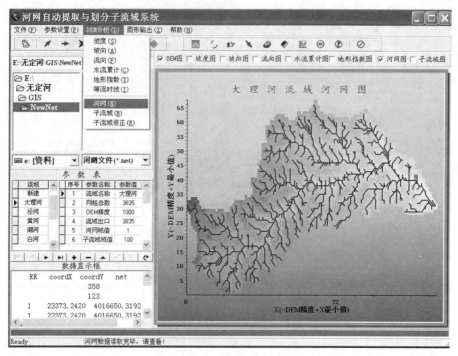

图6-3　河网提取系统

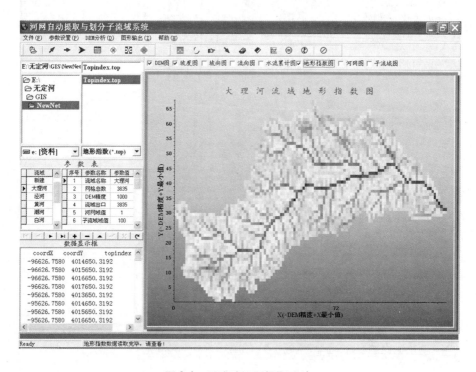

图6-4　子流域河网提取系统

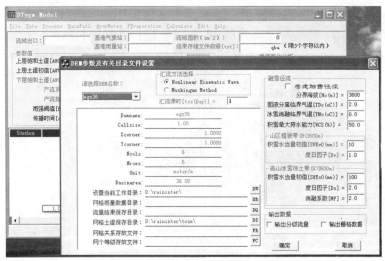

图 6-5　径流计算系统

第一节　实时降雨的时空分布与产流关系

一、实时降雨的空间分布

焦菊英(2001)曾经用面雨量离差系数、流域降雨不均匀系数、最大点与最小点比值系数三个指标来研究黄土高原地区的降雨空间不均匀性。

$$C_v = \sqrt{\frac{\sum_{i=1}^{n}(P_i/\overline{P}-1)^2}{n-1}}, \eta = \frac{\overline{P}}{P_{max}}, \alpha = \frac{P_{max}}{P_{min}} \tag{6-1}$$

式中：C_v 为雨量离差系数，表示不同的均值系列的离散程度，C_v 值大离散程度越大，C_v 越接近 0 离散程度越小；η 为流域降雨不均匀系数，反映降雨点面折减程度，越接近 1 表示越均匀；α 为最大点与最小点的比值系数，反映了流域内两个极端值的倍数关系，其值越大表示越不均匀；P_i 为每个点的降雨量，mm；$\overline{P}$ 为流域平均降雨量，mm；P_{max} 为流域内最大点降雨量，mm；P_{min} 为流域内最小点降雨量，mm。

选取 1960~1966 年中岔巴沟流域 6 月至 9 月的 112 场降雨资料进行分析，用以上三个指标来计算岔巴沟流域的降雨空间差异性结果见表 6-4。

表 6-4　降雨空间分布指标值

项目	C_v	η	α
Max	1.214	0.910	209
Min	0.063	0.269	1.219
Aver	0.449	0.592	11.672
焦菊英	0.61	0.48	80.33

注：表中 Max 表示最大值，Min 表示最小值，Aver 表示平均值。

C_v 平均值达到 0.449,说明降雨的空间分布是很不均匀的。具体的空间分布可以参考图 6-6。焦菊英(2001)曾对岔巴沟的 13 个雨量站 61 场暴雨进行了分析,结果明显比采用所有降雨资料分析的离散程度要大,说明暴雨降水比一般降水分布更加不均匀。

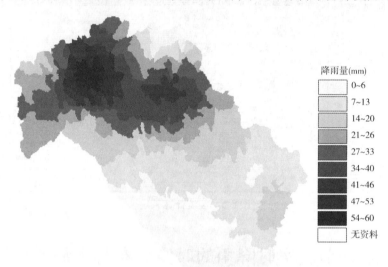

降雨量(mm)

	0~6
	7~13
	14~20
	21~26
	27~33
	34~40
	41~46
	47~53
	54~60
	无资料

图 6-6　1966 年 7 月 17 日 16:00 ~ 18:00 岔巴沟降雨空间分布

二、实时降雨的时空分布

焦菊英(2001)按照降雨的成因和特点,把黄土高原的暴雨分为三种类型。此处为了研究降雨产流的机制,同样将降雨分成三类,第一类是局地强对流条件引起的小范围、短历时、高强度的局地性降雨(A 型降雨),历时多在 30 ~ 120 min;第二类是峰面型降雨夹有局地雷暴性质的较大范围、中历时、中强度降雨(B 型降雨),历时多在 3 ~ 12 h;第三类是由峰面型降雨引起的大面积、长历时、低强度降雨(C 型降雨),历时一般大于 24 h。选用最大 60 min 雨量占次降雨的比例来作为指标,三种类型降雨划分办法是:

A 型降雨:$\beta = P_{60max}/P_{max} \in [0.8,1.0]$

B 型降雨:$\beta = P_{60max}/P_{max} \in [0.2,0.8]$

C 型降雨:$\beta = P_{60max}/P_{max} \in [0.0,0.2]$

从统计的值(见表 6-5)看,A 型降雨在空间分布最不均匀,C 型降雨是最均匀的。说明短历时高强度的降雨比低强度长历时降雨更容易表现出空间不均匀性。原因是短历时高强度的降雨其降雨的区域很小,导致其空间不均匀性增大。

1960 ~ 1966 年,岔巴沟 A 型降雨发生了 7 场,而 B 型降雨发生了 71 场,这说明在黄土高原地区是以 B 型降雨为主的。

表 6-5　不同类型降雨空间分布

项目	A 型降雨(7 场)			B 型降雨(71 场)			C 型降雨(34 场)		
	C_v	η	α	C_v	η	α	C_v	η	α
Max	1.01	0.80	29.17	1.21	0.87	209.00	0.66	0.91	20.00
Min	0.11	0.27	1.45	0.15	0.28	1.65	0.06	0.42	1.22
Aver	0.60	0.50	10.87	0.52	0.54	15.51	0.26	0.71	3.82
焦菊英	1.11	0.36	117.62	0.32	0.68	3.23	0.15	0.82	1.66

三、降雨与产流关系分析

研究降雨时空分布的目的是研究降雨对产流的影响。将岔巴沟 1960~1966 年 7 年的 112 场降雨产流进行分析得到表 6-6。从表 6-6 中可以看出：A 型雨的降水量平均是最少的，而 C 型是最大的，可对应的平均地表产流量与径流系数 A 型是最大的，C 型是最小的，说明黄土高原地区的短历时高强度暴雨更容易产流。由于 B 型降雨发生的场次最多，说明黄土高原地区的产流还是以 B 型降雨产流为主，分析发现 1960~1966 年间几次大洪水也均是 B 型降雨产生的。

表 6-6　不同类型降雨同产流关系

项目		$\overline{P}(\mathrm{mm})$	$R_s(\mathrm{mm})$	$R_s/\overline{P}$	C_v	η	α	$P_{max}(\mathrm{mm})$	$P_{60max}(\mathrm{mm})$	β
	Max	23.629	8.322	0.639	1.014	0.798	29.169	41.500	38.400	0.986
A 型降雨	Min	1.427	0	0	0.112	0.269	1.448	5.300	4.711	0.810
	Aver	14.133	2.818	0.189	0.600	0.500	10.871	27.500	24.759	0.890
	Max	87.402	35.347	0.471	1.214	0.865	209	155.901	59.682	0.787
B 型降雨	Min	1.517	0	0	0.154	0.282	1.650	3.699	1.346	0.202
	Aver	15.070	1.871	0.057	0.525	0.544	15.512	26.597	11.353	0.455
	Max	102.719	8.691	0.130	0.659	0.910	20.004	135.105	13.750	0.188
C 型降雨	Min	0.543	0	0	0.063	0.419	1.219	1.194	0.201	0.054
	Aver	30.783	1.238	0.024	0.261	0.709	3.820	41.378	4.661	0.125

注：表中 R_s 为由实测流量得来的地表径流量，其他的上文中都有介绍。

降雨产流的机制研究主要有三个问题需要解决：①什么情况下才发生产流，即降雨产流的临界值；②产流量的大小同哪几个量最相关；③超渗产流的临界雨强。以下就这三个问题用实测资料进行分析。

将 112 场降雨按照是否产流分开，有 54 场降雨未发生产流，58 场产生了地表径流（见图 6-7 和图 6-8）。从表 6-7 中数据可知，发生产流的平均雨量、单站最大雨量与 60 分钟最大降雨都要大于未产流情况下的值，但在很大的雨量或很大的雨强情况下也有不发生产流的情况，也就是说产流是雨量与雨强综合作用的结果。

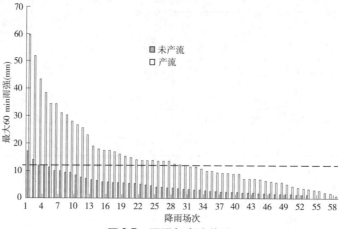

图 6-7　雨强与产流关系

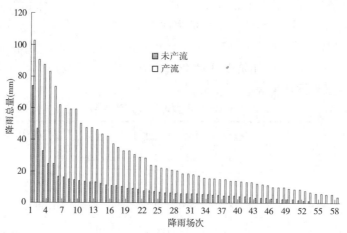

图 6-8　降雨总量与产流关系

表 6-7　是否产流同降雨关系

项目		$\overline{P}$（mm）	R_s（mm）	$R_s/\overline{P}$	C_v	η	α	P_{max}（mm）	P_{60max}（mm）	β
未产流	Max	74.16	0	0	1.12	0.86	209.00	86.21	17.10	0.89
	Min	0.54	0	0	0.09	0.27	1.43	1.19	0.20	0.09
	Aver	10.22	0	0	0.46	0.58	13.72	16.20	4.86	0.37
产流	Max	102.72	35.35	0.64	1.21	0.91	106.50	155.90	59.68	0.99
	Min	3.57	0.07	0.01	0.06	0.29	1.22	7.01	0.60	0.05
	Aver	28.68	3.36	0.11	0.44	0.60	9.77	45.05	15.09	0.40

　　由于降雨产流受到土壤湿度、气象条件等多方面的影响,所以就很难给出一个降雨在什么条件下开始产流的阈值,但用场次产流大于 1 mm 的资料(34 场降雨)分析,我们大致可以给出当 60 min 降雨大于 11.5 mm,或者降雨总量大于 47.7 mm,并且降雨历时不是过长时一般都会发生产流。在未产流的序列中降雨 74.16 mm 未产流原因是降雨历时长达 14 天,并

且 C_v 值不到 0.1,这种长历时降雨在 112 场统计资料中仅仅出现过 2 次,在黄土高原地区是很少见的。由于黄土高原的黄土层厚度大,导致长历时低强度的降雨不产流。

采用产流的降雨与径流进行相关分析,径流与 60 min 的最大降雨相关性最强(见表 6-8)。说明在黄土高原地区的产流多以超渗产流为主,但由于产流的降雨是以 B 型降雨为主的,实际产流同降雨量的相关系数也达到 0.55,说明在黄土高原地区不仅仅是超渗产流一种模式产流,很多情况下也会发生长历时、中等强度的降雨引起表层土壤饱和,以蓄满流的模式产流。径流与三个反映空间分布均匀性的指标之间的相关系数都接近于 0,说明降雨的空间分布的均匀性同产流并没有直接的关系,但从不同的雨型对应的产流以及均匀性可以看出(见表 6-8):A 型降雨分布最不均匀,但产流最多,也就是说在相同的雨强与雨量下,空间分布越不均匀的产流就越多。将 C_v 与 R_s 绘散点图(见图 6-9、图 6-10 和图 6-11)可以看出,当 C_v 在 0.388 附近时产流量最多,原因是 C_v 大于 0.388 以后的降雨空间分布很不均匀,但降雨量太小,产流小;C_v 小于 0.388 的降雨由于空间分布太均匀,导致点雨强与雨量都偏小,产流小。

表 6-8　R_s 同降雨相关性

项目	$\overline{P}$	P_{max}	P_{60max}	(P_{max}, P_{60max})	C_v	η	α
相关系数	0.554	0.689	0.749	0.78	−0.088	0.016	−0.120

注:(P_{max}, P_{60max}) 表示 R_s 与 (P_{max}, P_{60max}) 复相关系数。

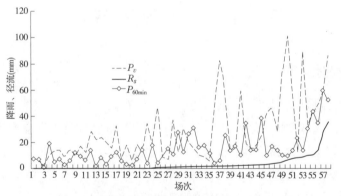

图 6-9　降雨径流相关图

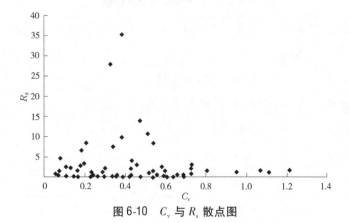

图 6-10　C_v 与 R_s 散点图

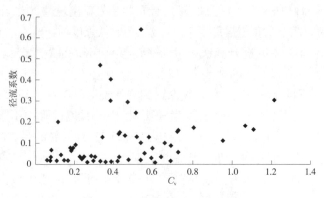

图 6-11　C_v 与径流系数散点图

　　黄土高原地区多以超渗模式产流,我们就对表层土壤的最大下渗率很感兴趣,即在雨强达到多大情况下会发生超渗产流,用产流量大于 1 mm 的资料分析可知,流域平均雨量最小值的产流认为是超渗产流的临界值,此时的 60 min 降雨量是 11.5 mm。表层土壤的最大下渗率应该是小于 11.5 mm 的,所以我们认为发生超渗产流的临界雨强是 10 mm/h 左右。

第二节　DTVGM 模型应用

一、岔巴沟时尺度模型

　　由于岔巴沟流域面积非常小,洪水历时一般只有几个小时,实测降雨资料多是 2 h 一个时段,所以此处采取 2 h 时间尺度模拟。在水文模拟时,保持一套参数不变。由于是场次洪水模拟,前期土壤含水量影响较大,在岔巴沟流域,20 世纪 70 年代在山谷中修筑大量的淤地坝,这些淤地坝改变了河道,导致 70 年代到 80 年代糙率系数增大,随着淤地坝的淤满,80 年代到 90 年代糙率系数相应的减小(见表 6-9)。

表 6-9　岔巴沟场次洪水模拟

洪号	效率系数	相关系数	水量平衡	降水量（mm）	洪峰（m³/s）	洪量（mm）	洪水历时（小时）	前期土湿（%）	糙率系数
19770811	0.946	0.973	1.023	20.2	110	5.28	4	15	0.01
19780807	0.843	0.98	1.018	46.1	180	15.21	6	11.5	0.03
19830726	0.874	0.936	1.033	33.9	88.8	4.44	4	6	0.05
19940802	0.888	0.943	0.975	130.54	592	43.53	4+6	8	0.005
19990720	0.935	0.985	0.993	24.6	73.7	3.11	6	5	0.005

（一）土壤湿度的时空分布

通过模拟发现,表层土壤(400 mm)湿度的起涨非常迅速,在降雨后很快达到最大土壤湿度,退水相对缓慢(见图6-12)。深层土壤湿度起涨慢,退水也慢,原因是深层土壤的补给来自表层土壤水的下渗,其消耗主要是植物的蒸腾与补充地下水。整个流域的土壤湿度基本在10%(体积含水量)左右;如降雨充沛能达到22%,超过15天不下雨或雨量太小,土壤湿度会下降到7%及以下,此时将低于调萎系数,植物开始调萎。

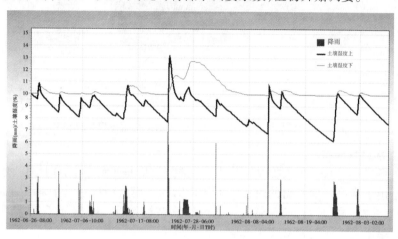

图 6-12　1962 年岔巴沟降雨土壤湿度变化过程

土壤湿度的空间分布受当前场次降雨决定,但也不完全同降雨的空间分布一致,原因是土壤湿度的空间分布还受前期降雨与气象条件的影响,所以图6-13、图6-14的场次降雨中心与土壤湿度的中心并不在同一位置。

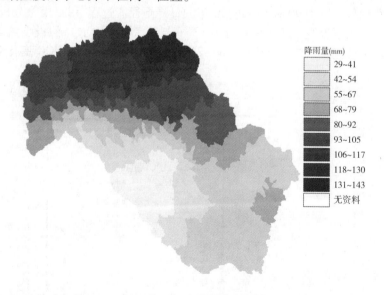

图 6-13　1966 年 7 月 18 日 02:00 岔巴沟降雨空间分布

图 6-14　1966 年 7 月 18 日 02：00 岔巴沟土壤湿度空间分布

（二）洪水过程模拟

选取 6 场典型洪水过程模拟结果表明，大部分年份是很好的，个别年份效果差，经过调查发现是由于实测降雨资料的时段长大于 2 h，为了模型计算将其平均分配到不同的时段，这样与实际的降雨时间分布不符，导致模拟效果差。图 6-15 至图 6-20 给出了几场洪水模拟计算结果与实测过程对比情况。

20 世纪 60 年代 7 年的模拟结果如表 6-10 所示。

二、小理河日尺度模型

（一）土地利用/土地覆被变化影响

小理河是大理河的一条支流，流域中 70% 以上的土地利用是耕地，20% 以上的是中低度覆盖的草地。选取 1990～1999 年 10 年的日降雨径流过程，用日模型分析，假设全流域全部是耕地情景下流域中产流将增加 6.4%（未考虑灌溉用水），假设全流域全部是草地情景下流域中产流将减少 5.25%。图 6-21 给出了小理河流域 LUCC 变化对径流的影响分析结果。

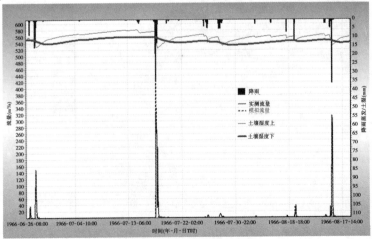

图 6-15　1966 年洪水过程

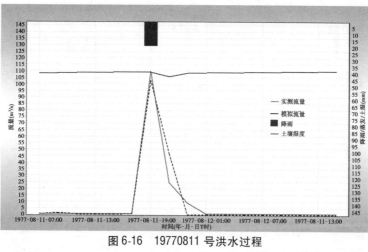

图 6-16　19770811 号洪水过程

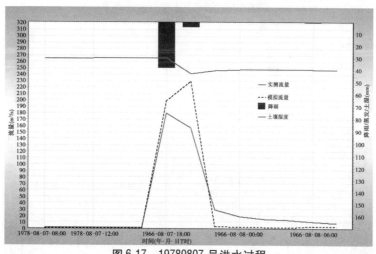

图 6-17　19780807 号洪水过程

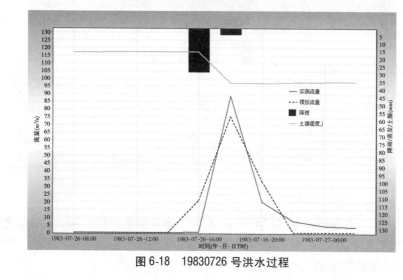

图 6-18　19830726 号洪水过程

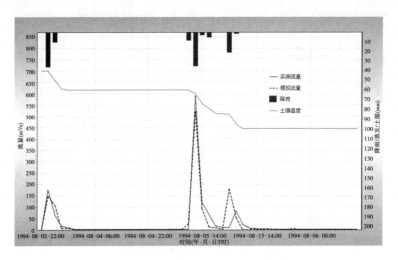

图 6-19　19940802 号洪水过程

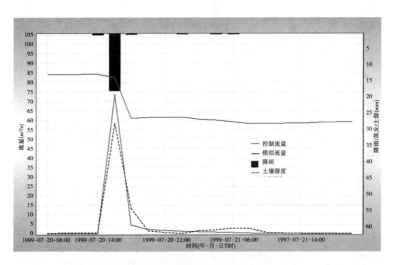

图 6-20　19990720 号洪水过程

表 6-10　模拟结果指标值

项目	1960 年	1961 年	1962 年	1963 年	1964 年	1965 年	1966 年
效率系数	0.73	0.72	0.62	0.82	0.53	0.6	0.92
相关系数	0.85	0.85	0.79	0.91	0.75	0.78	0.96
水量平衡	0.92	1.07	1.04	1.14	1.04	1.06	0.94

(二)径流过程模拟

小理河 1994 年出现特大洪水,用 1994 年洪水模拟结果(见图 6-22 和图 6-23)如下:效率系数 0.824,相关系数 0.942,水量平衡 1.050。用 1994 年得到参数模拟 1990 ~ 1999年洪水过程:效率系数 0.659,相关系数 0.862,水量平衡 0.975。

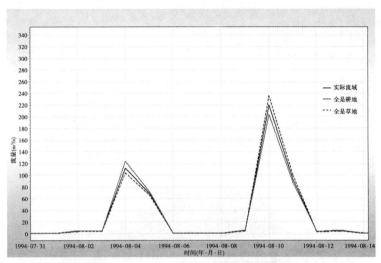

图 6-21 小理河流域 LUCC 变化对径流的影响

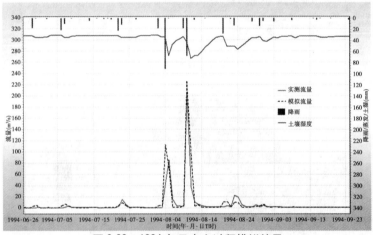

图 6-22 1994 年日水文过程模拟结果

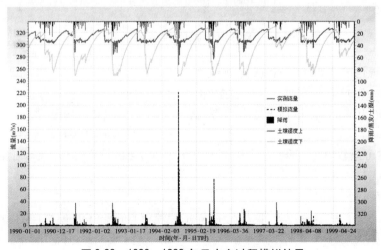

图 6-23 1990～1999 年日水文过程模拟结果

三、大理河月尺度模型

(一)大理河降雨空间变异影响分析

大理河流域 1982 年 7 月 7 日降雨 40.35 mm,7 月 8 日流量达到 126 m³/s,而 1982 年 7 月 29 日降雨 43.4 mm,7 月 30 日流量却只有 120 m³/s。说明在大理河流域必须考虑降雨的空间变异性,这样才不会遗漏局部高强度降雨与降雨的空间分布信息。从图 6-24 就可看出 7 月 29 日降雨在上游有个暴雨中心,所以产流就没有 7 月 7 日剧烈。

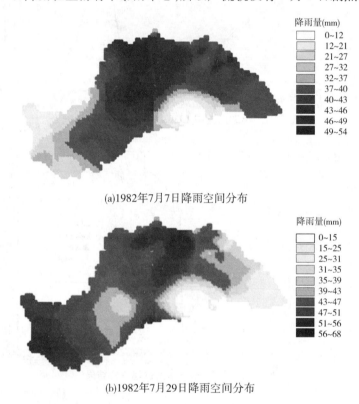

(a)1982年7月7日降雨空间分布

(b)1982年7月29日降雨空间分布

图 6-24　降雨空间分布

(二)大理河降水变化对径流的影响分析

以 1979~1999 年降水过程为例,在其他因素不变的前提下,初步分析得出:如果全流域降水量增加 10%,径流量将增加 15.5%;降水量增加 5%,则径流量增加 8.2%;如果降水量减少 10%,径流量将减少 14%。图 6-25 给出的是 1979~1999 年月平均流量过程及变化,从图中可以看出,大理河流域降水主要集中在 7~9 月,所以降水变化影响在 7~9 月较大,非汛期影响较小。

(三)径流过程模拟

大理河选取了 1979~1999 年 21 年的降水径流资料进行了月模拟(见图 6-26),效率系数 0.803,相关系数 0.897,水量平衡 0.995。无定河流域主要是降雨产流,仅在每年春季 3 月左右有部分冰凌融化增加径流,因此仅仅在 3 月考虑融雪产流。

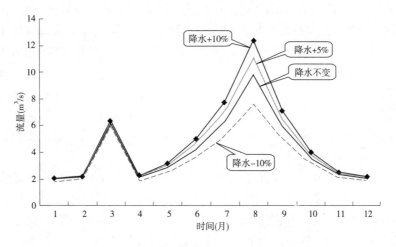

图 6-25 大理河流域降水变化对径流的影响

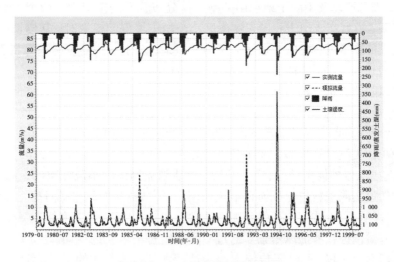

图 6-26 大理河月模型模拟结果

第三节 分布式侵蚀产沙模型

目前常用的土壤流失方程早在 20 世纪 60 年代由 Wischmeie 提出,因子的解释具有物理意义,目前仍是预测土壤侵蚀最为广泛使用的方法。该方程采取的是五个影响因子连乘的形式。

$$A = r \cdot K \cdot LS \cdot C \cdot p \tag{6-2}$$

式中:A 为土壤流失量;r 为降雨系数;K 为土壤侵蚀系数;LS 为坡度和坡长系数;C 为耕作和管理系数;p 为梯田、条种和等高种植等水土保持措施计算系数。特点是计算简单,所需参数基本能在实际流域中找到。后来很多学者对该方程进行了改进,对每个影响因子均做过大量的分析与实验研究。如 Renard 等提出的 RUSLE 则将径流因子考虑了进去。

蔡崇法(2000)将该方程结合 IDRISI 地理信息系统建立了预测小流域土壤侵蚀量的模型,并在王家桥小流域进行了预测,分析出了土壤侵蚀量分布图,可以有效地指导水保工程的实施。在 SWAT 分布式水文模型中就采用了改进的通用土壤流失方程(MUSLE:Modified Universal Soil Loss Equation,Williams,1975)。在 SWAT 的理论手册中详细给出了各个影响因子的计算方法、经验公式以及实验得到的参数。张雪松,郝芳华等人曾将 SWAT 应用于黄河下游小花间(小浪底—花园口)区域洛河卢氏水文站以上流域区,结果表明 SWAT 模型在研究区对流域长期连续径流和泥沙负荷模拟具有较好的适用性,具有一定的推广意义。

　　另外,ANSWERS2000 是一个用于流域土壤侵蚀过程模拟的分散型物理模型。模型引入地表入渗和蒸散发模拟模块,使模型可以模拟连续的降雨侵蚀过程。其中径流和入渗模块以 Green – Ampt 入渗方程计算;泥沙模块中,产沙计算采用了土壤可蚀性指标以及单位水流动力理论和临界切应力原理。输沙过程计算把 Foster 方法和 Meyer 方法引入 Yalin公式,并以此建立了泥沙输移模块。牛志明(2001)将此模型运用于三峡库区小流域侵蚀产沙、地表径流以及不同土地利用类型水沙分布状况的模拟中。两个不同小流域模拟的结果表明,模型在应用于我国三峡库区小流域土壤侵蚀模拟时,其模拟结果与实测结果具有较高的吻合度,模拟结果基本可信。但是,对于一些陡坡林地等特殊地类,模型的模拟误差较大,其模拟精度还有待于进一步提高。

　　蔡强国以陕西省岔巴沟流域及其支流实测降雨水文资料为基础,系统地分析了流域产沙的降雨、径流、地貌因子在流域产沙中的作用,进而将影响产沙的因素概括为径流深、洪峰流量、流域面积、流域沟道密度,并作为产沙预报的指标,建立了岔巴沟流域次暴雨产沙的统计模型。经检验,该预报公式具有一定的精度。刘高焕(2003)将地理信息系统(GIS)与土壤侵蚀模型结合,建立了基于地块汇流网络的小流域水沙运移模拟方法。在该方法中通过实测资料建立了峁顶地块径流深、侵蚀产沙模数与降雨动能、最大 30 min 雨强、前 9 天影响雨量、坡度坡长的侵蚀产沙关系式;并以植被覆盖度修正系数、农业管理措施修正系数对侵蚀产沙加以修正。通过 GIS 确定每个单元的流向,建立汇流模型计算水沙的全流域运移过程。弥补了传统上的侵蚀产沙经验关系式的不足;实现了侵蚀产沙模型与 GIS 的深层次耦合,使各子模型内部的接口更加紧密,为模型更有效地利用外部数据提供了可能。采用地块为模型的计算单元,更符合流域实际的土地利用状况,同时避免了在引入 GIS 进行模拟研究时,采用栅格划分方法对小流域自然地貌单元的破坏以及栅格法计算时所产生的累计偏差。许炯心通过回归分析在无定河流域建立了年产沙模数与各影响因子的关系。

$$Y_s = 1.608\ 6C_r^{1.291\ 1}P_1^{1.091\ 9}P_{30}^{1.188\ 7}P_h^{0.318\ 2}A_c^{-0.190\ 9}A_{tfg}^{-0.088\ 78} \qquad (6-3)$$

式中:Y_s 为年全沙产沙模数;C_r 为径流系数;P_1 为最大 1 日雨量;P_{30} 为最大 30 日累积雨量;P_h 为汛期降雨量;A_c 为坝地面积;A_{tfg} 为梯田、种草、林地面积。该关系能够很好解释水保工程对流域侵蚀的影响。

　　以上总结了现有的多种计算流域侵蚀产沙模型,它们在一定程度上取得了很好的模拟效果,但也存在很多的问题,主要问题有:①大部分工作是基于某个流域经验统计的结果,虽然统计模型的结果很好,但很难拓展到其他流域;②现有的分布式侵蚀产沙模型对于降雨径流的模拟做得都比较简单,对径流的模拟不是很准确;③现有的泥沙模型的时间尺度大都是月或年的,主要是从宏观的尺度上研究整个流域的产沙量,在流域的面源侵蚀做得并不是很多,尤其在计算洪水产沙的过程时很难得到合理的含沙量值。

针对以上问题,在分布式水文模型的基础上,建立分布式侵蚀输沙模型。该模型既具有明确的物理机制,又结合了现有的大量统计规律。模型主要解决的问题有:①采用了分布式时变增益模型进行流域的产流计算,比传统统计产沙模型中的产流计算的产流量要准确;②坡面产沙采用了 USLE 模型,并结合黄土高原的特色对其进行了改进;③结合分布式水文模型河网汇流与水流的挟沙力,能够得到每段沟道的侵蚀或沉淀量,还能计算出其输沙量;④此处建立的分布式产沙输沙模型时间尺度可以到分钟,比传统的统计模型有了很大拓展。将此模型应用于黄河流域的岔巴沟流域,取得了很好的模拟效果。

一、分布式侵蚀模型整体结构

分布式侵蚀产沙模型是嵌套在分布式时变增益水文模型中计算的(见图 6-27)。首先由分布式水文模型将流域划分成多个水文单元(网格或者子流域),提取各个水文单元的信息(包括降雨、蒸发、覆被、土壤、土地利用等);然后在每个单元上进行产流计算,产流计算结果同单元的地表及土壤信息代入产沙模型中即可得到每个单元的侵蚀量,同产水量相除得到单元的含沙量;最后在单元间进行汇流计算,汇流计算可以得到每个单元间河道的进出流量,同时计算汇沙模型、进出流量的含沙量。如此从上游向下游依次计算到流域出口即可得出整个流域的产沙与汇沙过程及产沙量。

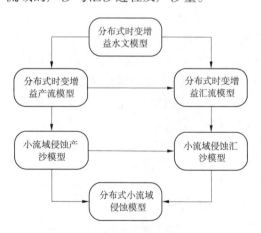

图 6-27　分布式小流域侵蚀模型

二、单元坡面侵蚀产沙模型

对坡面侵蚀产生影响的有降雨、刮风、地形、种植耕作、植被等多种因素,USLE 模型基本都考虑到了这些因素的影响,是现在最通用的侵蚀产沙模型。此处产沙模型仍然采用 USLE 模型的改进版本 MUSLE,并结合我国黄土高原的特色进行了局部的改进。

MUSLE 的形式如下:

$$Sed = 11.8 \cdot (Rs \cdot q \cdot Area)^{0.56} \cdot K \cdot C \cdot p \cdot LS \cdot CFRG \tag{6-4}$$

式中:Sed 为产沙量,t;Rs 为地表径流深,mm；q 为时段内洪峰流量,m^3/s;$Area$ 为单元面积,m^2;K 为侵蚀系数;C 为覆被与管理因子;p 为实施因子;LS 为地形因子;$CFRG$ 为颗粒大小影响因子。

　　MUSLE 模型中考虑到了地表径流深(净雨)、时段内的洪峰流量,这些可以由水文模型来提供。侵蚀系数反映了流域的土壤属性,可以实地考察或从土壤图中得到。同时,该模型考虑了人类活动中的种植耕作的影响。地形的影响可以由 DEM 得到,计算简单。

　　由于上式需要一个时段内的洪峰流量与时段的净雨,这个时段不应该太短,所以上式主要是针对日及以上时段进行的产沙模拟,此处希望做的是实时的对降雨径流产沙进行模拟,所以将其改进为:

$$Sed = \alpha \cdot (Rs \cdot I \cdot Area)^{\beta} \cdot K \cdot C \cdot p \cdot LS \cdot CFRG \tag{6-5}$$

式中:Sed 为产沙量,t;Rs 为地表径流深,mm;I 为雨强;$Area$ 为单元面积,m^2;α、β 为产沙参数;其他因子意义同前。

　　式(6-4)是一个侵蚀产沙经验公式,参数 11.8 与 0.56 也是经验得来,改进后显然不能再用,所以代入了参数 α、β 需要用实测资料优化确定。改进后的模型直接考虑到了实时雨强、净雨的影响,这样就可以实时计算产沙量,也就可以得到相应的水流含沙量,水量可以由分布式时变增益水文模型提供。

　　Rs、I 由分布式水文模型得来,$Area$、K、C、p、LS、$CFRG$ 由流域实际情况得到。下面将逐个讨论这些参数的计算。

(一)侵蚀系数 K

　　土壤的属性是决定水土流失的一个重要的因素。影响侵蚀的土壤属性主要有土壤的类型、土壤颗粒的大小以及土壤中的有机质含量等。定性的分析可知:土壤中有机质的存在能防止土壤侵蚀,如草根可以固土;土壤结构化越好每个结构的尺寸越大土壤越容易受到侵蚀,因为结构间的间隙大导致侵蚀加剧;土壤的下渗率能够反映土壤的疏松程度,下渗率大说明土壤疏松,自然容易受到侵蚀。

　　SWAT 中给出了通过实验得到的经验公式:

$$K = \frac{0.000\,21 \cdot M^{1.14} \cdot (12 - 1.72 Orgc) + 3.25 \cdot (C_s - 2) + 2.5 \cdot (C_p - 3)}{100} \tag{6-6}$$

$$M = (m_s + m_v) \cdot (100 - m_c) \tag{6-7}$$

式中:K 为土壤侵蚀系数;M 为颗粒尺寸参数;m_s 为 0.002~0.05 mm 颗粒含量(%);m_v 为 0.05~0.1 mm 颗粒含量(%);m_c 为小于 0.002 mm 颗粒含量(%);$Orgc$ 为有机质含量(%);C_s 为土壤结构代码(1~5);C_p 为土壤渗透性分类(1~6)。

　　自然界的土壤结构多种多样,一般按结构的形状和大小进行分类,常见的有块状和核状、柱状和棱柱状、片装和板状以及团粒状等结构体类型。核状、柱状、棱柱状等结构主要出现于黏重而缺乏有机质的底土层中,块状和团粒状结构经常出现在表土层中。

　　通过不同的土壤结构与结构尺寸大小可以给出相应的土壤结构代码,见表6-11。

表 6-11　土壤结构代码值 C_s　　　　　　（单位:mm）

大小	结构			
	片状板状	柱状、棱柱状	块状、核状	团粒状
细黏粒	<1	<10	<5	<1
细粉粒	1~2	10~20	5~10	1~2
细沙粒	2~5	20~50	10~20	2~5
粗沙粒	5~10	50~100	20~50	5~10
粗粒	>10	>100	>50	>10

土壤的下渗率也是反映土壤类型的一种指标。饱和土壤稳定下渗率越大的土壤显然越容易受到侵蚀。表 6-12 给出的是不同饱和土壤下渗率对应的 C_p 值。

表 6-12　土壤渗透性分类

C_p	1	2	3	4	5	6
下渗率	快	中到快	中	慢到中	慢	非常慢
mm/h	>150	50~150	15~50	5~15	1~5	<1

土壤侵蚀系数的计算经验公式还有很多,国内外很多的专家、学者也提出过很多的方法,此处不再赘述。

(二)耕作与管理因子 C

耕作与管理因子 C 难以确定,因为耕作和管理方式甚多。对干净的、直行休闲地以及向上坡或下坡耕作,C 的基数值为 1,其他 C 值在 0~1。

SWAT 模型中考虑了地表植被与残渣的重量,显然在地表作物越多其重量越重的情况下,侵蚀就越小,也就是 C 值越小。此处给出了对 SWAT 模型中的 C 值的改进计算公式:

$$C = \frac{C_m}{C_m^{\exp(-11.5Rsd)}} \tag{6-8}$$

$$Rsd = 0 \text{ 时 } C = 1$$

式中:C_m 为最小耕作与管理系数;C 为年均耕作与管理系数;Rsd 为地表植被与残渣重量,kg/m^2。

(三)水土保持措施系数 p

坡面在山区农业生产中占有重要地位,斜坡又是泥沙和径流的策源地,水土保持措施是坡沟兼治,而坡面治理是基础。现在我国黄土高原上的主要水土保持工程是种草、造林、修建梯田、鱼鳞坑、淤地坝等。此处重点讨论草地、林地与梯田对侵蚀的影响。

许炯心(2004)对无定河水保工程对侵蚀产沙过程的影响进行了分析,发现产沙模数与梯田、坝地、造林和种草面积的关系,均表现出明显的负相关。G. W. Tangdale(1997)对美国南部山区 19 年系列资料中的 11 场暴雨资料的研究表明,采用水保耕作技术比传统的耕作技术大大减少了土壤的侵蚀量。

地表坡度的大小也直接影响着水保工程的作用。研究表明,在坡度 2% ~ 8% 时水保工程的作用最好。随着坡度的增高,水保工程的作用减小。

表 6-13 给出的是水保措施系数的经验值,根据流域的不同可以参考使用。

表 6-13　水土保持措施系数 p 值

坡度（%）	林地		草地		梯田			
	中密度	高密度	中密度	低密度	块状	带状	沟道排水	地下排水
<2	0.06	0.3	0.4	0.6	0.6	0.3	0.12	0.05
2 ~ 5	0.05	0.25	0.38	0.5	0.5	0.25	0.1	0.05
5 ~ 8	0.05	0.25	0.38	0.5	0.5	0.25	0.1	0.05
8 ~ 12	0.06	0.3	0.45	0.6	0.6	0.3	0.12	0.05
12 ~ 16	0.07	0.35	0.52	0.7	0.7	0.35	0.14	0.05
16 ~ 20	0.08	0.4	0.6	0.8	0.8	0.4	0.16	0.06
20 ~ 25	0.09	0.45	0.68	0.9	0.9	0.45	0.18	0.06

（四）地形因子 LS

地形对侵蚀的影响主要是单元中的坡度与坡长。随着坡度的增大、坡长加长,侵蚀越强、LS 值越大。

由坡长 22.1 m 坡度为 0.09 的实验数据得到一计算 LS 的经验公式:

$$LS = \left(\frac{L}{22.1}\right)^m \cdot (65.41 \cdot \sin^2\alpha + 4.56 \cdot \sin\alpha) \tag{6-9}$$

$$m = 0.6 \cdot [1 - \exp(-35.835 \cdot slp)] \tag{6-10}$$

式中:L 为坡长;α 为坡度角;m 为参数;slp 为坡度。

（五）颗粒大小影响因子 $CFRG$

颗粒大小影响因子反映表层土壤中含有石块对侵蚀的影响。显然,随着土壤中石块的增加,侵蚀强度是减小的。下式是计算 $CFRG$ 的经验公式。

$$CFRG = \exp(-0.053 \cdot rock) \tag{6-11}$$

式中:$rock$ 为坡面上表层土壤中石块的含量,% 。

三、沟道侵蚀与输沙模型

（一）沟道侵蚀计算

在黄土高原上存在大量的沟道,这些沟道很多是由于侵蚀形成的。许炯心(2004)以黄河中游多沙粗沙区子洲径流站和离石王家沟试验站的径流场观测资料为基础,对黄土高原丘陵沟壑区坡沟系统中高含沙水流特征与地貌因素及重力侵蚀的关系进行了研究。研究结果表明,黄土坡面的地貌垂直结构和由此所决定的侵蚀作用垂直分异对坡面高含沙水流的形成有很大的影响,从峁顶、梁峁坡到沟坡,含沙量急剧增大。峁顶以溅蚀、片蚀为主,峁坡上部以细沟侵蚀为主,高含沙水流出现的频率均不高;以浅沟、切沟为主的梁峁坡下部和发生强烈重力侵蚀的沟坡,高含沙水流发生的频率很高。故可以认为,高含沙水流形成于峁坡下部和沟坡,并在各级沟道中进一步发展。重力侵蚀对坡沟系统高含沙水流的形成起着十分重要的作用,由于强烈的重力侵蚀的参与,高含沙水流的沙峰滞后于洪峰,落水阶段的含沙量常常大于同流量下涨水阶段的含沙量。

在黄土高原地区,沟道的侵蚀不容忽视,此处建立一简单易算的沟道侵蚀模型。

对于沟道的侵蚀,首先要考虑水流的挟沙力。当水流中悬移质中的床沙质含沙量超过水流的挟沙力时,水流处于超饱和状态,河床将发生淤积。反之,当不足水流的挟沙力时,水流处于次饱和状态,水流将向床面层寻求补给,河床发生冲刷。水流的挟沙力是受水流总流的平均流速、过水断面面积、水力半径、水流的比降等诸多因素影响的一个量。由于计算水流挟沙力过于复杂,此处采取经验公式进行计算

$$S = f(Q) = k\ln Q + a \tag{6-12}$$

式中:S 为水流挟沙力,t/m^3;Q 为沟道水流量,m^3/s;k、a 为参数。

水流经过某段河段前后的含沙量是变化的。此处给出简单的含沙量变化关系:

$$Ch'_{i,j} = Ch'_{i,j-1} + \gamma \cdot (S - Ch'_{i,j-1}) \tag{6-13}$$

式中:Ch' 为沟道水流含沙量,t/m^3;S 为水流挟沙力,t/m^3;γ 为变化系数($0 \sim 1$);i 为计算沟道编号;j 为计算的时段。

γ 是一个参数,其由坡面、河床、沟道的属性决定,如坡面侵蚀量大,而沟道结构稳定,不容易受到侵蚀与冲刷,则 γ 值较小接近于 0;反之,坡面侵蚀小,而河床是松软的泥沙,极易被冲刷,则 γ 值较大接近于 1。

(二) 沟道输沙计算

产沙模型计算出了每个水文单元点的产沙量与径流的含沙量。这些泥沙将伴随着水流在流域中运动。整个输沙过程是一个泥沙不断的沉淀、冲刷的动态过程。每个单元水流的含沙量都是不尽相同的,从上游到下游,单元间的水流通过相互混合后再流到下一个单元,流域出口单元沟道水流的含沙量即是整个流域产流含沙量。

具体计算过程如下:

经过分布式水文模型计算能够得到当前时段的水文单元的流量 Q,通过计算可以得到产水量

$$W_{i,j} = Q_{i,j} \cdot dt \tag{6-14}$$

式中:W 为单元产水量,m^3;Q 为单元产流量,m^3/s;dt 为计算时段长,s;i 为计算水文单元编号;j 为计算的时段。

经过产沙模型的计算得到当前时段的水文单元的产沙量,可以得到含沙量:

$$Ch_{i,j} = \frac{Sed_{i,j}}{W_{i,j}} \tag{6-15}$$

式中:Sed 为单元的产沙量,t;W 为单元产水量,m^3;Ch 为含沙量,t/m^3。

此处假设:每个水文单元中发生坡面侵蚀过程,每个水文单元间通过沟道连接在一起。坡面侵蚀产沙发生在水文单元中,在每个单元间的沟道中含沙水流发生混合,并在沟道中产生冲刷与沉淀。

输沙过程是包含在分布式水文模型汇流模型中同步运行的,所以输沙计算也是按照河网汇流过程,依次从上游向下游计算。每个河段中输入是上游的出流量、输沙量,当前

河段的产流量、产沙量以及上个时段当前河段的水量与含沙量,通过中和计算就可以得到当前时段的该河段的含沙量,也就得到当前时段该河段的出流含沙量。

当前时段、河段的泥沙量为 $Sed_{i,j} + \sum Ch_{k,j} \cdot Q_{k,j} \cdot dt + Ch'_{i,j-1} \cdot W_{i,j-1}$,其中 $Sed_{i,j}$ 为产沙量, $\sum Ch_{k,j} \cdot Q_{k,j} \cdot dt$ 为上游汇入沙量, $Ch'_{i,j-1} \cdot W_{i,j-1}$ 为沟道中水的含沙。当前时段、河段中的水量为 $R_{i,j} \cdot A_i + \sum Q_{k,j} \cdot dt + W_{i,j-1}$,其中 $R_{i,j}$ 、A_i 分别为当前水文单元、时段的产水量, $\sum Q_{k,j} \cdot dt$ 为上游的汇入水量, $W_{i,j-1}$ 为沟道中水量。可得到当前时段、河段的含沙量为:

$$Ch'_{i,j} = \frac{Sed_{i,j} + \sum Ch_{k,j} \cdot Q_{k,j} \cdot dt + Ch'_{i,j-1} \cdot W_{i,j-1}}{R_{i,j} \cdot A_i + \sum Q_{k,j} \cdot dt + W_{i,j-1}} \tag{6-16}$$

式中: Ch' 为沟道水流含沙量,t/m^3 ; Sed 为单元的产沙量,t; W 为河段蓄水量,m^3 ; Ch 为单元含沙量,t/m^3 ; Q 为河段出流量,m^3/s ; dt 为计算时段长,s; A 为单元面积,m^2 ; R 为单元净雨量,mm; i,k 为计算水文单元编号; j 为计算的时段。

显然当前时段、河段的出流含沙量也就是该河段的含沙量。由分布式模型可以计算出出流量为 $Q_{i,j}$,则可知河段中剩余水量为:

$$W_{i,j} = R_{i,j} \cdot A_i + \sum Q_{k,j} \cdot dt + W_{i,j-1} - Q_{i,j} \cdot dt \tag{6-17}$$

输沙计算流程示意见图 6-28。

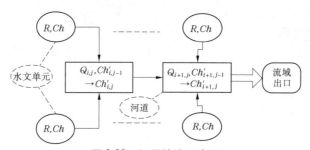

图 6-28　河网输沙示意图

四、模型在岔巴沟流域的应用

黄河中游占流域面积的 14.8% ,年平均来水量占全河总水量的 15% ,而年平均来沙量占总沙量的 56% 。黄河中游多沙粗沙区面积为 7.86 万 km^2 ,仅占黄河中游区面积的 23% ,可产生的泥沙达到 11.82 亿 t(1954 ~ 1969 年系列),占黄河中游输沙量的 69.2% ;产生的粗泥沙(粒径大于等于 0.05 mm)量达 3.19 亿 t,占黄河中游总粗沙输沙量的 77.2% 。

岔巴沟流域就处在黄河中游的粗沙区内,所以选取了岔巴沟流域 1960 ~ 2000 年降雨 – 流量 – 含沙量资料进行了分析,并代入上面产汇沙模型进行模拟。

岔巴沟流域土壤主要是马兰黄土,黄土层厚度大,并且疏松,极易发生侵蚀。年降水量仅在 400 mm 左右,并且集中在 7 ~ 8 月,流域的植被差,降雨产流后的水流含沙量都接近水流的挟沙能力。

图 6-29 是 1960 ~ 2000 年岔巴沟流域曹坪水文站测得的流量含沙量关系。从图 6-29

中可以看出,含沙量与流量明显的成对数关系。相同的流量,在洪水起涨阶段的含沙量明显小于退水阶段的含沙量(见图6-30)。水流的挟沙力应该是流量与含沙量的外包线,即最大的含沙量。

实测流量与含沙量的关系为:

$$S = 113.79 \ln Q + 215.25 \qquad (6-18)$$

其外包线:

$$S = 150 \ln q + 100 \qquad (6-19)$$

式中:S 为水流挟沙力,t/m^3;Q 为河段出流量,m^3/s。

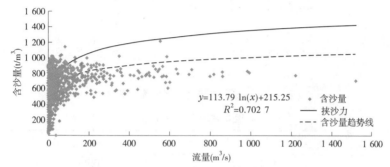

图6-29　1960～2000年岔巴沟流量与含沙量关系

(由于资料的误差,此处的外包线不是严格的外包线。)

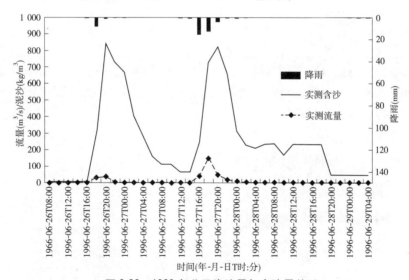

图6-30　1966年岔巴沟流量与含沙量关系

通过模型模拟1966年岔巴沟流域总产沙量为997万t,实测产沙量1 007万t。模拟得到的坡面侵蚀产沙总量为790万t,沟道侵蚀量为207万t。坡面侵蚀量占总侵蚀量的78%,岔巴沟流域的实地调查结果表明,岔巴沟流域的主河道近几十年来没有太大变化,这一点正好与模型模拟一致,说明1966年的岔巴沟流域泥沙主要来源于坡面侵蚀与坡面下的细沟中沟道侵蚀,主河道侵蚀产沙量很小。图6-31给出了1966年模拟结果与实测结果的比较。表6-14给出了模型应用于1960～1966年效率等因子评价结果。

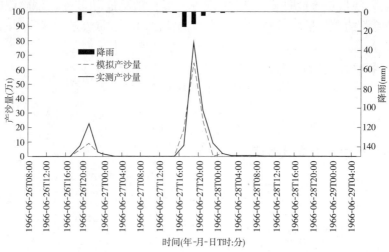

图 6-31　1966 年降雨 – 产沙量过程图

表 6-14　模拟结果

项目		1960 年	1961 年	1962 年	1963 年	1964 年	1965 年	1966 年
径流	效率系数	0.73	0.72	0.62	0.82	0.53	0.6	0.92
	相关系数	0.85	0.85	0.79	0.91	0.75	0.78	0.96
	水量平衡	0.92	1.07	1.04	1.14	1.04	1.06	0.94
泥沙	效率系数	0.6	0.65	0.6	0.83	0.5	0.68	0.78
	相关系数	0.81	0.83	0.8	0.92	0.72	0.83	0.91
	泥沙平衡	1.04	1.01	0.95	1.04	1	1.01	1

　　坡面侵蚀是受降雨、地形等多种因素影响的结果,图 6-32 是岔巴沟 1966 年坡面侵蚀总量的空间分布图。通过该图可以很清楚的知道流域中何处容易侵蚀,何处侵蚀量小,这可以为流域的综合管理规划提供参考。

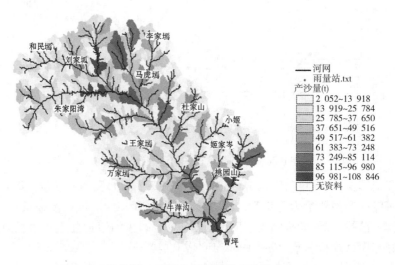

图 6-32　1966 年坡面侵蚀产沙分布

第四节　淤地坝对水沙的影响

淤地坝是指在水土流失地区各级沟道中,以拦泥淤地为目的而修建的坝工建筑物,其拦泥淤成的地叫坝地。在流域沟道中,用于淤地生产的坝叫淤地坝或生产坝。淤地坝的存在可以防洪、治沙,还带来大量的农田,但水毁后又会增加泥沙、冲毁农田,因此修建淤地坝是有利有弊的。同时,修建的淤地坝并不是一次性修好后可以永远利用下去的,即使是大型的骨干坝也是有一定的使用年限的。可见淤地坝的治沙作用也仅仅是为泥沙问题赢得时间,是治标不治本的。所以我们必须加强对淤地坝的研究,充分发挥淤地坝的优点而降低其带来的问题。

对淤地坝的研究主要集中在以下几个方面:①淤地坝在降雨产流过程中对流域产流的影响;②淤地坝对流域的侵蚀产沙的影响;③淤地坝的使用年限以及如何合理的修建与运行。

淤地坝是我国治沙的一大特色工程,所以国内对淤地坝的研究已经很多。但大都是对单个淤地坝的影响研究多,单个淤地坝的淤积,如坝高的设计,等等。还有很多研究是从淤地坝已经淤积的角度来研究,如冉大川等就用 1970～1996 年淤地坝淤积的资料分析了黄河中游地区淤地坝减洪减沙及减蚀作用。另外,很多人用集总统计模型分析了典型流域的淤地坝拦水拦沙的效果。前人的研究表明淤地坝在减水减沙方面的确有很大的作用,但以前的研究都建立在集总水文模型与统计侵蚀产沙模型基础之上,所以给出的定量的影响分析并不是很准确。近几年来,分布式水文模型与分布式侵蚀产沙模型随着 3S 技术发展得到了很好的发展,本文通过资料分析以及前人研究的基础上,尝试建立基于分布式水文模型与分布式侵蚀产沙模型的淤地坝群对产水产沙的影响模型。

一、淤地坝简介

(一)淤地坝历史

1945 年黄河水利委员会批准关中水土保持试验区在西安市荆峪沟流域修建淤地坝一座,是黄委在黄土高原地区修建的第一座淤地坝。

新中国成立后,经过水利水保部门总结、示范和推广,淤地坝建设得到了快速发展。大体经历了四个阶段:20 世纪 50 年代的实验示范,60 年代的推广普及,70 年代的发展建设和 80 年代以来以治沟骨干工程为骨架、完善提高的坝系建设阶段。

据统计,截至 2000 年底,陕西省共建成各类淤地坝 37 577 座,其中骨干坝 373 座,大型坝 793 座,中型坝 5 620 座,小型坝 30 791 座。其中,陕北的榆林、延安的多沙粗沙区 19 个县市,集中了全省 95% 的淤地坝和几乎全部的大型坝和骨干坝。

截至 2002 年底,黄土高原地区建成淤地坝 113 525 座(其中骨干工程 1 480 座,控制面积 10 133 km²,总库容 13.75 亿 m³;中小型淤地坝 112 045 座),已拦泥沙 210 亿 m³,淤成坝地 31.3 万 hm²,保护川台地 1.87 万 hm²。这些淤地坝主要分布在陕西(37 207 座)、山西(38 265座)、甘肃(6 823座)、内蒙古(18 116座)四省(区)，共有淤地坝100 411座，占总数的88.4%。其中对黄河减淤影响较大的多沙粗沙区分布有63 098座，占总数的55.6%，多沙区分布有98 946座，占总数的87.2%；不同侵蚀强度区由高到低的分布现状是：剧烈区37 676座、占33.2%，极强度区45 733座、占40.3%，强度区18 981座、占16.7%，强度以下区11 165座、占9.8%。

(二)淤地坝功能

淤地坝是黄土高原地区在沟道修建的拦蓄洪水泥沙、淤地造田的水土保持工程。在黄土高原地区各级沟道中兴建的淤地坝工程，用以拦蓄径流泥沙、控制沟蚀，充分利用水沙资源，改变农业生产基本条件，是该地区人民群众首创的一项独特的水土保持措施，也是黄河中游多沙粗沙区在沟道内建设高产稳产基本农田、确保退耕还林成果的一条重要途径。淤地坝对于抬高沟道侵蚀基准面、防治水土流失、减少入黄泥沙、改善当地生产生活条件、建设高产稳产的基本农田、促进当地群众实现小康目标具有重要作用。

(三)淤地坝构造

按照库容大小，淤地坝通常分为大、中、小型三类(见表6-15)。库容在50万 m^3 以下的称为中小型淤地坝，主要是拦泥淤地；库容在100万 m^3 以上的大型淤地坝称为骨干坝(即治沟骨干工程)，作用是"上拦下保"，即拦截上游洪水，保护中小淤地坝安全，提高小流域沟道坝系工程防洪标准，是小流域综合治理中的一项重要措施。每座淤地坝有两大件，即大坝与泄水洞，部分坝还修有溢洪道。

表6-15　淤地坝等级划分和设计标准

分类	库容 (万 m^3)	设计洪水 标准(年)	校核洪水 标准(年)	坝高 (m)	单坝淤地 面积(hm^2)	设计淤积 年限(年)
大型骨干坝	100~500	20~30	200~300	>30	>10	20~30
中型淤地坝	10~100	10~20	100~200	30~15	2~10	10~20
小型淤地坝	<10	<10	50~100	<15	<2	<10

二、淤地坝对产水的影响

(一)资料分析

对于数以万计的淤地坝，现在的普遍认识是减水的。但具体的减水多少却很难说清，因为淤地坝的存在使得地表水显著减少，降雨产流基本都被蓄在了淤地坝的水库中。这部分水一部分被蒸发了，但很大部分还是下渗转换为土壤水或地下水。前人研究表明，水保工程尤其是淤地坝减小地表水同时增加了地下水与土壤水。土壤水与地下水的增加也就增加了非雨期流量，即增加了基流。

从图6-33和图6-34可以看出，20世纪从60年代到90年代，大理河，枯水期(1~2月、12月)降雨是减小的趋势，可流量却是增大的趋势，说明20世纪的水保工程尤其是淤地坝大量的修筑导致了地下水与土壤水的增加，枯水季节流量增加。在雨期，由于降雨的减少和水保工程的修建，流量是减少的。总体来说流量也是减小的。

　　绥德站的实测资料说明淤地坝的大量修建可以增加枯水期的流量,减小雨期的流量,整个流域的地表水资源也是减小的。

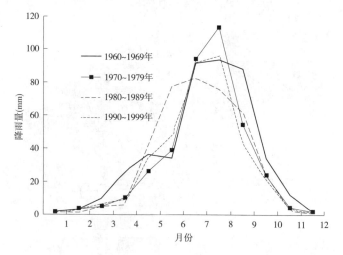

图 6-33　大理河绥德不同年代降水量年内分配对比

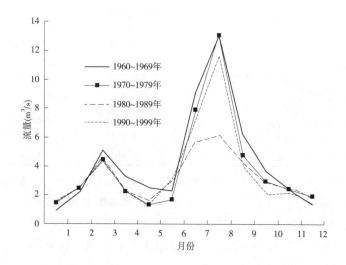

图 6-34　大理河绥德断面实测流量不同年代年内分配对比

　　岔巴沟流域是大理河上的一条支流。岔巴沟流域由于曾经多次对淤地坝进行过详细的普查(1977 年、1978 年、1993 年与 2001 年),所以对其库容及变化有非常详细的了解。普查的结果是:1977 年已经建成的淤地坝超过 450 座,其中骨干坝(库容 > 100 万 m³) 3 座,中型坝(10 万~100 万 m³)57 座,如图 6-35 所示其主要分布于每个支沟中,控制流域面积 160.7 km²,占岔巴沟曹坪站以上流域面积 187 km² 的 85.9%。从图中可以看出淤地坝已经基本控制了整个流域,只有干流与个别的支流中没有修建淤地坝。后来,每年都有很多的淤地坝淤满、水毁,同时又对部分坝体进行了加高与重修,淤地坝的存在是个动态的过程。表 6-16 给出了岔巴沟流域淤地坝数量统计结果。

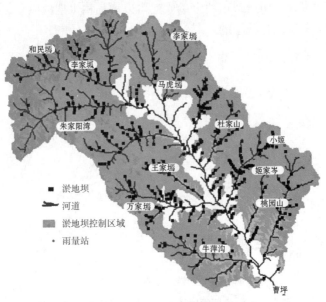

图 6-35　岔巴沟流域淤地坝控制区域

表 6-16　岔巴沟淤地坝统计

时间	总库容 （万 m³）	已淤库容 （万 m³）	净库容 （万 m³）	填满库容所需 净雨（mm）	已淤面积 （万 m²）
1977 年汛前	2 719	667	2 052	110	173
1977 年汛后	2 779	1 007	1 772	95	228
1978 年汛后	2 732	1 352	1 380	74	298
1993 年汛前	2 865	1 469	1 396	75	—
2001 年汛前	3 561	2 551	1 010	54	376

　　从普查的结果可知,1977 年后,淤地坝的总库容是逐年增加的,但每年的泥沙淤积量也在增加,导致净库容反而在减少。已淤的面积是逐年提高的,给当地带来了大量的良田。1977 年如果要填满净库容需要 110 mm 的净雨,而岔巴沟流域年降水量也仅 400 mm左右,净雨量是远远小于 100 mm 的,所以淤地坝的运行采取的是蓄浑排清的方式。

（二）建模计算

　　以下就利用水文模型建模的形式对岔巴沟流域的淤地坝对减水的影响进行模拟。降雨产流模型采用的是分布式时变增益水文模型。以下主要介绍淤地坝对产流的影响的建模。

1. 入库水量计算

　　通过河网的提取,我们很容易得到淤地坝的控制区域、面积,以及其所在的子流域。显然每个淤地坝仅仅对其控制的区域产生影响,这样对淤地坝入库流量的计算可以放在河网的汇流中计算。河网汇流是从上游逐级向下游计算流量的,在划分的子流域很小时忽略单个子流域的产流影响,认为每个子流域的出口流量即是在这个子流域内的淤地坝水库的入库流量。通过淤地坝的调蓄后,修正这个子流域的出口流量到下一个子流域,这样即可确定出所有淤地坝的入库流量。

2. 出库流量计算

淤地坝中都修有泄水洞,有的坝还修有溢洪道。因为淤地坝都是在坝体内逐级修建泄水洞,并且这些泄水洞与溢洪道是自动运行的,不受人为的影响,所以在计算淤地坝的蓄泄过程时,假设出库流量与蓄水量相关。

$$Q_O = k \cdot V \tag{6-20}$$

式中:Q_O 为淤地坝出库流量,m^3/s;V 为淤地坝中蓄水量,万 m^3;k 为参数。

这样计算必须加几个限制条件,水库中的蓄水量不可以是负数,最多也就是全部排空,即 $Q_O = \mathrm{Min}(k \cdot V, \dfrac{V}{dt})$,$dt$ 为计算时段长;当水库蓄满后,多余的入库水量将全部下泄。

3. 淤地坝的蓄水计算

淤地坝的蓄水量变化就是入库与出库的水量差:

$$\Delta V = (Q_I - Q_O) \cdot dt \tag{6-21}$$

式中:Q_O 为淤地坝出库流量,m^3/s;Q_I 为淤地坝入库流量,m^3/s;ΔV 为淤地坝中蓄水量变化量,万 m^3;dt 为时段长。

4. 淤地坝对流域的减水量计算

淤地坝的减水量计算是通过是否考虑淤地坝进行模拟,计算流域出口站流量变化得来的。没有淤地坝的情况下,流域中的产流量显然是大于有淤地坝时的产流量,淤地坝的减水量即是没有淤地坝时的产流减去有淤地坝时的产流。

由于岔巴沟流域淤地坝普查资料是 1977 年开始的,大量的淤地坝也是在 1977 年前修建的,所以采取 1977 年为典型年进行模型模拟计算。

1977 年 5 月到 9 月间共降水 330 mm,两次大的降雨过程分别发生在 7 月上旬与 8 月上旬,降雨量分别为 71 mm 与 101 mm,从流量过程线可以看出,7 月上旬的降雨基本没有产流,主要原因是土壤干燥与淤地坝的库容为空,降雨主要都补充到土壤湿度与淤地坝的水库中。8 月上旬的降雨由于土壤相对较湿,淤地坝中的水库已经淤了一定的泥沙并有水存在,所以产流较大,尤其是 8 月 11 日的暴雨,产生洪峰达到了 113 m^3/s(图 6-36 是 12 小时平均流量)。可见淤地坝在降雨产流过程中,对洪水有很强的调蓄功能。

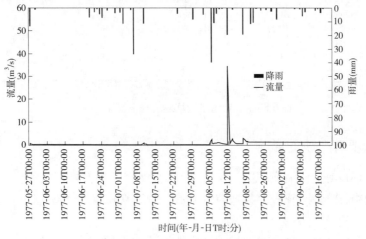

图 6-36　1977 年岔巴沟实测降雨径流过程

　　由于1977年降雨产流过程实际发生在8月上旬,以前的降雨基本被淤地坝与土壤吸收,故模型模拟从8月4日开始计算,分为考虑淤地坝与不考虑淤地坝两种情况进行模拟,模拟结果如下(时段步长取2小时)。

　　考虑淤地坝后模拟的效率系数为0.87、相关系数0.935、水量平衡系数0.99,模拟效果较好。忽略淤地坝的影响后模拟产流量是考虑淤地坝产流量的2.7倍。实测产水量是283万 m³,如果没有淤地坝模拟产水量为755万 m³,可见淤地坝在降雨产流过程中减水的作用非常明显。尤其在雨季的前段,淤地坝的水库基本是空的,土壤也非常干燥,降雨的水量基本都被淤地坝水库蓄水,在水库蓄水后,后期的降水才开始产流。图6-37 和图6-38分别给出了考虑淤地坝影响前后降雨径流过程。

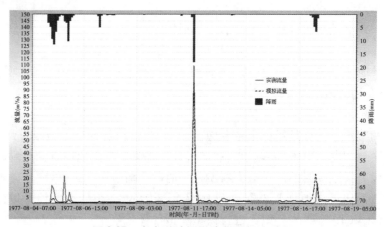

图6-37　考虑淤地坝影响降雨径流过程

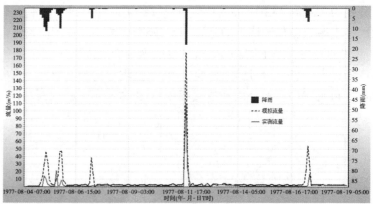

图6-38　不考虑淤地坝影响降雨径流过程

三、淤地坝对产沙的影响

　　淤地坝的建设是每年有淤积同时又会加高的,库容每年都是变化的。小型的淤地坝一般建在支沟中,库容小,比较容易冲毁与淤满。骨干坝库容大,校核标准高,在防洪治沙方面有重要的作用。

　　淤地坝的治沙功能主要是淤地坝的水库能够蓄住山坡与支沟中的高含沙水流,降低了水流的流速,让水流中的沙在淤地坝水库中淤积,同时放出部分低含沙水流。可见淤地坝的淤沙功能是通过蓄水实现的,所以在计算淤沙前要先计算出进入淤地坝水库中的水量以及含沙量。淤地坝的产水量计算上面已经介绍,入库的含沙量此处采用上游河段的出流含沙量,通过分布式侵蚀模型可以计算得到。经过水库的调蓄后出库的水量与含沙量都减小。当水库蓄满或淤满后将失去淤沙功能,按照正常河道输沙计算。

此处仍用 1977 年岔巴沟资料进行计算。在考虑了淤地坝影响后计算的产沙量实测与模拟对比效率系数为 0.914,相关系数为 0.957,平衡系数 0.998。假设没有淤地坝后流域产沙量增加了 4.3 倍。实测产沙量为 123.803 万 t,假设没有淤地坝的情况下则产沙 530.116 万 t,减少产沙量为 406.313 万 t。对淤地坝实际测得的 1977 年汛前与汛后的淤积量差为 340 万 m^3。该模型计算的结果同实测的非常接近,说明模型是可靠的。图 6-39 和图 6-40 分别给出了考虑淤地坝影响前后降雨产沙过程图。

通过分布式侵蚀模型与淤地坝调蓄模型的计算就能够得到淤地坝的入出库流量以及含沙量,也就能够计算出水库的淤积量。通过模型的模拟很容易得到淤地坝的使用年限,从而也就能够很好地指导淤地坝工程的修建。

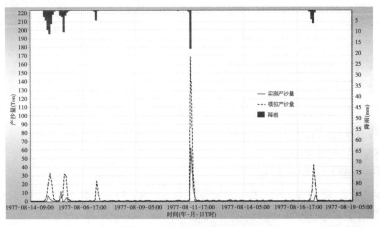

图 6-39　不考虑淤地坝产沙量过程

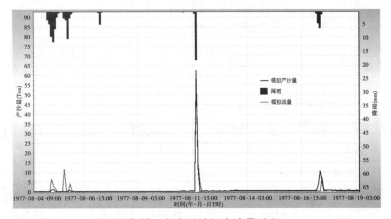

图 6-40　考虑淤地坝产沙量过程

第七章 结论与认识

通过本项目研究,得出了如下认识。

一、关于黄土沟壑区水循环机理认识

通过岔巴沟实验小流域坡面径流实验场观测成果及环境同位素技术的应用,揭示了变化环境条件下黄土沟壑区水循环机理。如不同下垫面条件下降雨径流关系、不同下垫面条件下土壤入渗变化特点、降水对地下水补给特性、区域地表水与地下水转化关系等。

(一)关于降雨径流关系

不论降雨强度如何,裸地土壤对降雨径流的调节能力差,而草地由于其特殊的生物功能改善了土壤结构,使得土壤对降雨有较好的储蓄调节功能,但这种功能随降雨强度增加而明显减弱。

在相同降雨强度与前期土壤含水量情况下,当坡地上的植被部分或全部被割除后,产流过程没有发生明显变化,只是在稳定产流量上表现出微小差异,主要表现为,随草地割除面积增加,稳定产流量略有增大。

前期土壤含水量对产流过程有很大影响,其中包括产流时间与产流量两部分,两个坡面上的共同特点是前期含水量不同时,稳定产流量差异较大;前期含水量越小,开始产流时间越晚。两者不同之处在于:对于草地,由于草对地表所产生的综合作用,差异不是太大;对于裸露地面,差异明显。

(二)关于土壤入渗变化特点

荒草坡面,天然降雨条件下,降雨几乎无法入渗到 30 cm 到 50 cm 处,而 20 cm 对降雨的响应也仅在日降雨量 33 mm 时有所反映。

耕地 20 cm 层与荒坡面土壤体积含水量的变化过程平行,但整体比荒坡高 0.04,对降水的响应过程略快一些,水分波动稍大。说明 20 cm 处的土壤水分仍然相对集中,土壤水分变化不大。日降雨量仍是影响水分入渗的重要因素。

不同雨强、不同下垫面情况下的产流过程有很大差别;对于相同雨强、相同降雨历时,裸地坡面上单位面积产流量明显比草地坡面的产流量大,草地坡面上的起始产流时间略慢于裸露坡面的产流时间。

(三)关于降水对地下水补给特性

降水对地下水的补给并非来自当时、当地降水的简单补给过程,而是经过缓慢的下渗,经过黄土层时水分充分混合之后才到达地下水面。

(四)关于区域地表水与地下水转化关系

根据岔巴沟流域大气降水以及地表水、地下水 $\delta D - \delta^{18}O$ 关系分析,流域内地表水和地下水都经历了强烈的蒸发作用,且前者比后者略强。旱季和雨季初,地下水是地表水的主要来源,而雨季中后期,地表水是地下水和降水混合作用的产物。地表水线明显偏离当地大气降水线。

　　流域降水、地表水、地下水均呈碱性,地下水 pH 值变化小于地表水,而井水 EC 明显高于泉水,反映了流域内地下水矿化度(EC)主要来自地下水与黄土的水岩溶解作用。地下水 EC 可以作为确定地下水滞留时间的辅助表征要素。

　　流域不同区段同位素组分与电导率间不同的变化模式,是降水形成的慢速壤中流参与水循环以及淤地坝增大水体蒸发两个不同过程的综合反映,说明了淤地坝对地区水质的最大影响来自地下水排泄为地表水后的蒸发浓缩作用,而并非对降水径流的拦截蒸发。

　　环境同位素分析结果显示,靠近沟道的地下水与地表水相互作用密切。部分地下水采样点 δ 值存在高程效应。

二、关于 DTVGM 及其应用

　　在自然变化和人类活动影响下,流域水文循环存在着明显的时空变异特征,而分布式水文循环模型是研究时空变异的有效途径和方法。但是,分布式水文模型依赖于对水循环时空变化的实验和机理认识,由于水文循环复杂的非线性特性,这种时空分布资料信息的获取非常有限甚至缺乏,从而严重制约了分布式模型的实际应用效果。水文系统理论模型依据有限的资料通过系统识别方法来确定系统的功能函数,有比较好的适应能力,能有效地描述这种非线性特征,但是在描述时空分布特性上往往存在着不足,因此如何将水文时空变异特性与系统理论结合起来,是一个国际前沿研究课题。

　　时变增益非线性系统模型(TVGM)通过时变增益因子的引入,可以描述水文循环系统的输入和输出之间一般的非线性关系,其产流机制非常简单,却能够获得与一般Volterra泛函级数相同的系统模拟结果。将 TVGM 拓展到空间分布处理和时变处理的分布式模型(DTVGM),提出了空间分布式信息与系统理论方法相结合的一种新构架,研制了一种简单而实用的水文模型,这与使用复杂的完全物理机制模型和概念性模型相比是一个明显的优点。

　　DTVGM 直接在子流域或栅格上进行产流计算,不再进行分类、分块或集合,避免了进一步概化引入的误差。但是因网格数量很大,所以汇流过程采用河网运动波汇流方法,巧妙地耦合了网格单元产流与河网汇流过程,大大减小了计算量,缩短了模型计算时间。

　　分布式水循环研究应该充分利用可能获取的多途径和高精度的资料,在此基础上建立具有普遍意义的定量模型。DTVGM 模型体系比较开放,在建立普适性模型方面做出了初步的尝试;它能与其他模块相耦合,与 GIS 空间信息的外部联接方式也比较有利于模型的发展。

　　DTVGM 这种简单的结构为模型参数与其他空间信息(如土壤类型及遥感可获取的地表覆被信息,地质特性指标等)的耦合提供了可行的途径,是 DTVGM 深入研究的重点和创新点。

　　通过本项目,此次在大理河、小理河、岔巴沟三级流域上建立了月、日、小时 3 个尺度的分布式时变增益水文模型。通过对实测资料的模拟,取得了很好的模拟效果,说明模型是切实可行的。

　　黄土高原地区的降雨时空分布非常的不均匀。产流的决定性因素是雨量与雨强,但降雨的时空分布对产流量的大小有很大的影响。相同的雨强或雨量下时空分布不均匀性与降雨产流并不是线性相关,统计发现雨量离差系数 C_v 为 0.388 左右时产流量最大,径流系数也较大。

黄土高原地区的产流有两种模式:其一是短历时高强度的降雨,属于超渗产流模式,超渗产流的临界降雨阈值在 10 mm/h 左右;其二是长历时中强度的降雨,降雨量也很大,场次产流很小,但在汛期发生的次数比短历时高强度的暴雨要多,该类型降雨主要下渗到土壤中,补充了土壤水与地下水。现有的蓄满产流模型或超渗水文模型都只能反映其产流的一个方面,所以模拟效果很难提高,通过改进的分布式时变增益水文模型,很好地模拟了流域的降雨产流过程。

大理河流域面积相对较小,多年平均降水量在 400 mm 左右,属于半干旱半湿润地区。由于人类的活动影响,如大量的淤地坝及小水库的作用,局部改变了其产流形式,使汇流时间变长,降雨产流关系变得更加复杂。

岔巴沟流域随着水保工程的修建与自然损坏,产汇流过程发生了一定的变化。水保工程的修筑不仅有拦沙作用,还截住了部分产流,随着淤地坝的淤满,又会恢复到原始的产流过程。

在大理河流域的产流机制主要是超渗产流,仅仅是表层的 30 cm 左右的土壤与覆被对产流影响比较剧烈。尤其是岔巴沟流域,一场洪水的过程在 4~6 h,并且很少出现连续多日降水过程,所以只有表层土壤可能出现饱和状态,深层土壤含水量一般很低。

对于一个流域的侵蚀研究表明,泥沙的来源有坡面侵蚀与沟道侵蚀。坡面侵蚀受坡面上植被、土壤属性、水保等诸多因素的影响。基于 USLE 模型,并参考了 SWAT 模型中的侵蚀产沙模型,结合黄土高原的特色,建立了坡面产沙侵蚀模型。黄土高原中的很大部分侵蚀来源于沟道,所以此处结合水流挟沙力建立了一简单的沟道侵蚀模型,该模型考虑了坡面侵蚀与上游流入水流的含沙量,计算出沟道的侵蚀产生的水流含沙量的变化量,最后得到该河段(沟道)出流的水流含沙量。在分布式水文模型河网汇流的基础上,设计了河网输沙模型,该模型从上游向下游依次计算。

将侵蚀产沙模型应用于岔巴沟流域,模拟结果较好,说明模型是切实可行的。

应用结果表明,对于岔巴沟流域洪水发生的坡面侵蚀占侵蚀的主要部分。沟道的侵蚀是受坡面侵蚀影响的,坡面侵蚀大,流入沟道的水流含沙量大,对沟道的侵蚀就小,当流速下降时还会有部分的沉淀;坡面侵蚀小,流到沟道的水流含沙量小,则会对沟道产生冲刷侵蚀。

通过实测资料以及建模分析了淤地坝对流域产水产沙的影响。淤地坝对流域的产水与产沙影响都非常大,对流域产沙的影响要大于截水的影响。原因是淤地坝有蓄浑排清的功能。淤地坝不仅拦住了大量的泥沙,同时还造就了大量的良田。但淤地坝是治标不治本的工程,因为淤地坝总会被淤满的。另外,淤地坝还需在合理的规划设计下建造,以免水毁后造成更大的危害。

基于分布式时变增益水文模型与分布式侵蚀产沙模型,建立了一淤地坝群对产水产沙的影响模型。该模型将流域划分成多个水文单元,不仅能模拟单个淤地坝的淤积过程,还能模拟整个流域的淤地坝运行情况,可以为淤地坝的建设提供参考。

通过对典型年的模拟分析,对于岔巴沟流域淤地坝的减水减沙作用非常显著,1977年由于淤地坝的存在减水 62.5%,减沙 76.6%。说明淤地坝的修建有非常好的效益。

三、研究成果有很好的应用前景

黄河流域黄土高原地区总面积 64.3 万 km^2,其中水土流失面积 45.4 万 km^2,约占71%。黄河流域水土流失区中,黄土沟壑区面积约 25.74 万 km^2,占近 57%。经过多年治理,截至 2000 年,初步治理面积达到了 18.03 万 km^2,其中修建基本农田 640 万 hm^2,造林880 万 hm^2,人工种草 269 万 hm^2,修建骨干工程 1 390 座,修建淤地坝 112 000 座。可以看出,黄河流域黄土沟壑区下垫面等环境条件发生了很大变化。本项目研究成果可以推广应用至整个黄土沟壑区。

第二篇

应用篇

第八章 绪 论

第一节 问题的提出

黄河作为母亲河,孕育了华夏的文明,在中华民族的发展中占有十分重要的地位。然而,随着人类活动范围和程度的增加,黄河呈现出一系列诸如水资源匮乏、生态环境恶化、水土流失严重等问题,其主要的症结在于"水少"。而在此过程中,黄河流域的各个子流域对此具有重要贡献。全面落实在科学认识"自然‒人工"双重驱动力作用下的流域水循环系统演化规律的基础上,科学合理地评价流域水资源,是实现流域水资源可持续利用的重要保障。为此,在国家自然科学基金"黄河联合研究基金"项目"黄河流域典型支流水循环机理研究"的框架下,开展了"变化环境下水资源评价方法"研究,以期对"二元"水循环条件下的水资源的评价方法进行系统研究,评价黄河典型支流在人类活动影响下的水资源量、演化过程以及影响因子的作用关系,为水资源的高效利用奠定基础。

第二节 黄河流域水资源评价的研究

黄河水资源及环境演变方面的研究,一直受到国家的高度重视,从20世纪50年代开始,中国科学院对黄土高原地区就展开了综合考察,80年代水利部设置了黄河水沙基金和黄河水保基金以强化水沙关系方面的基础研究。90年代国家自然科学基金设置"黄河环境演变与水沙运行规律"重大项目和数十个面上项目进行研究;水利部开展了"节水型灌排综合技术研究";世界银行资助了"黄河流域水资源经济模型研究";联合国开发计划署资助了"支持黄河三角洲可持续发展"研究;欧共体资助了"黄淮海平原农业可持续发展的水土资源管理"项目。特别是"八五"攻关黄河治理与水资源开发利用项目、"九五"攻关黄河水资源管理项目、"九五"攻关西北水资源项目,取得了一批较高水平的单项成果。

通过大量研究,对黄河的历史形成过程和自然演变大背景已有初步认识。对从青藏高原到中国海陆架西升东降的构造过程和阶梯地貌发育过程,对风成黄土的形成与分布,对前盆地水系‒盆地水系‒盆地水系贯通‒切穿三门峡东流‒塑造华北平原入海的古黄河形成,对伴随黄河形成的中上游黄土区上升侵蚀‒黄河输沙下游平原区沉降堆积过程,均建立了半定量的框架关系。这些研究使举世闻名的高泥沙河流——黄河的泥沙成因得到较为全面的认识。

对流域现代水循环及环境演变的调控研究,基本围绕防洪、水资源与生态环境三方面进行。防洪方面,根据黄河水沙运动特点,初步形成"上拦下排、两岸分滞"的工程体系,提出了"拦、排、放、调、挖"的综合减淤措施,初步形成了游荡性河道的整治对策,提出了引黄淤背促进相对地下河发育的科学构想并付诸实践,初步建成了黄河水情测报与洪水预警系统。上述成果为黄河防洪安全起到决定性作用,创造了新中国成立以来黄河安澜的历史奇迹。

水资源开发、利用、保护方面,前期的研究建立了从外部考虑人类活动影响的流域水循环一元静态模式,并在一元模式下对流域产沙机理,河道泥沙输移特性和冲淤规律,黄河洪水的形成与演进特性,高含沙水流中污染物质的吸附、沉积、降解、扩散特性形成了系统认识,提出了黄河水资源使用权的省际分配方案,并针对断流与水污染加剧等重大问题,开展了下游非汛期水量调度、多沙河流水质监测等专项工作,部分成果已用于实际。黄河"973"项目以高强度人类活动为切入点,进一步提出了黄河流域水资源演化的二元模式,并对全流域的水资源状况做了系统评价。

生态环境建设方面,进行了水土流失状况调查与流失区类型划分,小流域暴雨产流产沙规律、侵蚀–搬运–堆积临界条件、综合治理模式等研究,为从更大范围研究流域自然演变–人类活动影响–水土保持效应,研究坡面–河道–河口临界条件的关系,以及城市化、工业化、土地利用、水利工程的水文与环境效应等问题奠定了基础。

尽管以上研究为解决黄河全流域的水资源、水生态等问题奠定了坚实的基础,但是对于黄河流域典型支流的研究却相对较少,对人工与自然双重因素作用下典型支流的水资源演变规律的研究更是鲜有报道。为此,本研究首先对人工–自然驱动力作用下的水资源评价理论进行系统研究,然后以黄河流域典型支流——渭河、三川河和伊洛河流域为研究区,从二元水循环出发,在对各子流域的水资源进行系统模拟的基础上,运用水资源评价方法,实现子流域水资源的全面评价。

第三节　国内外研究进展

一、国内研究进展

在水资源应用基础研究方面,科技部已先后组织了"六五"、"七五"、"八五"和"九五"四期国家重点科技攻关项目。"六五"攻关提出了水资源评价方法;"七五"攻关提出了自然状态下流域"大气水–地表水–土壤水–地下水"的"四水"转化规律;"八五"攻关对水资源开发利用过程中人为因素与自然因素的交互作用进行了深入分析,提出了基于宏观经济的水资源优化配置理论与方法;"九五"攻关以水为纽带研究水资源、国民经济、生态环境之间相互依存关系,在西北干旱区的生态需水量和水资源承载能力研究上有所突破。

通过连续四期国家攻关,对河道外人工侧支循环过程中的取水、输水、制水、配水、用水、排水、污水处理、回用回灌等环节,就水量的取、用、消耗、转化、排泄等参数进行了典型城市和典型灌区的测试;就单项人类活动对流域的产流、汇流、蒸发、入渗特性的改变方面进行了程度不等的研究;对干旱区生态需水量的计算方法有了一定程度的认识;对农业节水有了相当深入的实验基础;已经建立了基于一元模式的静态水资源合理配置与承载能力计算方法。

二、国外研究进展

正在开展的国际相关研究包括：全球能量与水循环试验（GEWEX），国际水文循环与生物圈核心计划（BAHC），国际水文计划（IHP）Ⅳ期"变化环境中的水文学与水资源可持续开发"，以及国际水文计划Ⅴ期"脆弱环境中的水文学与水资源开发"等。伴随系统论、控制论、信息论的发展，以及计算机和3S技术的飞速进步，国际上已开始将这些最新科技成果用于水资源领域，并正在进行主要面对防洪的数字化流域建设。

更高层次上，以还原论、经验论和"纯科学"为基础的经典科学，正在吸收系统论、理性论和人文精神而发展成为"复杂性科学"。1984年，诺贝尔奖获得者盖尔曼、安德逊等组织了桑塔费研究所，专门从事复杂性科学的研究。目前研究已涉及到工程、生物、经济、管理、军事、政治等诸多领域，在群体决策、技术创新、金融危机等问题中已发挥作用，显示了广阔的发展前景。

国内外研究的发展趋势可以概括为：对水资源演变的自然属性研究多，社会属性研究不够；对水循环相关过程的单项研究多，综合研究不够；对一元静态模式下的治理开发方案研究多，动态研究不够；对全球和大陆尺度的水循环研究多，对高强度人类活动影响下的流域尺度水循环研究不够。对水资源与环境演变的调控，假定条件过多，概化失真较大，复杂系统内部间的联系被大量人为割裂，致使研究成果在指导实践中遇到困难。

第四节　总体目标和研究内容

一、研究目标

针对目前有关黄河流域的研究现状，本研究开展二元水循环演化条件下的水资源评价方法的系统研究，并以黄河流域的典型支流为对象进行水资源的系统评价。在此研究中的主要目标可概括如下：

（1）系统提出二元水循环条件下的水资源评价的层次化口径和计算方法；

（2）在二元水循环模型模拟的基础上，对典型支流的水资源数量、质量现状与演变规律以及它们与驱动因素之间的作用关系进行全面评价和分析。

二、主要研究内容

本研究的主要内容包括以下四方面：

（1）人类活动对流域水循环的影响及其次生效应。在强烈人类活动干扰下，流域水循环越来越具有明显的二元特性，即由单一自然力驱动下的水循环向"自然－人工"二元驱动下的水循环演变。本书首先对人类活动对流域水循环的影响及其次生效应进行分析，为变化环境下水资源评价研究做铺垫。

（2）变化环境下的水资源评价方法体系。水资源评价是水资源合理利用的基础，也是本研究的核心内容。本部分在变化环境特征分析的基础上开展水资源评价方法体系构建研究。

（3）基于二元水循环理论的水资源综合评价方法。这一部分主要基于二元水循环模型，系统说明计算水资源各项评价内容的方法。

（4）黄河流域典型支流二元水循环过程模拟。对流域二元水循环过程进行模拟是全面开展水资源评价的前提条件，这一部分选择黄河流域典型支流——渭河、三川河和伊洛河流域为研究区，对三个典型流域水循环过程进行详细模拟。

（5）黄河流域典型支流现状水资源评价。基于本书提出的水资源评价方法，得到黄河流域三条典型支流的现状（2000 年）条件下的水资源评价成果。

（6）黄河流域典型支流水资源演变规律和水资源影响因素定量评价。基于本书提出的现代水资源评价方法，对三个典型支流水资源演变规律以及气候变化和人类活动主要因子对典型支流水资源的影响进行定量评估。

第九章 人类活动对流域水循环的影响及其次生效应

第一节 流域水循环系统及其划分

一、流域水循环系统

常温条件下,水圈中的水受到太阳辐射能、势能和其他能量的作用,通过蒸发、水汽输送、降水、下渗、径流等水文过程,在气、液、固三相之间循环转化和不断运移的过程,即为水循环。流域水循环即为流域尺度下的这种转化和运移的过程。需要指出的是,本次研究提及的流域水循环系统主要指流域地表和浅层地下水循环系统,其循环过程示意见图9-1。

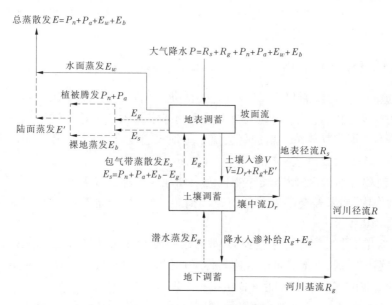

图9-1 流域水循环过程示意

从系统构成来说,流域水循环系统由水分、介质和能量三大基本要素组成,其中水分是循环系统的主体,介质是循环系统的环境,能量是循环系统的驱动力。

二、系统划分

从流域水循环系统的过程出发,可分为大气过程、地表过程和地质过程等。水循环的大气过程主要包括水汽的上升、输送、凝结和降水等多项环节;地表过程以大气降水为输入,以水平向的径流和垂向蒸散发为基本输出,可进一步细分为地面过程、土壤过程和地下过程等;地质过程是指地质历史时期形成的地下深部水分循环运移过程,运动方式受控于深部地质构造特征,主要以缓慢的垂向分异迁移和围岩作用为主。

此外,根据水循环路径可将流域水循环过程分为天然主循环和人工侧支循环两类,其中天然主循环主要针对天然的降水坡面产流和河道汇流而言,包括降水、入渗、产流、汇流和蒸发等环节,人工侧支水循环则主要指人工取用水所形成的以"取水—输水—用水—排水—回归"为基本环节的循环圈,天然主循环和人工侧支水循环二者之间存在紧密的水力联系,循环通量此消彼涨。另外,有关学者提出人工循环是天然主循环的嵌套侧支循环。

第二节　人类活动对流域水循环系统影响的分类

在人类活动对流域水循环影响方式的分类上,国内外学者进行了有益的探索。有的学者从影响水循环过程的紧密程度出发将其分为直接影响和间接影响两大类,有的从人类行为方式的角度出发,将人类活动分为与土地利用有关的人类活动和与影响气候变化有关的人类活动,还有依据影响尺度可以分为对微观水循环的影响和对宏观水循环的影响。本次研究综合将人类活动对流域水循环影响划分为三大类,即全球气候变化影响、下垫面变化影响和人工取用水影响。

一、全球气候变化影响

目前,愈来愈多的观测和研究证明,人类活动影响着大气中温室气体浓度,从而造成全球尺度的气候变化,直接影响到流域水循环的降水输入和蒸散发输出。一个正确而直接的推理是大气温室气体浓度增加将会使全球地表温度升高,即通常所说的全球气候变暖。综合当今主要气候模式模拟的结果,有如下一些结论:

(1)大气 CO_2 加倍,平衡态气候变化为全球地表平均温度升高 $1.5 \sim 3.5$ ℃,考虑到海洋的巨大作用,如果人类不采取任何控制措施,则下世纪全球地表温度变化速率将是 $0.1 \sim 0.3$ ℃/10 年。

(2)最近几年来人们开始注意到,人类活动造成大气气溶胶和大气小颗粒浓度上升,将会使地表温度降低,可部分抵消温室气体增加引起的温室效应。考虑到这一因素,本世纪人为活动造成的气候速率可能只有 $0.05 \sim 0.2$ ℃/10 年。

不断增强的温室效应加速了大气循环过程,包括水汽循环过程,从而对全球和区域降水量及降水过程也带来一些影响,根据 IPCC 最近的一次评价报告,气候变化对于全球降水系统的潜在影响有如下结论:

(1)降水的时间过程和区域态势将有所改变,强降水日数可能增加。

(2)GCMs 模拟结果表明,全球平均气温上升 $1 \sim 3.5$ ℃将导致全球平均降水增加3% ~ 15%。

(3)在多数地区,洪水频率将可能增加。

面对种种确凿的证据,人类活动引起的全球气候变化对流域水循环过程的影响是显

然和确定的,具体包括直接影响和间接影响两类,有如下一些初步结果:

(1)增强温室效应对于流域降水有一定的直接影响,包括降水量、雨型、降水的年内分配和空间分布等多方面。如国家气候中心依据 IPCC 数据分发中心提供的 5 个全球海气耦合模式,考虑最新的全球排放情景(SRES),对黄河流域 21 世纪降水变化趋势进行预测,结果表明,21 世纪的初期、中期和后期整个黄河流域年平均降水都呈增加的趋势,其中春季和冬季降水增幅最大。

(2)增强温室效应将导致流域气温出现不同幅度的升高,从而改变了流域能量输入和平衡过程,造成流域蒸发能力加大,可能导致河川径流量减少。如相关研究表明对于黄河流域,气温升高 1 ℃,黄河径流量将减少 3% ~ 7% 。

(3)受降水和气温变化影响,流域地表覆被状况和社会经济需水情况也会发生相应变化,从而间接影响流域水循环过程。

需要特别指出的是,由于温室气体浓度变化预测、气候变化数值模拟和气候变化的影响评价体系三方面巨大的不确定性,加上水循环的大气过程和地表过程的时空尺度匹配问题,因此关于温室效应对流域水循环系统影响的定量描述非常困难,气候变化对于流域水循环以及水资源影响的定量分析始终难以纳入到流域规划范畴当中。基于这一点,本次研究对于这一部分影响仅进行相应的情景分析,而不作为水资源评价和规划的基本科学基础。

二、下垫面变化影响

(一)下垫面分类及其有效拓展

下垫面(underlayer)是水文学专业术语之一,一般意义的下垫面是指由地表各类覆盖物所组成,并能影响水量平衡及水文过程的一个综合体,包括地表面的岩石、土壤、植被和水域等各种要素。影响流域地表水循环过程的下垫面要素包括地质、地貌、覆被和人为建筑物等四类,其中地质类要素指地表覆盖物中的各类岩石、土壤、地层、构造和各类水体等,主要影响水循环的下渗率、蒸发量、流域蓄水量、地表地下水的转换;地貌类因素对水循环的影响体现在区域绝对高度对降雨的影响、地面坡度对汇流的影响等方面;覆被对水循环过程的影响是多方面的,包括截流、下渗、蓄水、蒸散发等;而人为建筑物包括各类房屋、道路、场院、水库、梯田等,它改变了原有下垫面水文特性,如原有岩性、地面坡度、植被等的改变,原有水文界限的改变等许多方面。

为系统深入刻画人类活动对流域水循环过程的影响,在此从产流机制统一化理论出发,对流域下垫面的含义进行有效的拓展。产流机制统一理论认为,无论是超渗地表径流、饱和地面径流,还是地下径流、壤中流,任何一种径流成分都是在两种不同透水性介质的界面上产生的,而且上层介质的透水性必须好于下层介质的透水性。如大气层可以认为是绝对透水的,则它和包气带的界面(即地面)就具备了产流的条件,这就是超渗地面径流产生的基本条件;在包气带内部,当存在两种不同透水性土壤的界面,较强透水性的土壤位于界面以上时,就提供了壤中流产生的基本条件。如果包气带相对不透水面上形成的临时饱和带逐渐发展到地面,地面成为大气层与包气带的界面,就成为饱和地面径流产生的基本条件,即蓄满产流机制。

基于上述产流机制统一化理论,我们可以将仅仅影响地表产汇流的下垫面外延有效拓展为能够影响地表径流、壤中流和地下径流的连续有效界面,即广义下垫面的概念。

(二)下垫面变化对流域水循环过程的影响

不难发现,人类活动对于下垫面的作用与改变是全方位的,具体表现在:

(1)对于传统的四类下垫面(即大气层与包气带的界面)中,地质类要素受人类影响的主要是水体,如地表水体开发(补充)和人工水体湖泊(水库)的修建等;对于地貌类要素,人类活动可能会对局部地貌进行改造,如坡改梯、地形平整等;覆被变化是下垫面变化最重要的因子,包括土地利用的变化、水土保持工程、荒漠化、森林砍伐和过度放牧等;人为建筑物改变包括城市化面积的扩大、道路渠系和水库的修建、梯田的改造等。

(2)人类活动对于包气带不同土壤介质界面的改变相对较弱,影响壤中流的形成和汇集最主要的途径就是农田耕作,切断了壤中流的汇集路径,从而加大了包气带的持水能力。

(3)对于包气带与饱和带的界面(即地下径流产生的下垫面)来说,人类活动最主要的影响是通过地下水的开采(或回补)、地表水的拦蓄和利用、土壤持水能力的加大等手段,不断改变(主要是降低)饱和带的水位,从而影响地下径流的形成和运移。

以上因人类活动导致的下垫面变化对于流域水循环过程影响是全面而深刻的,不仅改变了流域水循环中的地面流、壤中流和地下径流等各径流成分比例与径流量,同时全面改变了流域水循环的产流特性、汇流特性、蒸散发特性,甚至局地的降雨特性,因此对因人类活动引起的下垫面变化对流域水循环过程影响的定量研究成为现代水文学和水资源学研究的一个重点方向。

三、人工取用水影响

人工取用水包括区域内取用水和跨区域调水两类,它对于流域水循环过程的影响主要包括两方面,其一,由于社会经济取用水量较大,人们通常都要利用相应的工程来实现水资源的取用异地问题,因此取水、输水、用水以及排水工程不可避免地改变着天然流域水循环的产流、汇流、下渗等过程,这一部分影响可纳入到下垫面变化影响中考虑;其二,以取用水为基本特征的水资源开发利用在天然水循环的大框架内,形成了由"取水—输水—用水—排水—回归"五个基本环节构成的人工侧支水循环圈,改变了流域以"四水"转化为基本特征的天然水循环过程,从而使得流域水循环具有明显的"二元"结构。流域二元水循环结构的形成对流域水循环过程的影响是显而易见的,首先人工侧支水循环通量与河道主循环通量存在此消彼涨的动态互补关系,人工取耗水量的增加直接导致下游断面实测径流量的减少,甚至有可能改变了江河湖泊联系;其次人类"取水—输水—用水—排水"过程中产生的蒸发渗漏,改变了天然条件下的地表水和地下水转化路径,给流域水循环过程中各分环节带来了相应的附加项,从而影响了流域水循环转化过程和要素量。

跨流域调水对于流域水循环影响较为明显,水量调入直接补给本流域,"输水—用水—排水"对本流域水循环有着直接影响,调出则属于净扣除项,"取水—输水"过程对本流域水循环有着直接影响。人工取用水对流域天然侧支水循环影响结构示意见图9-2。

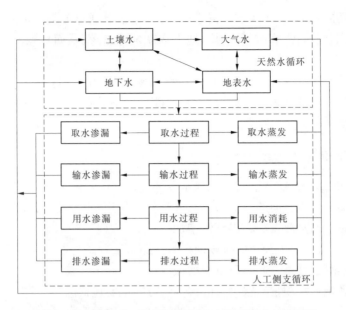

图9-2 人工取用水对流域天然侧支水循环影响结构示意

进一步分析人类活动影响流域水文特性的时间尺度,可以发现上述三种人类对于流域水文过程影响的响应尺度存在一定差异,气候变化、下垫面改变和取用水影响的时空响应尺度依次递减,影响的确定性也逐渐递增。

第三节 人类活动作用下的流域水循环效应

大规模人类活动干扰下,流域水循环系统整体表现出三大次生效应:一是循环尺度变化,主要表现为流域大循环减弱,局地小循环增强;二是水循环输出方式变化,主要表现为水平径流输出减弱,垂向蒸散发输出增强;三是降水的转化配比发生了变化,具体表现为流域径流性水资源减少,而有效利用的水分增加。

一、循环尺度变化效应

天然的外流河流域水循环包括两个尺度的循环过程,其一是流域内的小循环,即在流域尺度内完成的"降水—径流—入渗—蒸发"的"四水"转换的全过程,循环的空间尺度小于流域范围;其二是流域外的大循环,即流域降水形成径流,直至注入海洋,其循环过程尺度超过流域自身空间规模。

随着人类活动的增强,流域水循环演变的一个突出特征就是循环尺度变化,主要表现为流域大尺度循环过程不断减弱,局地小尺度循环过程不断增强,水循环"本地化"的现象日益明显。对于外流河流域,则表现为流域产流减少、河道流量减少、入海水量减少等,甚至出现河道断流现象,如1995年黄河干流最长断流距离超过700 km,内陆河流域水循环尺度内缩的表象就更为明显,如尾闾湖泊消失,径流的尖灭点上移,河流长度缩短等。产生这种次生效应的直接原因是随着社会经济发展和生态环境保护目标的提高,部分地区需水模数也随之提高,为满足这种需求,部分有效水分通过各类截流手段被就地利用,如雨水集蓄利用、河川径流的拦蓄利用、地下水就地开采等,从而导致流域水循环的水平尺度的内缩。

在另外一些特定的人类活动影响下,流域水循环的尺度也可能被扩大,其中一个最明显的例子就是跨流域调水工程。此外,下垫面破坏也使得流域产流增加,也可能引起流域水循环水平尺度的扩大。

二、循环系统输出易换效应

对于一个闭合的流域系统而言,地表水循环过程的输入项是降水,基本输出项包括水平方向的径流项和垂直方向的蒸散项。在人类活动作用下,外流河流域另外一个突出的水循环效应就是垂向蒸散发的输出整体增加,而水平方向的径流输出不断减少。根据流域水量平衡原理,若在一个较长的时段内把流域储水量看做基本不变的话,水平方向径流量的减少量必然等于垂直方向蒸散量的增加。

改变流域系统水平和垂向输出项的比例的方式主要包括两种:一是下垫面变化,二是人工耗水。对于流域水循环输出影响较大的下垫面变化类型有:①农业耕作与灌溉;②生态环境建设或是生态破坏;③城市化和人工建筑物,等等。下垫面变化中,一部分有助于垂向蒸散量的增加,如农业耕作和灌溉;一部分有助于径流的形成,如砍伐森林和城市化等。但总体来说,垂向蒸散发输出加大效应要大于水平向径流增加效应,因此水平径流输出逐渐减小。

因人类活动引起的流域水循环水平和垂向输出项易换效应在许多流域表现非常明显,如20世纪80年代以来,黄河流域多年平均降水量并未有明显的减少,而不同断面的实际流量和入海水量却有较大幅度衰减,即使进行了水量还原,流域天然水资源量仍呈现明显的减少。

三、不同口径的资源演变效应

受人类活动影响,流域水循环降水输入转化结构发生了变化,具体表现为降水转化为传统评价口径的径流性水资源比例逐渐减少,而降水中的有效利用水分的比例却有所增加。

造成不同评价口径水资源量变化的主要原因包括流域产汇流特性变化,具体主要包括两大途径:一是雨水的就地利用,提高了流域产流的"门槛"作用;二是径流的就地拦蓄,阻滞了流域汇流过程。雨水就地利用的主体包括社会经济和生态环境两大系统,前者如雨养农业面积的扩大和措施的提高、集雨工程等,后者主要是水土保持和水土涵养的生态工程对雨水利用等;径流的就地拦蓄主要是微观地貌的改变,如坡改梯、淤地坝建设、田间坝沟建设等。

人类活动引起的不同口径的资源演变效应给目前我国沿用的传统水资源评价方法带来新的挑战。我国现行的水资源评价对象主要是狭义的径流性水资源,尽管在评价过程中也尽量考虑人类活动所带来的影响,但显然单一静态的狭义口径的水资源评价无法刻画出降水资源转化结构的转化,以及有效降水利用所带来的社会经济和生态环境效用,因此我国水资源评价方法亟待进行两方面的变革,一是评价口径的拓展,二是评价手段的更新。

第十章　现代水资源评价方法

第一节　国内外水资源评价内容与方法

一、水资源评价的内容

(一)水资源评价的概念

在 1988 年联合国科教文组织(UNESCO)和世界气象组织(WMO)发布的《水资源评价活动—国家评估手册》中规定"水资源评价是指对资源的来源、范围、可依赖程度和质量进行确定,据此评估水资源利用和控制可能性",1992 年上述两个组织对该定义作了简单的修改,将其表述为"为了水的利用和管理,对水资源的来源、范围、可依赖程度和质量进行确定,据此评估水资源利用、控制和长期发展的可能性"。实际上,水资源评价是进行水资源规划和管理的基础性前期工作,应具有明确的目的性,如美国分别于 1965 年和 1978 年进行的两次水资源评价工作,因目的不同,第一次评价的重点在于天然水资源评价,第二次评价的重点在于可供水量和用水要求的分析上。

(二)国际水资源评价内容

在联合国科教文组织(UNESCO)出版的《水资源评价导则》中,水资源评价的内容包括以下 7 方面:①地表水资源管理平衡评价;②地下水资源管理平衡评价;③综合水资源管理平衡;④非点源污染和水资源管理平衡;⑤现状和未来水需求评价;⑥水资源评价的地理信息系统;⑦水资源评价中的经济与环境考虑。

据《水资源评价活动—国家评估手册》,一个国家或地区的水资源评价计划的开展分为三个阶段,即:①基本的水资源评价;②为满足水资源开发的需要,扩大站网和进行比较详细的调查;③提供水资源综合管理所需要的资料和信息。

(三)我国水资源评价内容

我国第一次水资源评价的内容主要包括地表水资源评价、地下水资源评价和水源污染评价,此外还进行了水汽输送量计算、江河天然湖泊水化学特征分析和冰川水资源估算与评价等工作。根据 1999 年水利部发布的《水资源评价导则》,我国水资源评价的主要内容包括水资源数量评价、水资源质量评价、水资源开发利用及其影响评价三部分内容,其中水资源数量评价包括对水汽输送、降水、蒸发、地表水资源、地下水资源、总水资源的评价等;水资源质量评价包括河流泥沙、天然水化学特征、水污染状况的评价;水资源开发利用及其影响评价包括现状水资源供用水情况调查分析、存在问题、水资源开发利用对环境的影响,以及水资源综合评价、水资源价值量评价等。

在目前正在开展的"全国水资源综合规划"中,水资源评价分为水资源调查评价和水资源开发利用调查评价两部分内容,其中水资源调查评价包括降水、蒸发能力及干旱指数、河流泥沙、地表水资源量、地下水资源量、地表水水质、地下水水质、水资源总量、水资源可利用量和水资源演变情势分析。水资源开发利用调查评价包括经济社会资料收集整理、供水基础设施及供水能力调查统计、供水量调查统计、供水水质调查分析、用水量调查统计、用水消耗量分析估算、废污水排放量和污染源调查分析、供水—用水—耗水—排水成果的合理性检查、用水水平及效率分析、水资源开发利用程度分析、河道内用水调查分析、与水相关的生态环境问题调查评价以及现状供需分析等。

二、我国现行水资源评价模式与方法

(一) 现行水资源评价模式

我国现行的水资源评价基本沿用了 20 世纪 80 年代第一次全国水资源评价中所确立的评价模式,可以概括如下。

1. 以径流性水资源为基本评价口径

尽管我国在第一次水资源评价及相关工作中,也进行了水汽输送量或是冰川水资源量的相关计算,但依据水资源规划所采用的定义,我国水资源评价对象仅是径流性水资源,包括地表径流和地下径流两部分,而不包括其他形式赋存的水分,如土壤水、大气水和生物水等。

2. 以静态天然水资源量为主要评价目标

我国目前水资源评价目标是天然水资源量,主要途径是通过对水文站的实测径流系列进行"还原"的方法来实现,来剔除因人类活动引起的耗水变化,以获取没有人类活动扰动条件下的水资源量。

实际上,现行水资源评价方法中的"还原",主要对人工取用水、水库和泄洪等人为增加的耗水量进行还原,对于下垫面变化引起的水资源演变,第一次水资源评价中由于当时该方面影响尚不显著,因此并未加以考虑。20 世纪 80 年代以来,我国水资源规划基本都以第一次评价结果为基础。在目前开展的全国水资源综合规划中,为指导未来水资源规划,利用系列一致性处理方法,将天然水资源评价结果统一到现状下垫面条件,从而以现状条件的水资源量去应对未来时期的规划需求。可以看出,我国水资源评价属于静态评价,即将某一时间断面评价结果作为今后较长一个时期的水资源规划的资源基础。

3. 以分离式评价为基本评价模式

我国现行水资源评价仍然采取分离模式,具体包括水量水质分离评价、地表水地下水分离评价、水资源及其开发利用分离评价等方面。

(1)水量水质分别评价。水资源基础评价包括"量"和"质"两方面内容。在我国,尽管在水量评价中也考虑了水质的因素,如各类水质的代表河长占总评价河长的百分比、平原区地下水按照不同矿化度等级进行分类等,但总体来说,现行评价模式中仍采取水量和水质分别评价模式,水质水量联合评价尚处于起步探索阶段,多数仅停留在原则性和方向性意见层面,未形成较为固定的评价方法,如《水资源评价导则》中尽管明确提出了"应以水资源质量现状评价结果和同期水资源可供水量为基础,计算并分析评价区内不同质量的地表水、地下水可供水量和适用性",但未提出任何方法性意见;另外,在《全国水资源总体规划技术大纲》中关于水质水量联合评价问题也只是提出原则性建议，未述及具体的评价方法。

（2）地表水和地下水分别评价。我国推行水务一体化管理的时间还不长，由于历史原因和评价技术沿革，我国现行的地表水和地下水评价沿用分离评价的模式，一定程度上割裂了地表水地下水频繁的转化和互动关系，各自的评价方法也有较大区别。

（3）水资源基础评价和开发利用分别评价。如前所述，我国现行水资源评价内容包括水资源调查评价（或称之为"水资源基础评价"）和水资源开发利用调查评价两部分，其中水资源评价主要针对以"四水"转化为基本特征的天然"坡面—河道"主循环过程，而水资源调查评价主要针对以"供—用—耗—排"为基本结构的人工侧支水循环，前者在评价过程中尽量剔除人类活动影响，"还原"到天然本底状态，而后者评价则主要针对人工水循环过程的通量和质量变化展开。可以看出，我国现行水资源评价中，采取的是天然主循环和人工侧支循环分别评价。

4．采取分区集总式评价手段

我国现行的水资源评价采取的是分区集总式评价模式，如本次开展的全国水资源综合规划中，全国地表水水量采用统一的三级水资源分区，地表水水质评价及保护以水功能区为基本单元进行，另外为兼顾行政区统计口径，通常采用水资源分区套行政分区的方式，如二级区套省、三级区套地市等。地下水评价主要按水文地质单元进行评价，所依据的水文地质参数也多为分区集总式参数。

（二）我国水资源评价方法

此处重点讨论水资源基础评价中的水量评价方法。

1．地表水资源评价方法

我国地表水资源量用天然河川径流量表示。为消除人工取用水和下垫面变化对产汇流的影响，常采用实测径流还原计算和天然径流系列一致性分析与修正的方法来评价地表水资源量。我国现行地表水评价方法可以概括为"实测—还原—修正"方法。

（1）实测径流还原。还原计算时段内天然年径流量的计算公式为：

$$W_{天然} = W_{实测} + W_{农灌} + W_{工业} + W_{城镇生活} \pm W_{引水} \pm W_{分洪} \pm W_{库蓄} \qquad (10\text{-}1)$$

式中：$W_{天然}$为还原后的天然径流量；$W_{实测}$为水文站实测径流量；$W_{农灌}$为农业灌溉耗损量；$W_{工业}$为工业用水耗损量；$W_{城镇生活}$为城镇生活用水水耗损量；$W_{引水}$为跨流域（或跨区间）引水量，引出为正，引入为负；$W_{分洪}$为河道分洪决口水量，分出为正，分入为负；$W_{库蓄}$为大中型水库蓄水变量，增加为正，减少为负。

上述公式中只列出了对测站实测径流影响较大的还原项目，具体可根据实际增减项目。

（2）系列一致性分析与修正。在通过对实测径流的还原获取天然径流的基础上，为使天然系列保持一致性并能反映近期下垫面条件，需要对还原成果进行系列一致性分析，如果系列一致性发生变化，则需要进行系列修正，具体修正步骤如下：

● 在单站还原计算的基础上，点绘面平均年降水量与天然年径流深的相关图，分析天然径流系列一致性，如果系列一致性发生变化，找出变化突变点。

● 根据曲线突变点，将长系列划分为前后两个系列，分别通过点群中心绘制其年降水－径流关系曲线。

● 选定一个年降水值,从两根曲线上可查出两个年径流深值,用下列公式计算年径流衰减率和修正系数:

$$\alpha = (R_1 - R_2)/R_1 \times 100\% \qquad (10\text{-}2)$$

$$\beta = R_2/R_1 \qquad (10\text{-}3)$$

式中:α 为年径流衰减率;β 为年径流修正系数;R_1 为代表系列前段下垫面条件的产流深;R_2 为代表系列后段下垫面条件的产流深。

● 根据查算的不同年降水量的 α 值和 β 值,可以绘制 $P \sim \beta$ 关系曲线,作为前段天然年径流系列修正的依据。

● 根据需要修正年份的降水量,从 $P \sim \beta$ 关系曲线上查得修正系数,乘以该年修正前的天然年径流量,即可求得修正后的天然年径流量。

2. 地下水资源评价方法

我国地下水资源评价对象主要针对浅层地下水,主要内容是允许开采量的评价,一般按照水文地质单元进行,然后归并到各水资源分区和行政分区。在现行地下水资源评价方法中,山丘区和平原区评价方法不相同,其中平原区地下水资源量采用补给量法计算,山丘区地下水资源量采用排泄量法计算。

(1)平原区地下水资源评价方法。平原区地下水资源量采用补给量法计算,补给量之和为地下水资源量,补给量主要包括三部分,一是降水入渗补给量,二是地表水入渗补给量,三是山前侧渗补给量,其中地表水入渗补给量包括河道渗漏补给量、库塘渗漏补给量、渠系渗漏补给量、渠灌田间入渗补给量以及以地表水为回灌水源的人工回灌补给量,另外跨水资源一级区调水形成的地表水体补给量单独列出。

(2)山丘区地下水资源评价方法。山丘区地下水资源量采用排泄量法计算,排泄量包括河川基流量、山前泉水溢出量、山前侧向流出量、浅层地下水实际开采净消耗量和潜水蒸发量,上述排泄量之和即为山区地下水资源量。

3. 水资源总量评价方法

现行水资源总量评价方法采用地表水资源量加上地下水资源量,扣除二者重复计算量的方法来评价水资源总量,具体可采用下式计算:

$$W = R_s + P_r = R + P_r - R_g \qquad (10\text{-}4)$$

式中:W 为水资源总量;R_s 为地表径流量(即河川径流量与河川基流量之差值);P_r 为降水入渗补给量(山丘区用地下水总排泄量代替);R 为河川径流量(即地表水资源量);R_g 为河川基流量(平原区为降水入渗补给量形成的河道排泄量)。

三、我国水资源评价方法面临的挑战和存在的主要问题

(一)水资源评价方法面临的挑战

水循环是水资源形成演化的客观依存基础,作为地表五大物质循环最主要的循环过程,赋存形式各异的水无所不在,而且相互转化不断运动,水资源的系统精确评价本身就是一项极具挑战性的工作。现代环境下的水资源评价技术方法主要面临主体演变和客体需求变化所带来的两方面挑战:

（1）人类活动影响导致水资源演变加剧带来的技术方法挑战。随着国民经济的快速发展和人口的增长，人类社会正深度扰动着地球表层天然的水循环过程，从而影响着流域水资源的形成与演变过程，具体表现在三方面：一是人工取用水的影响。大规模的人工取用水形成了与天然"坡面—河道"主循环相耦合的"取水—供水—用水—耗水—排水"为基本结构的人工侧支循环，我国北方的许多流域侧支循环通量甚至远远超过了主循环的实测通量；二是人类活动对流域下垫面变化的影响，水体的开发和重塑、局部微地貌的改变、土地覆被的改变以及人为建筑物的修建全方位地改造了下垫面，从而影响了流域天然下垫面的下渗、产流、蒸发、汇流水文特性，对于水资源评价也提出了更高要求；三是大规模排放温室气体，改变了天然水循环的降水输入和能量条件，导致当前序列的水资源基础条件与历史过程存在着不同，给水资源科学评价带来困难。

（2）现代社会发展需求提高对传统水资源评价技术方法的挑战。经济社会的发展导致水资源开发利用情势的变化，对于水资源评价技术方法也提出了相应的需求，突出表现在三方面：其一，随着地表水和地下水资源的紧缺形势日益加剧，在合理配置和高效利用径流性水资源方面，一些其他赋存形式的有效水分的利用逐步得到重视，如土壤水资源，这就要求水资源评价口径也必须相应扩大，以便实现多种水资源的统一调配；其二，随着资源稀缺性的日益突出，越发要强调资源的高效利用，这就对水资源利用效用评价技术方法提出了需求，包括有效无效的判别、生态环境效用和社会经济效用的统一度量以及高效和低效的量化等技术与方法；其三，水资源是量与质的统一体。随着以人为本、和谐社会理念的普及，水资源开发利用的要求不再停留在有水可用的阶段，而是发展为有符合质量标准的水可用，这就对量和质的统一评价的技术方法带来了要求。

（二）水资源评价方法存在的问题

我国现行的水资源评价模式与方法主要存在以下五方面的问题：

（1）评价口径过于狭窄，难以全面反映资源的多元有效性。我国目前水资源评价的对象仅仅针对狭义的径流性水资源，包括地表水资源和地下水资源，其中对地表水资源量的界定是指河流、湖泊、冰川等地表水体中由当地降水形成的、可以逐年更新的动态水量，地下水资源则是指赋存于饱水带岩土空隙中的重力水。可以看出，我国现行水资源评价的口径限于赋存于地表和浅层地下的重力水资源，而不包括降水中未形成径流的那一部分水分，如土壤水、冠层截流等。实际上，这一部分水分不仅数量巨大，而且发挥着重要的社会经济和生态环境服务功能，人们在相关实践中也已经开始对这一部分水资源进行有针对性的调控利用，如制定灌溉就充分考虑有效降水对作物的效用、利用地膜覆盖等方式增加土壤水利用等。从这一点来说，目前水资源评价的口径偏于狭窄，不能全面反映多种赋存形式水分的有效性。随着其他有效水分利用量的增加，评价口径偏窄所带来的相关问题会越来越突出。

（2）一元静态评价方法难以获取二元驱动下的水资源系列"真值"。我国现行的水资源评价模式属于一元静态评价模式。所谓"一元"即以天然状态下的径流量为基本评价对象，具体通过"还原"方法来实现，"静态"的含义是指水资源评价结果是相对某一历史时间断面上的资源量,而非发生系列的"真值"。具体来说,现行水资源评价方法中,单一的"还原"不考虑下垫面变化对于区域产水量影响,显然不能全面反映二元驱动下的流域水资源演变规律,所评价出的水资源系列与评价时段水资源系列"真值"有偏差;而通过下垫面一致性修正的"还现"方法,则是将水资源评价结果统一修正到变化后的下垫面条件,但由于人类活动对流域水资源演变的影响是连续和渐进的,因此修正后的水资源系列也不能代表历史和未来时段水资源系列"真值"。

实际上,还原的方法适用于人类活动扰动(尤其是对下垫面改变)较小的地区,而系列修正方法则属于一种基于统计方法的"弥补"措施,方法本身就存在一定缺陷。可以看出,现行一元静态评价手段难以系统描述水资源二元动态演变过程,因而难以评价出人类活动密集流域或地区的实际水资源系列"真值"。

(3)分离评价模式难以适应水资源综合规划需求。尽管我国已经开始认识到水资源的统一综合评价的意义,但现行水资源评价仍然采用的是分离评价模式,主要包括水量水质分离评价、地表水和地下水分离评价以及水资源与开发利用分离评价等,这给水资源综合开发利用与规划带来很大障碍,如水质水量分离评价则无法反映出水质对资源有效性的影响,给分质供水调控措施的实施带来困难;地表水地下水分离评价割裂了地表水地下水复杂转化相关联系,不利于地表地下水的统一调配和管理。

(4)分区集总式评价难以描述水资源的分布式演化过程,评价结果也难以满足分布式开发利用实践需求。我国目前水资源评价采取的是分区集总式评价方法,如目前正在进行的全国水资源综合规划基础评价部分,是以四级区套县市为基本统计单元,然后将其汇总为三级区套地市,作为流域水资源评价单元。其中黄河流域共包括150个三级区套地市单元,平均每个单元面积超过 5 000 km²。

由于分区集总式评价是基于分区集总式参数的水资源评价,分区集总式参数是对区域内相关参量的概化,因此分区集总式评价难以反映单元内水资源形成和演化过程的空间分异特性,其结果也不利于指导区域内分布式的水资源开发利用实践,如概化的地下水入渗系数则不能体现单元内土壤和水文地质条件的明显的空间分异特性,因而不利于指导单元内地下水资源开发利用实践,可能存在区域内空中调水等问题。

(5)缺乏统一的定量评价手段。水资源评价是水资源开发、利用、规划与管理的重要基础。我国现行评价模式以"实测—还原—修正"为基本的环节,主要依赖于实测和统计信息汇总的方式进行评价,缺乏统一的定量评价手段,主要体现在两个层面:一是缺乏整体的定量评价模型。我国现行水资源评价一般经由两个分过程,即由下而上的汇总和由上而下的平衡,当出现水量不平衡时,则更多地依赖于评价人员的经验和各方会商。由于缺乏统一的定量评价模型,水资源评价往往成为各方评价人员的"会战"工作。二是一些具体评价工作也缺乏统一的定量评价手段,如不同行业的"还原量"的确定,往往通过耗水系数折算求得,而耗水系数确定有些是通过典型水平衡测试试验推广得到的,有些则是借鉴相似地区取得经验值,缺乏统一的口径,常常造成不同主体(如流域和行政区)对同一问题的认定存在分歧。

第二节　现代水资源评价方法

一、层次化水资源评价

(一)水资源

水资源为流域水循环中能够为生态环境和人类社会所利用的淡水,其补给来源主要为大气降水,赋存形式为地表水、地下水和土壤水,可通过水循环逐年得到更新。地表水、土壤水和地下水三种水体通过水分循环相互联系和相互转化,构成生物赖以生存的陆地水资源系统。

1. 地表水

地表水资源指河流、湖泊、冰川等地表水体的动态水量,用区内降水形成的河川年径流量表示,是坡面径流、土壤径流和地下径流之和。

影响地表水形成及其分布的主要因素有气候因素(如降水、气温等)和下垫面条件(如地形、地质、土壤、植被、湖泊、沼泽和冰川等)。此外,近年来,人类活动逐渐加强,对径流逐渐产生越来越重要的影响。

2. 土壤水

土壤水是存在于土壤包气带内的非重力水,是地球水体的重要组成部分之一,是四水(地表水、地下水、大气水、土壤水)转化的纽带,在水资源的形成、转化与消耗过程中,它是不可缺少的成分。同时,土壤水又是一种重要的水资源,尽管其不能提取和运移,却是农作物和植被生长最直接的水分源泉,特别是根系带中能被利用并可恢复的水量。其存在、补给、更新状态在生态环境保护和水资源转化过程中具有极其重要的作用。

3. 地下水

地下水资源量指降水、地表水体(含河道、湖库、渠系和渠灌田间)入渗补给地下水含水层的动态水量。地下水资源的分布主要受降水的影响,其次还受包气带岩性和地形地貌及植被条件的影响,在平原区还受地表水体分布的影响。

(二)水资源属性

天然条件下,水资源具有三种原始属性,即因物理性质所具有的资源属性,因其化学性质而具有的环境属性,因其生命性质而具有的生态属性。随着人类开发利用水资源程度的加深,水资源社会经济服务功能的不断拓展,其属性内容也不断丰富。在现代环境下,水资源的属性包括自然属性、社会属性、经济属性、生态属性和环境属性,其中生态属性和环境属性在外延和内涵上与其原生的基本属性已不尽相同。水资源的多种属性是相互依存和关联的。

1. 自然属性

水资源的自然属性是指水资源在流域水循环过程中的形成机理及其演化规律,包括水资源的可再生性、时空分布不均性等。包括气陆界面(流域下垫面)的降水—蒸发特性,地表水形成的产流—汇流特性,地下水形成的补给排泄特性,以及大气水—地表水—土壤水—地下水之间的一系列转化特性。

水循环和水平衡直接涉及自然界中一系列物理的、化学的和生物的过程,如地貌形成中的侵蚀、搬运与沉积,地表化学元素的迁移与转化,土壤的形成与演化,植物生长中最重要的生理过程——蒸腾以及地表大量热能的转化等。

2. 社会属性

水资源的社会属性具体表现在两方面:其一是流域内各地区的人群对流域水资源都应享有基本的使用权,区别于其他不同的社会需要,生存用水权优先;其二是水资源开发利用应充分体现公平和可持续原则,包括代际公平、城乡公平、上下游公平和用水户公平。

水资源所有权为国家所有,具有一定的垄断性。随着市场经济的发展,水资源的使用权与所有权发生了分离,然而作为一种原始的公共物品,在一定的区域内,每一用水群体和个人都享有平等的基本使用权,具有相对范围的非排他性和不可分割性的特点。

水资源的社会属性具有三方面的含义:一是流域内各地区的人群对流域水资源应当享有大体相同的基本使用权;二是水资源开发利用应有助于体现公平原则,包括代际公平、城乡公平、上下游公平和部门公平;三是区别不同的社会需要,生存用水权应当优先于发展用水权得到保证,而生态水是生存用水的一部分。

3. 经济属性

在 1992 年召开的联合国环境与发展大会上通过的《21 世纪议程》中对水的经济属性做了明确阐述:"水是生态系统的重要组成部分,水是一种自然资源,也是一种社会物品和有价物品。水资源的数量和质量决定了它的用途和性质。为此目的,考虑到水生生态系统的运行和水资源的持续性,水资源必须予以保护,以便优先满足人的基本需要和保护生态系统。但是,当需要超过这些基本需要时,就应该向用户适当收取水费。"

水资源的经济属性即水资源价值属性,包括三大内容:一是由于水资源具有可利用的经济价值以及可能引发的自然和人为灾害,水资源在经济上呈现出明显的利害两重性;二是水资源为全社会所有,其所有权向具体使用者转让,或者水资源使用权向其他使用者转让,均要有一定的经济量度;三为水资源评价、水资源规划、水资源保护等所付出的社会投入。

4. 生态属性

水资源是生态环境建设控制性要素,是维系生态环境稳定的基础性资源。水资源生态属性主要体现在水资源条件对生态环境系统演替的控制和影响上,水资源分布和水体质量决定生态系统的基本特征,包括人工生态系统和天然生态系统。

水资源的生态属性十分明显。由于水分条件是干旱半干旱地区生态环境系统的控制性因素,因而水资源分布和水体质量决定生态分布与生态种群。若社会经济发展不断挤占有限的水资源,则生态环境退化,直至威胁到人类自身的生存环境。古代的楼兰即是明证。

水资源是维系生物繁衍和生存不可缺少的要素和物质,是保持生物多样化、维护生态平衡的基本保障,净化空气、调节气候,给一切富有生命的物质提供适宜的生存条件和发展环境的基础,是宇宙生物圈生物链不被破坏的协调平衡的自然调节器。

5. 环境属性

水资源具有稀释、降解污染物,吸附污尘、净化空气、美化环境和景观的作用,水体是一切水生生物的寄生场所和生存空间,其环境属性跃然若现。在人类活动强烈干扰下的水资源环境属性——其纳污和自净功能更加显得突出和重要。

(三)水资源评价准则

水资源的自然属性、社会属性、经济属性、生态属性和环境属性决定水资源具有三个最为本质的特征——有效性、可控性和可再生性(王浩,2002,2003,2004)。有效性是指,只有对人类生存和发展具有效用的水分才可以看做是水资源;可控性是指,在对人类具有效用的水分中,有必要进一步区分通过工程可以开发利用的那一部分水分;可再生性是指,水资源在流域水循环过程中形成和转化,其作为可再生性资源的充分必要条件是保持流域水循环过程的相对稳定。

1. 有效性准则与广义水资源

从有效性出发定义水资源,首先是对传统意义上的水资源概念进行拓展。有效性标准对传统水资源含义的第一个拓展是,与生态环境具有密切关系的水分都应该评价为水资源。这是因为,有效水分不仅是国民经济和社会发展的基础性资源。而且还滋养了对人类生存具有头等重要意义的生态系统,有效性概念可以同时体现水资源对生态环境保护和社会经济发展的决定性意义。有效性标准对水资源含义的第二个拓展是,对生态环境具有效用的水分不仅是径流性水资源,而且还有部分降水资源。因为无论是天然生态还是人工生态,有效降水都是研究其水分需求的前提,在干旱半干旱地区就更是如此。由此可以认为,从有效性出发定义的水资源包括了降水中的有效部分和径流性水资源,是一种广义水资源。

广义水资源能够反映水循环过程的全部有效水量。在我国北方地区径流性水资源不断下降的情况下,从流域水循环的角度整体研究水资源利用问题日显必要,广义水资源量的提出,对雨水资源化、节水标准和缺水标准的研究具有理论和实际意义。

2. 可控性准则与狭义水资源

从可控性概念出发研究水资源,是从人工调控角度对广义水资源作进一步的区分。广义水资源可以分为两类:一类是有效降水,可为天然生态系统与人工生态系统所直接利用,这部分水量难于被工程所调控,但可以调整发展模式增加对这部分水分的利用;另一类是径流性水资源,包括地表水、地下含水层中的潜水和承压水,这部分水量可通过工程对其进行开发利用。因此,从可控性准则定义的水资源是狭义水资源。

3. 可再生性准则与生态需水量和国民经济可利用量

从可再生性出发研究水资源,是对狭义水资源在可持续利用意义下再作进一步的界定,以便提出社会经济发展的水资源可利用量。由于水循环是狭义水资源与广义水资源的共同基础,水循环本身及其相关过程的长期稳定性,是水资源可再生性维持的必要和充分条件。维护水循环本身的稳定,需要保持水热平衡和水量平衡;维护与水循环相关的物理、化学与生态过程的稳定,需要保持水沙平衡、水盐平衡和水土平衡。上述各类平衡归结到一点,就是在特定的时段和地域条件下保持有效水量的平衡。对于工程能够调控的狭义水资源而言,其不仅易于为国民经济所利用,更是干旱区非地带性植被赖以生存的基础,若在国民经济用水和生态环境用水之间调控不当,则会直接影响到流域水循环的稳定,进而影响到水资源的可持续利用。在广大干旱半干旱地区,生态环境的脆弱性决定了生态需水具有更高的优先级,因此在狭义水资源中应当首先满足特定保护目标下的生态环境用水,其余部分才可作为水资源的国民经济可利用量。

根据水资源的有效性、可控性和可再生性提出了水资源评价准则,形成了水资源评价基本口径,即广义水资源、狭义水资源以及国民经济可利用量(见图10-1)。

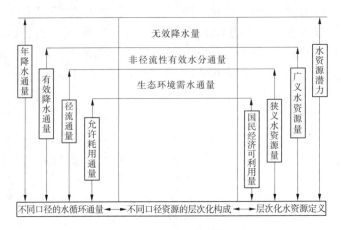

图 10-1　水资源评价基本口径

(四)狭义水资源量

狭义水资源量评价与现行水资源评价口径一致,包括地表水资源量评价、地下水资源量评价以及狭义水资源总量评价。

地表水资源量用河川径流量表示,包括坡面径流量、地下水向河道排泄的基流量和壤中流向河道排泄量;地下水资源量包括降水入渗补给量和地表水入渗补给量,其中地表水入渗补给量包括各项天然—人工地表水入渗补给量;狭义水资源总量(贺伟程,1983)指当地降水形成的地表、地下产水总量(不包括区外来水量)。狭义水资源总量由两部分组成,第一部分为河川径流量;第二部分为降雨入渗补给地下水而未通过河川基流排泄的水量,即地表水与地下水资源计算之间的不重复水量。

(五)广义水资源量

广义水资源量指流域水循环中,当地降水形成的,对生态环境和人类社会具有效用的水量,主要包括两部分:一是地表地下产水量,和现有水资源量的概念一致,也可称为狭义水资源量;二是天然和人工生态及环境系统对降水的有效利用量,包括直接利用和间接利用两种方式,直接利用是对降水的截流蒸发;间接利用是对大气水转为土壤水的就地利用。

与狭义水资源定义的径流性水资源不同,广义水资源是在降水通量下定义水资源量的。水量平衡方程式为:

$$P = R + E_n + U_g + Q_c \pm \Delta V \tag{10-5}$$

式中:P 为降水量;R 为地表水资源量;E_n 为陆地蒸发量;U_g 为地下潜流量;Q_c 为开采净消耗量;ΔV 为地表、土壤和地下水蓄变量。

在多年平均情况下蓄水变量 ΔV 可忽略不计,陆地蒸发量(E_n)可划分为地表蒸散发量(E_{su})和潜水蒸发量(E_g)。

$$P = R + E_{su} + E_g + U_g + Q_c \tag{10-6}$$

根据水量平衡原理,地下水资源与地表水资源的不重复量为潜水蒸发量、地下潜流量及开采净消耗量之和,则上式可改写为:

$$P = R + D + E_{su} \tag{10-7}$$

在降水通量下,R 和 D 共同构成狭义水资源,属于广义水资源的范畴,因而广义水资源量主要是界定地表蒸(散)发量。

地表蒸(散)发量根据下垫面条件不同分为六大类:耕地蒸(散)发、林地蒸(散)发、草地蒸(散)发、水域蒸发、居工地蒸(散)发(包括城镇用地、农村居民点和其他建设用地)、难利用土地蒸发(见表10-1)。根据蒸发机理的不同共分五类:第一类是植物的冠层截流蒸发量(不包括植物蒸腾),即被植被冠层截流后直接蒸发返回大气中的那一部分降水;第二类是植被的蒸腾蒸发,即植被通过吸收土壤水来满足自身生长需要的水分;第三类是地表截流蒸发量,即降水到地表但未入渗到土壤,而直接蒸发返回大气的那一部分水分,主要是陆面填洼的水分;第四类是土壤水蒸发,即土壤水直接通过地表进行的蒸发,水分来源包括两部分,一是土壤水存量的蒸发,二是地下水上行蒸发通量,主要上行驱动力是毛细管作用;第五类为水面蒸发,即降水降落到水面后返回大气中的那一部分降水。

表 10-1 自然系统蒸发的详细分类

编号	蒸发分类	土地利用类型
1	耕地	灌溉农田水田、非灌溉农田
2	林地	有林地、灌木林、疏林地、其他林地
3	草地	高、中、低覆盖度草地
4	水域	河渠、湖泊、水库坑塘、滩涂、滩地、永久性冰川雪地
5	居工地	城镇用地、农村居民点、其他建设用地
6	难利用土地	裸土地、沼泽地、沙地、盐碱地、戈壁、裸岩石砾地、其他

对于林地、草地和耕地来说,冠层蒸发可直接降低植物表面和体内的温度,对维护植物正常生理是有益的,因此冠层截流蒸发是有效的;植被蒸腾量直接参与了生物量的生成,是与植被生产密切联系的生理过程,是陆地生态系统营养链的最初缔造者,因此属于有效水量;土壤截流蒸发对于改善局地气候起到积极的作用;土壤蒸发对于土壤湿度状况、植被生长起到间接的调节作用,因而认为是对植被生存有效的,植物的棵间蒸发有效和无效的界定根据植被的盖度进行划分,分配比例见表10-2。

表 10-2 植被棵间有效土壤蒸散发的界定

覆被类型	耕地	林地				草地		
		有林地	灌木林	其他	疏林地	高盖度	中盖度	低盖度
覆盖度	1	1	1	0.3	0.3	1	0.5	0.2
有效土壤蒸发比例(%)	100	100	100	30	30	100	50	20

河渠、湖泊及水库坑塘等水域及沼泽地、滩涂属于湿地系统。近年来，人们越来越意识到湿地在提供生物多样性、风景和娱乐、渔业和野生动植物产品，以及在防洪、海岸及海岸线固定等水文作用上的价值，因此其蒸发属于有效水分。其中河渠、湖泊及水库坑塘的水面蒸发在狭义水资源量中统计。滩地蒸发一定程度上改善局地气候条件，同时具有缓解洪水径流的作用，属于有效水量。而永久性冰川雪地的蒸发对于经济社会和生态系统没有太大的作用，则认为是无效蒸发。

居工地是人类居住和活动的集散地，蒸发可以起到降温、湿润等直接的改善环境作用，这一部分蒸发也是有效的。

对于未利用土地包括沙地、戈壁、盐碱地、裸土地、裸岩石砾地以及其他未利用土地上的蒸发对水循环过程是必不可少的，但对局地的经济社会和生态系统发挥的作用甚微，因而认为是无效蒸发。

从以上分析可以得出，广义水资源量为：

$$W_s = R + D + E_I + E_T + E_S + E_O + E_W + E_C \tag{10-8}$$

式中：W_s 为广义水资源量；R 为地表水资源量；D 为与地表水不重复的地下水资源量（以下简称不重复量），即降水入渗补给地下水量扣除地下水出流；E_I 为冠层截流蒸发量；E_T 为植被蒸腾量；E_S 为植被棵间土壤有效蒸发量；E_O 为植被棵间地表截流有效蒸发量；E_W 为水面蒸发量（包括滩涂、滩地、沼泽地等未包含在狭义水资源量中的水面蒸发量）；E_C 为居工地蒸发量。

（六）国民经济可利用量

国民经济可利用量特指在自然条件和经济条件允许的情况下，狭义水资源中能够被工程系统一次性开发利用的最大潜力量，包括地表水可利用量和地下水可开采量。

在统一的流域水循环框架下，地表水可利用量数值上等于地表水资源量扣除河道内生态需水和河道外生态需水。

生态与环境需水量是指一定时空域内实现特定生态环境功能保护目标所需的水量。根据水源截然不同的形式分为可控需水和不可控需水，可控需水是指系统天然生态保护与人工生态建设消耗的径流量（可作为狭义生态与环境需水）；不可控需水是系统天然生态保护与人工生态建设消耗不形成径流的降水量，即生态系统对降水的有效利用量（王芳，2002）。本书主要指狭义生态与环境需水，可简单分为河道内生态环境需水和河道外生态环境需水两大类型，两类生态需水计算方法有所不同。

（1）河道内生态环境需水。河道生态环境功能主要包括作为生物栖居环境功能、维持河道形态功能、维持河口生态系统功能、维持河流自净能力功能以及景观娱乐功能等，但具体到每一条河流，其主要生态功能会有所差异。人类根据自身需要和可持续发展需求，提出不同的河道生态功能保护目标，每一项生态功能的实现，都有一定的水量需求，而这些需水量通常是兼容和重叠的，如河道水流可以同时具有其环境自净功能、输沙功能以及河口生态功能，这种情况下，河道系统生态需水量则以最大单项生态需水量为准。

（2）河道外生态环境需水。河道外生态需水包括天然生态需水和人工生态需水，前者如水土保持生态需水、天然湖泊湿地需水，后者如城市河湖绿地、防护林地等，其水分来源包括降水、地下潜水和灌溉等。河道外生态用水来源包括有效降水、地下潜水蒸发、人工引水或灌溉等,其中有效降水的就地利用基本不受人工调控的影响,依靠地下潜水蒸发的生态用水一定程度上受人类活动影响,而依赖于人工引水或灌溉的生态用水则完全属于人工调控的范畴。

国民经济地下水可开采量主要考虑两方面影响,一是考虑一定时期内的地下水系统采补平衡;二是地下水位不能降至区域最低生态地下水位以下。

需要说明两点:①由于不同时期生态环境需水量的不同,国民经济地表水可利用量和地下水可开采量是一个时间变量;②由于地表水和地下水之间的密切转化联系,不同开发利用模式下的国民经济地表水可利用量和地下水可开采量不是固定的,应当加强地表水和地下水的联合调配以增加国民经济可利用总量。

二、循环效用评价

水资源作为一种再生性资源,受水循环过程影响,随着人工侧支循环的强度越来越大。水循环研究不再局限于传统水循环过程和机理的研究,而是在此基础上进行了拓展和延伸,考虑人工侧支循环对水循环演化过程的影响,研究水循环变化对水资源开发利用、生态环境以及社会经济等的一阶或高阶影响。因此,基于二元理论的水资源研究,不仅包括对水资源量本身的研究,而且研究水资源循环过程对生态环境和社会经济的影响,即循环效用评价。

西方经济学家认为,一种资源能够满足人的某种需求,就称这种资源具有"效用"。本书借助于"效用"一词研究水资源在循环过程中满足经济和生态需求的水量,包括高效和低效水分量以及经济服务量和生态服务量。水资源循环效用的研究,对于合理开发利用水资源,开展节水以及合理支配经济与生态用水具有一定的应用价值,能为水资源的价值核算提供基础数据,从而为寻求水资源利用效率最大化的发展途径奠定坚实的数据基础。

(一)生态服务量和经济服务量评价

水是人类社会发展最重要的不可替代的自然资源,水又是生态系统须臾不可或缺的生境要素。水作为自然和人类系统的一个重要的主体,除在水循环系统中物质和能量运移过程中发挥较大的作用外,同时也为维持社会经济系统和生态系统的正常良性发展创造了条件,即水作为一种特殊的生态资源,产生了生态系统服务功能。

水生态系统服务功能是指水生态系统及其生态过程所形成及所维持的人类赖以生存的自然环境条件与效用(Daily,1997;Ouyang,1999)。水生态系统服务功能不仅是人类社会经济的基础资源,还维持了人类赖以生存与发展的生态环境条件。根据水生态系统提供服务的机制、类型和效用,把水生态系统的服务功能划分为提供产品、调节功能、文化功能和生命支持功能四大类。水生态系统提供的产品主要包括人类生活及生产用水、水力发电、内陆航运、水产品生产、基因资源等;调节功能主要包括水文调节、河流输送、侵蚀控制、水质净化、空气净化、区域气候调节等;文化功能主要包括文化多样性、教育价值、灵感启发、美学价值、文化遗产价值、娱乐和生态旅游价值等;支持功能是上述服务功能产生的基础。其对人类的影响是间接的并且需要经过很长时间才能显现出来。根据水提供服务的消费与市场化特点,可以将水的服务功能分为水经济服务功能和生态服务功能。水经济服务功能可以指水维持人的生产与生活活动的功能,包括生活用水、农业用水、工业用水、发电、航运及渔业等;水生态服务功能可以指水维持自然生态过程与区域生态环境条件的功能,包括泥沙的运移,营养物质的运输,环境净化,维持森林、草地、湿地、湖泊、河流等自然生态系统的结构与过程,以及其他人工生态系统的功能(王浩,2004)。

目前,国内外测度生态系统服务功能的主要有物质量和价值量两种方法。物质量评估方法能够反映出生态系统所提供的不同服务功能,但各种服务功能之间难以统一成一个综合指标来表示;而价值量评估方法在给世人敲响警钟方面非常有效,但估算出的价值由于估算方法本身在理论上还有待完善,而且估算出的最终结果要么是大得像天文数字,使人们怀疑其可信度和真实性,要么其估算结果偏小,容易让人误认为生态服务功能可以通过花钱"购买"得到(王如松等,2004)。

本书从广义水资源的服务功能出发,将水的服务功能统一到水量上来度量,能够综合地、直观地、简单地反映出水资源所提供的不同服务功能,并根据水资源提供服务的特点,区分出水资源的经济服务量和生态服务量。经济服务量和生态服务量的区分和定量评价,有助于生态用水和国民经济用水的分配,促进经济社会和生态系统的和谐发展。

本书根据水资源服务的对象,将水生态系统服务功能区分为水经济服务功能和生态服务功能两大类,在此基础上又分为 10 种,见表 10-3。

表 10-3　水生态系统服务功能分类

一级分类	二级分类
经济服务	水的供应 航运 水力发电 农田及居工地对降水的有效利用量
生态服务	植被系统维持 河道维持 湿地系统维持 地下水系统维持 水生境维持 其他支持功能

经济服务功能包括流域供水、发电、航运、农田及居工地对降水的有效利用量等。供水、发电及航运用水量用于人类经济社会活动,属于经济服务范畴;农田在改善自然生态环境的同时,主要是作为经济产品提供人类服务的,因而耕地对降水的有效利用量主要发挥经济服务功能,应归于经济服务量。居工地对降水的有效利用量对美化人类居住的局地环境起到了积极的作用,应归于经济服务量。

生态服务根据服务的对象及功能不同可以分为:植被系统维持、河道维持、湿地系统维持、水生境维持、地下水系统维持以及其他支持功能。

水滋养了森林和草地等生态系统,在维持其正常的生命代谢过程中起着不可替代的作用。森林和草地生态系统对于维持自然生态系统,如保持土壤、有机质生产、调节气候、维护 CO_2 平衡、净化大气、维持生态系统平衡等发挥了重要作用,为地球上所有物种提供生命维持物质,为人类提供氧气,维持了地球生命系统的稳定和平衡。

水在维持河床基本形态、保障河道输水能力、防止河道断流、保障河道疏通、维系河流的最基本环境功能不受破坏、维持河流生态健康方面起着不可替代的作用。

水是维系湿地生态系统的基础。根据《关于特别是作为水禽栖息地的国际重要湿地公约》(简称《湿地公约》)的定义,湿地系指天然或人工的、永久性或暂时性的沼泽地、泥炭地或水域,蓄有静止或流动的淡水、半咸水或咸水水体,包括低潮时水深不超过 6 m 的水域。湿地具有调节水分循环、保障营养物质的保存与循环、净化污染物和维持湿地特有的动植物特别是水禽栖息地的基本生态功能,同时具有改善生态环境、保持生物多样性的功能,是具有巨大经济、文化、科学及娱乐价值的资源。

水具有为各种生物提供生境的功能。水生境维持是在水资源量中必须留出一部分水量为那些生活在淡水系统中的形形色色的生物留出足够的生境,它对维护生物多样性具有不可替代的作用。根据《生物多样性公约》第二条的定义,生物多样性指"所有来源的活的生物体中的变异性,这些来源包括:陆地、海洋和其他水生生态系统及其所构成的生态综合体,包括物种内、物种之间和生态系统的多样性"。生物多样性可以分为三个层次,即物种的多样性、遗传的多样性和生态系统的多样性。

地下水是重要的供水水源,也是维系生态系统的基本要素。地下水系统维持是指维护地下含水层及其相关联的生态系统的良性循环,防止地下水的超采带来诸如地面沉降、塌陷,地下水质恶化、泉水枯竭、湿地萎缩、土地沙化等一系列生态环境问题的维持水量。

其他支持功能指水生态系统提供休闲娱乐、教育以及美学功能。河流系统由于自然地貌差异,表现为或涓涓细流,或奔腾咆哮;或浅可见底,或深不可测;或静如止水,或流速湍急,构成了一幅幅美丽的山水画,成为重要的休闲娱乐场所。许多自然景观由于人类长期的巧妙营造,被赋予文化内涵,成为宝贵的自然遗产,构成了世界文化遗产的瑰宝。

水生态服务功能示意见图 10-2。

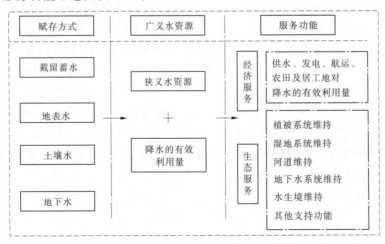

图 10-2　水生态服务功能示意图

(二)高效和低效评价

高效水量和低效水量指广义水资源在被国民经济建设以及生态与环境建设利用中发挥不同功效的水量。径流性水资源在促进地下含水层良性循环、预防地质灾害、维持河流生态健康、维护生物多样性、净化环境、促进经济发展以及提供观赏娱乐功能等方面发挥着积极的作用,而且经济服务功能和生态服务功能相互重叠、相互转换。其发挥的效用除受水循环因素的影响外,还受当前开发利用、经济技术条件以及节水水平等社会经济因素的制约,因此本书暂且将径流性水资源纳入到高效水量中。本书的高效和低效评价主要是针对天然生态及人工生态对降水的有效利用量而言的。

根据广义水资源的定义,天然及人工生态对降水的有效利用量主要以蒸发的形式表现,包括植被冠层及地表截流蒸发量、植被蒸腾量、棵间土壤蒸发量、居工地蒸发以及未包含在狭义水资源量中的水面蒸发量。

截流蒸发量与植被覆盖度、叶面积指数、叶片大小以及降水量等因素有关,繁茂的植被和森林冠层截流量相当可观,可达降水量的 15% ~ 45%。植被通过蒸腾将土壤水吸收利用转化为植被生长所需的水分。植被截流蒸发和植被蒸腾是与植被生长密切联系的生理过程,本书认为是高效水量。居工地的蒸发具有调节温度、美化居住环境、净化城镇空气等作用,也认为是高效水量。滩地水面蒸发在改善局地气候的同时,对于缓解洪水威胁具有一定的作用,因而属于高效水量。而沼泽地、滩涂作为湿地,水面蒸发是维持其自身生态平衡的必须水量,因而也属于高效水量。

棵间土壤蒸发以及棵间土壤截流蒸发是植被非生产性的水分消耗,是植物生长过程中所伴生的,可以通过技术措施进行调控,尤其对于农业,最大限度地抑制棵间蒸发,增加耕地蒸腾在总蒸发中的比例,对促进水分利用效率以及提高农业生产量起着至关重要的作用,本书认为是低效水量。

三、动态评价

人类活动对天然水循环的影响是连续的和渐进的,随着社会经济的发展,其影响的广度和深度也在逐渐增加,水资源量也伴随着发生一系列的变化。中长期规划中提出的发展指标及其需水预测主要侧重于考虑当前状态下的水资源量,忽视了未来社会经济发展与水循环及水资源量相互制约、相互影响的特点,因此水资源评价应该是动态的。对此,可以理解为两个方面:其一是下垫面条件是动态的,即根据不同时期的人类活动的影响确定其下垫面条件;其二是开发利用条件是动态的,即根据不同时期的社会经济发展需求确定其开发利用条件。动态评价可以量化人类活动对陆地水循环在水循环以及水资源量变化方面的影响;评估水资源随土地利用、都市化、工业化及水利工程等变化而变化的特性,区分出水资源变化过程中人的因素,为流域水资源规划与调控提供全面的科学基础。

第十一章　基于二元水循环模型的水资源综合评价

第一节　二元模式的提出与水循环系统演进

一、二元水循环模式的提出

天然状态下,流域水分在太阳辐射能、势能和其他能量的作用下不断运移转化,其循环内在驱动力表现为"一元"的自然力。而随着人类活动对于流域水循环过程影响的深度和广度加深,流域水循环的内在驱动力呈现出明显的二元结构,在强烈人类活动干扰地区,这种人工作用下影响越来越大,在某些方面甚至超过了天然作用力的影响。这种情况下,"忽略"或是"剔除"人工作用力的影响的处理方法都会造成水循环过程和规律认知上的失真,而需要将人工驱动力作为与自然作用力并列的内生驱动力,然后研究"自然－人工"二元驱动力作用下流域水循环过程及其伴生的水资源演化规律。

本次研究在相关前期研究的基础上,提出"天然－人工"二元流域水循环模式,简单表述为:所谓流域二元水循环模式,即自然力－人工力"二元"驱动力共同作用下流域水循环基本过程及其所表现出来的客观规律。

二、二元驱动下的流域水循环系统演进

如前所述,本次研究中的流域水循环系统主要侧重于地表流域水循环系统(包括浅层地下水循环系统),由水分、环境和能量三大基本要素组成。

与天然的一元水循环模式相比,二元模式下的流域水循环系统三大构成要素发生了全面变化,主要包括:①水分。一是水量增减,如温室效应引起降水量的变化,跨流域调水引起的流域径流量的增减;二是水质变化,如因点面源污染物的排放、引水、灌溉等人类活动引起天然水质变化;三是水沙变化,如生态建设或是生态破坏引起天然本底水沙组合的变化等。②环境。主要包括下垫面改变、各项水利工程的兴建等。③能量。主要包括新能量输入(如电力提水扬水)以及改变能量转化过程(如修建水库积蓄势能以便引水灌溉)等。

由于人工驱动力全面改变了流域水循环系统的三大构成要素,因而流域水循环系统也发生深刻演进,突出表现为循环结构和循环要素项的演变。从循环结构来看,二元模式水循环结构也呈现出明显的二元化,即人工取用水在流域天然"坡面－河道"主循环的大框架内,形成了由"取水—输水—用水—排水—回归"五个环节构成的侧支循环圈。由于天然主循环与人工侧支循环的径流通量之间存在着动态互补依存关系,因此人工侧支循环圈的形成和通量的增加,必然引起伴随流域二元水循环的水沙过程、水盐过程、水化学

过程和水生态过程的相应演化;从循环要素项来看,在人工驱动力影响下,流域水循环的各要素项都发生了演化,其中降水主要受温室效应和局地气候变化影响;蒸发与下垫面变化、人工取用水、温室效应等都有着直接的影响;入渗项明显受到下垫面变化影响,同时人工侧支循环圈的形成也生成了派生的入渗项;下垫面变化直接改变了一元模式下的流域产汇流规律,同时人工取用水也直接影响河道主循环的径流通量。

为客观描述不断增强的人类活动对于流域水资源形成与演化的巨大影响,本次研究将人工作用力作为与自然作用力并列的内生驱动力,从而提出了流域水资源"二元"演化模式,用来描述"自然－人工"双驱动力共同作用下流域水资源形成与演化的基本规律及其本质特征。所谓流域水资源二元演化模式就是指流域尺度"自然－人工"二元驱动力作用下的流域水资源形成与演化基本模式,其概念性模型可以简要表述为:

$$R = f\{P(n,a), C(n,a), E(n,a)\} \tag{11-1}$$

式中:R 为流域水资源;P 为降水或其他水分来源;C 为环境;E 为能量;n 为自然驱动力;a 为人工驱动力。

从式(11-1)可以看出,由于人工驱动项的作用,二元模式下的水资源演变过程与一元模式相比发生了系统变化,如温室效应和人工降水引起的宏观和微观降水系统变化,必然会引起流域水资源量及其时空变化,而污染则改变了水化学性质;下垫面变化是流域水资源生成环境演变的主要方面,影响着流域水资源的结构及其分量;而人工蓄水、引水和提水改变了自然水循环中的能量转化过程,从而影响流域水资源的耗散方式与速率。可以看出,二元模式客观体现了现代人类活动对于流域水资源演变过程的全面影响,是现代环境下的流域水资源演化过程的科学认知模式。

第二节　流域二元水循环过程模拟的实现

一、基于二元模式的流域水循环研究

流域二元水循环模式的提出,不单是一个科学概念的建立,它所带来的是水循环和水资源研究模式的变革,包括研究视角和研究手段都将发生巨大转变。

一元模式下的流域水资源研究,其研究的对象是天然状态下的流域水循环过程,因此研究大多数是基于"还原"的模式,即采用相关处理方法将人类活动影响予以"剔除",只剩下一元自然力的作用结果,具体研究过程可以概括为"实测－还原－建模－调控",如我国现行的水资源评价方法中,评价对象是天然水资源量,方法采用的是"还原"结合"修正"的方法。一元模式的研究至少存在三方面的明显缺陷:一是并非所有的人类活动影响都能被"分离"和"剔除",即还原的项目和内容往往是不完全的,因此还原结果也并非纯粹的一元驱动结果;二是还原的处理方式消除了人工驱动对于天然水循环过程的动态加速作用,也消除了二元驱动互为反馈的内在机制;三是在流域水循环的人类活动影响中,许多是不可逆而且会继续发生作用,因此还原出的"天然"水资源量是一个虚拟量,不利于未来水资源开发利用的实践指导。

与一元模式截然不同的是,二元模式研究的出发点首先是识别流域水循环过程中的

人工作用,然后在实测信息中将天然驱动项和人工驱动项进行分离,同时保持二者间的动态耦合关系,进而研究未来时期内两类分项的演进规律。对于不同时间断面的流域水循环实际演化结果,只需要将相应时间断面上的二元驱动项的演进结果进行实时耦合,即可得流域水循环的实际演进的结果。二元模式对于水循环研究过程可以概括为"实测—分离—耦合—建模—调控",所谓分离,是指在实测水文量中识别自然要素与人类活动影响各自的贡献;所谓耦合,是指对分离后的各项参量保持其间的动态联系。如对地表水开发利用所形成的人工侧支循环的影响计算,将人工侧支循环圈概化成取水(蓄、引、提)、输水、用水、排水四个基本环节,然后定量计算在每一过程环节的蒸发与渗漏项,并将其耦合到天然"坡面—河道"主循环中(如下渗补给地下水,地下水侧渗补给河道),通过对每一环节具体类型的蒸发、渗漏进行计算,可以对地表水侧支循环从起始点到回归点进行定量描述。可以看出,二元模式既确立了流域水循环过程中的人工驱动力作用,同时保持了流域水循环过程中的天然驱动和人工驱动的动态映射反馈关系,是一种面向强烈人类活动干扰下的现代水文认知模式。

二、流域二元水循环过程的模拟

水资源综合评价是反映现代环境变化条件下水资源演变规律的科学评价方法,只有采用流域二元水循环模型正确认知和真实模拟现代流域二元水循环过程的前提下,才能真正实现对不同层次水资源量的科学评价。

流域水循环系统包括天然水循环和人工侧支循环两大过程,因而流域二元水循环模拟包括两个方面:天然水循环过程模拟和人工侧支水循环过程模拟,两大过程的模拟既有独立性又相互耦合。

(一)天然水循环模拟

水文模型是模拟水文循环最有力的工具,几十年来,随着计算机和 GIS 技术的日益更新,大尺度分布式水文模型模拟水文循环的优势日益凸现,主要表现在既能够考虑各项水文气象因素信息的时空分异特征,也可以考虑流域下垫面时空变异特性,因而在模拟大尺度的水文过程中具有一定的精度,并能够进行宏观规划研究。其模拟过程见图 11-1。

(二)人工侧支循环模拟

人工侧支循环包括三部分:一是人类对下垫面的改造,包括农业活动、水利工程建设、水土保持以及城市化建设等,

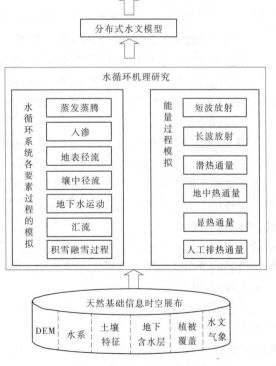

图 11-1　天然水循环模拟过程

对其进行时空展布后直接放在分布式水文模型中;二是人类对水资源包括供水－用水－
耗水－排水等的人工取用水过程,根据流域水资源调控模型进行分析研究,见图11-2;三
是人类活动导致的气候变化,本书仅作为情景分析,不作深入研究。

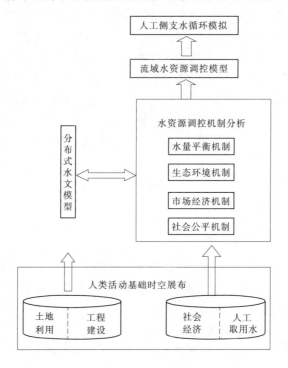

图11-2　人工侧支水循环模拟过程

(三)"天然－人工"二元水循环系统模拟

依据上述流域水循环研究模式,其模拟过程也包括"分离"和"耦合"两大步骤,即首
先对流域水文过程和人工取用水过程分离模拟,然后利用它们之间的动态依存关系实现
二者的耦合模拟,以实现二元水循环过程的分项和整体认知。

1. 分离

20世纪50年代开始,人们开始大规模利用水文模型来描述流域水循环的过程和规
律。发展至今,随着计算机技术、"3S"技术等的发展,考虑水文变量空间分异性的分布式
流域水文模型成为模拟流域水文过程的最有前景的手段。分布式的流域水文模型不仅能
够考虑各项水文气象因素信息的空间分异特征,同时也可以考虑流域下垫面空间变异特
性,因此只要在分布式流域水文模型的输入信息中加入下垫面变化内容,就可以模拟人类
活动引起的流域下垫面变化所带来的流域水循环和水资源演变后效。本次研究将构建有
物理机制的分布式流域水文模型来实现流域水文过程的精细模拟,包括下垫面变化所带
来水文效应的模拟。

人工取用水过程主要受水资源配置和水资源调度影响。由于水资源调配属于规划层面
的内容,为满足一定规划时段和规划范围需求,一般采用集总式模型来实现对流域水资源调
配过程的模拟,主要包括流域/区域水资源的供需平衡模拟和基于配置方案的水资源调度模
拟。本次研究将构建集总式的流域水资源调配模型来实现流域人工取用水过程的模拟。

2. 耦合

流域分布式水文模型和集总式水资源调配模型的耦合是实现二元水循环过程的整体模拟的关键。影响分布式水文模型和集总式配置模型耦合最主要的问题是分布式信息和集总式信息的匹配与融合问题。实际上,供用水信息本身具有时空分布特性,而统计和规划信息都是面向一定的时段和区域的,因此统计信息和规划信息都是一定时空域上的积分信息。本次研究在保留集总式调配模型的各项供用水调配规则的基础上,采用将调配模型输出的集总式供用水信息分别在时间域和空间域进行二维离散化,使其转化成为能够与分布式的水文过程信息兼容的有效信息,然后在统一的 GIS 平台上,实现流域水文模拟模型和水资源配置模型的耦合,共同完成流域二元水循环过程的联合模拟。我们将这种流域分布式水文模型和流域集总式水资源调配模型的耦合模型定义为"流域二元水循环模拟模型"(见图 11-3)。

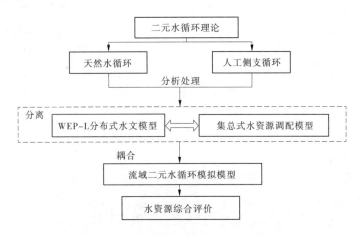

图 11-3 水资源综合评价方法研究示意

第三节 基于流域二元水循环过程模拟的水资源综合评价

流域二元水循环模拟模型模拟了二元水循环的垂直和水平通量,为水资源综合评价提供了基础平台,是进行分析和评价水资源的有利工具,见图 11-4。

一、层次化评价

(一)狭义水资源量
狭义水资源量,采用如下公式进行计算:

$$W = R + D \tag{11-2}$$

式中:W 为狭义水资源总量;R 为地表水资源量;D 为不重复量。

可将地表水资源量划分为坡面径流量(R_o)、壤中流(R_r)和河川基流量(R_g)。不重复量为降水入渗补给地下水量扣除地下水出流,即 $P_r - R_g$,则上式可以改为:

$$W = R_o + R_r + P_r \tag{11-3}$$

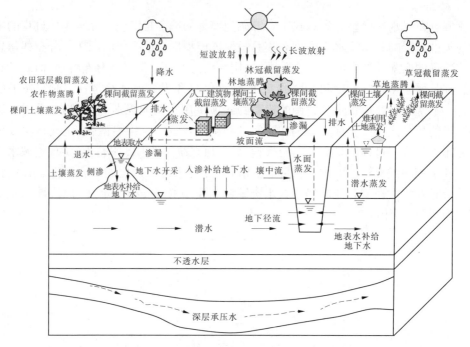

图 11-4 流域二元水循环模拟模型示意

(二)广义水资源量

根据以上概念的辨析,地表的有效和无效蒸散发量计算公式如下:

$$E_{有效} = E_{冠层截流} + E_{蒸腾} + E_{地表截流} + E_{土壤水} + E_{水面} \tag{11-4}$$

式中:$E_{有效}$ 为有效蒸散发量;$E_{冠层截流}$ 为冠层截流蒸发量;$E_{蒸腾}$ 为耕地/林草蒸腾蒸发量;$E_{地表截流}$ 为耕地/林草棵间地表截流有效蒸发量(根据有效蒸发比例计算)以及居工地地表截流蒸发量;$E_{土壤水}$ 为耕地/林草棵间土壤水蒸发量(根据有效蒸发比例计算);$E_{水面}$ 为沼泽地、滩地及滩涂等水域未包含在狭义水资源量中的水面蒸发量。

$$E_{无效} = E_{地表截流'} + E_{土壤水'} + E_{冰川} \tag{11-5}$$

式中:$E_{无效}$ 为无效蒸散发量;$E_{地表截流'}$ 为林草大棵间地表截流蒸发量以及沙地、戈壁、盐碱地、裸土地、裸岩石砾地及其他土地利用类型上的地表截流蒸发量;$E_{土壤水'}$ 为林草大棵间土壤水蒸发量及裸土地的土壤水蒸发量;$E_{冰川}$ 为永久性冰川雪地的水面蒸发量。

广义水资源总量等于地表有效蒸散发量与狭义水资源总量之和,可用式(11-6)表示:

$$W_s = W + E_{有效} \tag{11-6}$$

式中:W_s 为广义水资源量;W 为狭义水资源量;$E_{有效}$ 为有效蒸散发量,即降水的有效利用量。

(三)国民经济可利用量

地表水可利用量是指在可预见的时期内,在统筹考虑河道内生态环境和其他用水的基础上,通过经济合理、技术可行的措施,可供河道外生活和生产的一次性最大水量(不包括回归水的重复利用),是某一流域天然河川径流开发利用的极限阈值。

从定义可以看出,地表水可利用量应满足三个条件:一是要考虑河道内生态可持续发展,维持河道功能需水。对于维持河道基本功能以免造成生态恶化的水量,应该先预留出来。同时,经济社会用水应兼顾河道内和河道外用水,遵循经济合理的原则,河道内经济社会需水量主要包括航运、水力发电、旅游、水产养殖等部门的用水,将河道内经济社会需水量也作为预留水量,维持河道功能需水和河道内经济社会需水量统称河道内生态需水量。由于河道内水量能够重复利用,可兼顾多种功能,因此取各项需水量中最大值作为河道内生态需水量。二是考虑河道外生态需水,主要指以防止环境恶化为目的的人工维持生态所需水量,包括为生态目的种植的人工林草灌溉水需水量、用于维持城市景观所需水量、农业灌溉抬高水位支撑的生态需水量、湖泊补水需水量以及水土保持造林种草所需水量等。三是要考虑经济技术可行性,现有技术条件不可控制的水量不具有可利用性,主要采用流域控制断面汛期的下泄水量进行计算。因此,地表水可利用量为河川径流量扣除河道内生态需水量、河道外生态需水量以及河道内不可控水量(主要指汛期不可控水量)。计算公式如下:

$$W_{\text{地表可利用量}} = R - R_{gmin} - Rec - R_{smax} \tag{11-7}$$

式中:$W_{\text{地表可利用量}}$为地表水可利用量;R为地表水资源量;R_{gmin}为河道内生态需水量;Rec为河道外生态需水量;R_{smax}为河道内不可控水量。

　　地下水可开采量指在可预见的时期内,在统筹考虑生态平衡的基础上,综合考虑地表水和地下水开采条件,通过经济合理、技术可行的措施,在不引起地下水位持续下降、地面塌陷等生态环境恶化条件下允许从含水层中获取的最大水量。从定义可以看出,地下水可开采量也应该满足两个条件:一是满足生态平衡,即地下水的补给与排泄平衡,地下水的开采应以不牺牲含水层的可持续利用为原则;同时考虑地下水位不能降至区域最低生态地下水位以下。二是考虑开发成本,统筹考虑地表和地下水的开采条件以及地表和地下水的水力交换条件。深层含水层补给比较缓慢,可再生性较差,因此地下水可开采量应该仅考虑潜水含水层。对于北方地区山丘区,如黄河流域,地下水资源量中约80%以上水量是与地表水重复的河川基流量。山丘区地下水开采,不可避免地袭夺河川基流量,改变地表水和地下水交换的水力条件,因此在考虑山丘区地下水可开采量时,除考虑地区地下水的分布特点外,还要统筹考虑各地经济条件,以及水资源分配中地表水和地下水开发的经济合理性。

　　国民经济可利用量为地表水可利用量加上地下水与地表水不重复的可开采量,主要只考虑降水形成的地下水补给量的可开采量。

二、循环效用评价

(一)生态和经济服务量评价

　　经济服务量包括流域供水、发电、航运、耕地及居工地对降水的有效利用等用水量。流域供水、发电、航运用水量根据统计数据得出,供水包括引用地表水和开采地下水,发电主要是利用地表水;耕地及居工地对降水的有效利用量利用模型计算求出。

　　生态服务量主要计算植被系统维持、河道维持、湿地系统维持、地下水系统维持及水生境维持水量。其他支持功能是这些水量的附属功能,是属于人类精神生活的满足和享受,是受价值观以及文化和宗教背景影响的,是更高范畴的生态服务,本书不作研究。

植被系统维持水量包括维持森林和草地等天然植被和人工植被正常生长的水量,采用植被的有效蒸散发量计算,包括植被蒸腾量、植被截流蒸发量、棵间土壤截流蒸发量和棵间土壤蒸发量四项。

河道维持水量包括维持河床基本形态,保障河道输水能力,维系河流的最基本环境功能不受破坏的水量,维持河口冲淤保港或防潮压碱水量,采用水面蒸发量、渗漏量以及输沙用水量计算。当河道维持水量不能满足河道基本生态需水量时,则水的服务水量按零计算。

湿地系统维持水量包括维持湖泊、滩涂和沼泽地等湿地系统存在及功能发挥的水量,按水面蒸发量、渗漏量、沼泽地植被蒸腾量和土壤蒸发量进行计算。当湿地系统维持水量不能满足湿地基本生态需水量时,则水的服务水量按零计算。

地下水系统维持水量是指维护地下含水层及其相关联的生态系统的良性循环的水量,从广义上讲,区域的地下水资源量对于维持地下水含水系统都有一定的作用,但过于宽泛的定义不利于对区域水资源问题的分析,并将使问题复杂化。本书以地下水是否超采为判断标准,如果地下开采量超过可开采量限度,则水资源丧失了维持含水层基本的服务功能,服务水量按零进行计算,否则服务水量按地下水资源量扣除实际开采量进行计算。

水生境维持水量是在水资源量中必须留出一部分水量为那些生活在淡水系统中的形形色色的所有生物留出足够的生境,它对于维护生物多样性具有不可替代的作用。水生境维持水量根据世界环境与发展委员会(WECD)提出的 12% 的水量作为保护生物多样性(WECD,1987)的水量。

(二)高效与低效水分评价

根据以上概念的辨析,高效和低效水量计算公式如下:

$$E_{高效} = W + E_{冠层截流} + E_{植被} + E_{居工地} + E_{水面} \tag{11-8}$$

式中:$E_{高效}$为高效蒸发量;W为狭义水资源总量;$E_{冠层截流}$为冠层截流蒸发量;$E_{植被}$为耕地/林草蒸腾量;$E_{居工地}$为居工地蒸发量;$E_{水面}$为沼泽地、滩地及滩涂等水域未包含在狭义水资源量中的水面蒸发量。

$$E_{低效} = E_{棵间土壤} + E_{棵间} \tag{11-9}$$

式中:$E_{低效}$为低效蒸发量;$E_{棵间土壤}$为耕地/林草棵间地表截流蒸发量;$E_{棵间}$为耕地/林草棵间土壤蒸发量。

三、动态评价

以上的水资源评价采用的是 2000 年的下垫面以及 2000 年实际用水条件下的水资源状况,为指导未来流域水资源中长期规划,本次研究利用二元耦合模型对伊洛河流域2020 年水资源进行评价;下垫面情景以 2000 年现状下垫面为基础,根据各省区相关专项规划(如水土保持规划、灌溉面积发展规划、城市化发展规划等),结合历史未来演变规律分析,在 GIS 平台上综合处理得到,用水条件根据相关规划进行设定,预测 2020 年的下垫面条件和用水条件下模拟流域水循环,评价流域的水资源状况。

第十二章 流域二元水循环模拟模型

第一节 基本结构

本书主要基于 WEP–L 分布式流域水文模型与集总式的水资源调配模型耦合的流域水循环二元演化模型,模拟三川河流域的水循环和水资源演化过程。流域水循环二元演化模型的基本构架示意图,见图 12-1。

蓄水、取水、输水、用水和排水等人工侧支水循环过程,与降雨、地表与冠层截流、蒸发蒸腾、入渗、地表径流、壤中径流和地下径流等天然水循环要素过程密切关联、相互作用,形成"天然–人工"双驱动力作用下的流域水资源二元演化结构。因此,我们建立流域水循环二元演化模型的步骤是:先分离再耦合,即首先建立"分布式流域水循环模拟模型"模拟各水循环与能量循环要素过程,建立"集总式水资源调控模型"模拟人工侧支水循环过程中的水量分配问题,然后将二者紧密耦合起来。

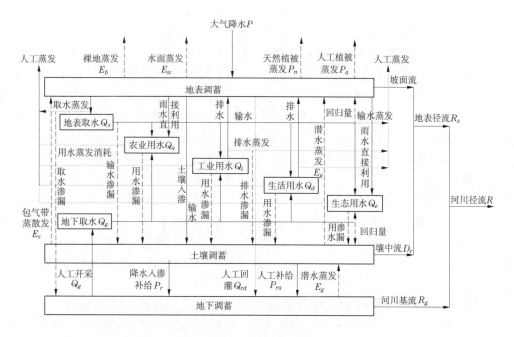

图 12-1 流域水循环二元演化模型的基本构架示意

第二节　分布式流域水循环模拟模型构建

一、模型概述

WEP - L(Modeling Water and Energytransfer Processesin Large Riverbasins)分布式水循环模拟模型是建立在国家"十五"科技攻关重点项目"黑河流域水资源调配和信息管理系统"(中国水利水电科学研究院水资源所,2003)所开发的 IWHR - WEP 模型基础之上,并在黄河流域"973"项目中得到改进。IWHR - WEP 模型以长方形或正方形网格为计算单元,是网格分布式流域水文模型,便于使用 GIS 和卫星遥感数据,并具有物理概念强、计算精度高和速度快等特点。IWHR - WEP 模型的原型是 WEP 模型(Water and Energy transfer Process model,水与能量转化过程模型)。IWHR - WEP 模型取名于中国水利水电科学研究院的英文名称(Institute of Water Resources & Hydropower Research)缩写和对 WEP 模型的继承。黑河"十五"攻关研究时针对我国内陆河流域的特点,对 WEP 模型进行了改进并加以验证,特别是增加了积雪融雪模块和干旱地区灌溉系统模拟模块。WEP 模型(Jia etal,1998,2001,2002)开发于 1995 年至 2002 年间,已在日本和韩国的多个流域得到验证和应用,并于 2002 年 10 月获日本国著作权登录,目前正在日本战略性基础研究推进事业项目(CREST)"都市生态圈、大气圈和水圈中的水量能量交换"课题中使用。

WEP 模型及 IWHR - WEP 模型最大的特点是对分布式流域水文模型与 SVATS 模型的综合,即耦合模拟了水循环过程与能量循环过程,对植被和各类下垫面的蒸发蒸腾进行了详细计算。为提高计算效率,WEP 模型和 IWHR - WEP 模型对非饱和土壤水运动的模拟采取了比 SHE 模型简化的算法,但强化了对植物耗水与热输送过程的模拟。WEP 模型对水循环与能量循环各过程的描述大都是基于物理概念,因此该模型基本属于分布式物理水文模型范畴。换言之,WEP 模型的所有参数均有物理意义,均可测量或推算,因此该模型具有预测未来环境变化下流域水资源演化问题和向资料缺乏地区推广应用的潜力。此外,IWHR - WEP 模型还具有以下 5 个特点:①模拟内容包括水循环的全部过程及其相互作用,既遵守水量平衡原理又遵守能量平衡原理,能够给出详细的流域水收支和水资源量;②网格单元内采用了"马赛克"法以考虑土地利用的空间变异,对大流域粗格子计算特别有利;③由于对降雨入渗的模拟采取了简化算法、对坡面汇流按预先设定的汇流方向进行一维计算等,和 SHE 等其他物理模型相比,计算时间大大缩短;④既可用于洪水预报又可用于长期连续计算;⑤除流域产汇流计算外,还具有流量成分分离、热收支计算和水质模拟等功能。

在 IWHR - WEP 模型基础之上改进的 WEP - L 模型,具有以下主要特点:

(1)WEP - L 模型在综合分布式流域水文模型和陆面地表过程模型(SVATS 模型)各自优点的基础上,耦合了水循环与能量交换过程的模拟。与传统水文模型相比,该模型在计算产汇流的同时,还详细计算了植被的耗水过程和地下水流动过程,因此能够计算植被生态需水和进行广义水资源评价,能够分清哪些河段是河水渗漏、哪些河段是地下水溢出,能够给出各计算单元的水通量与能量通量和详细的流域水收支等。

（2）采用"子流域内等高带"为计算单元并用"马赛克"法考虑计算单元内土地覆被的多样性，既能够表述水文变量空间变异特征，又提高了模型的计算效率。

（3）子流域划分和数字河网建立在1 km数字高程模型（DEM）和实测河流矢量图之上，并根据空间拓扑关系进行编码，既保证了子流域内的水量平衡，又保证了汇流路径和流速均不失真，能够提高径流过程的预测精度和预见期。

（4）在产汇流计算中体现了变水源区（VSA）理论，能够描述水沿地形向河谷汇集的过程，模拟各种产流（包括超渗、蓄满产流及泉水溢出等）机理。

（5）针对各水循环要素过程的特点，采用变时间步长（强降雨时期入渗产流过程采用1 h、坡地与河道汇流过程采用6 h而其余的过程采用1 d）进行模拟计算，既保证了水循环动力学机制的合理表述又提高了计算效率。

（6）在地表水、土壤水和地下水的联合计算时，考虑了非饱和土壤水和浅层地下水界面的动态变化，并且考虑了地下水埋深较深时的降雨入渗补给滞后效应，同时考虑了河道水体和浅层地下水的动态交换，因此该模型能够做到"地表水、地下水以及土壤水的联合动态评价"。

（7）通过与集总式水资源调控模型的交互耦合，将灌区引水口、水库落实到具体的计算河段，将灌溉用水落实到田间，做到人工用排水系统与天然水循环系统的紧密耦合。

（8）与国际同类模型相比，模型计算速度快，该模型不但能用来做短期洪水预报，也能用来做长系列连续计算、进行水资源评价分析。

二、模型结构

WEP－L模型的平面结构如图12-2所示。坡面汇流计算根据各等高带的高程、坡度与曼宁糙率系数（各类土地利用的谐和均值），采用一维运动波法将坡面径流由流域的最上游端追迹计算至最下游端。各条河道的汇流计算，根据有无下游边界条件采用一维运动波法或动力波法由上游端至下游端追迹计算。地下水流动分山丘区和平原区分别进行数值解析，并考虑其与地表水、土壤水及河道水的水量交换。

WEP－L模型各计算单元的铅直方向结构如图12-3所示。从上到下包括植被或建筑物截流层、地表洼地储留层、土壤表层、过渡带层、浅层地下水层和深层地下水层等。状态变量包括植被截流量、洼地储留量、土壤含水率、地表温度、过渡带层储水量、地下水位及河道水位等。主要参数包括植被最大截流深、土壤渗透系数、土壤水分吸力特征曲线参数、地下水透水系数和产水系数、河床的透水系数和坡面、河道的糙率等。为考虑计算单元内土地利用的不均匀性，采用了"马赛克"法即把计算单元内的土地归成数类，分别计算各土地类型的地表面水热通量，取其面积平均值为计算单元的地表面水热通量。土地利用首先分为裸地－植被域、灌溉农田、非灌溉农田、水域和不透水域5大类。裸地－植被域又分为裸地、草地和林地3类，不透水域分为城市地面与都市建筑物2类。另外，为反映表层土壤的含水率随深度的变化和便于描述土壤蒸发、草或作物根系吸水和树木根系吸水，将透水区域的表层土壤分割成3层。

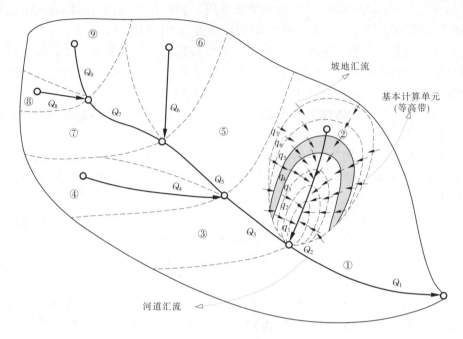

图 12-2　WEP－L 模型的平面结构

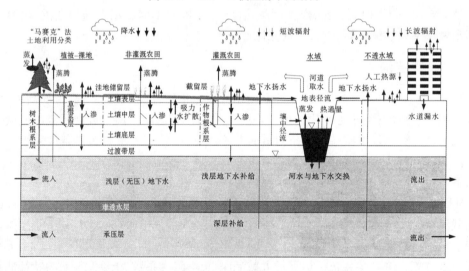

图 12-3　WEP－L 模型的铅直方向结构(基本计算单元内)

三、水循环系统各要素过程的模拟

(一)蒸发蒸腾

蒸发蒸腾不仅通过改变土壤的前期含水率直接影响产流,也是生态用水和农业节水等应用研究的重要着眼点,因此准确计算蒸发蒸腾具有特别重要的意义。因为 WEP 模型采用了"马赛克"结构考虑计算单元内的土地利用变异问题,每个计算单元内的蒸发蒸腾可能包括植被截流蒸发、土壤蒸发、水面蒸发和植被蒸腾等多项,并按照土壤—植被—大气通量交换方法(SVATS)、采用 Noilhan – Planton 模型、Penman 公式和 Penman – Monteith 公式等进行了详细计算。同时,由于蒸发蒸腾过程和能量交换过程客观上融为一体,为计算蒸发蒸腾,地表附近的辐射、潜热、显热和热传导的计算不可缺少,而这些热通量又均是地表温度的函数。为减轻计算负担,热传导及地表温度的计算采用了强制复原法。

计算单元内的蒸发蒸腾包括来自植被湿润叶面(植被截流水)、水域、土壤、都市地表面、都市建筑物等的蒸发,以及来自植被干燥叶面的蒸腾。计算单元的平均蒸发蒸腾量可由下式算出:

$$E = F_W E_W + F_U E_U + F_{SV} E_{SV} + F_{IR} E_{IR} + F_{NI} E_{NI} \tag{12-1}$$

式中:F_W、F_U、F_{SV}、F_{IR}、F_{NI} 分别为计算单元内水域、不透水域、裸地 – 植被域、灌溉农田及非灌溉农田的面积率,(%);E_W、E_U、E_{SV}、E_{IR}、E_{NI} 分别为计算单元内水域、不透水域、裸地 – 植被域、灌溉农田及非灌溉农田的蒸发量或蒸发蒸腾量。

水域的蒸发量(E_W)由下述 Penman 公式(Penman,1948)算出:

$$E_W = \frac{(R_N - G)\Delta + \rho_a C_p \delta_e / r_a}{\lambda(\Delta + \gamma)} \tag{12-2}$$

式中:R_N 为净放射量;G 为传入水中的热通量;Δ 为饱和水蒸气压对温度的导数;δ_e 为水蒸气压与饱和水蒸气压的差;r_a 为蒸发表面的空气动力学阻抗;ρ_a 为空气的密度;C_p 为空气的定压比热;λ 为水的气化潜热;γ 为 C_p/λ。

裸地 – 植被域蒸发蒸腾量(E_{sv})由下式计算:

$$E_{sv} = E_{i1} + E_{i2} + E_{tr1} + E_{tr2} + E_s \tag{12-3}$$

式中:E_i 为植被截流蒸发(来自湿润叶面);E_{tr} 为植被蒸腾(来自干燥叶面);E_s 为裸地土壤蒸发。另外,下标 1 表示高植被(森林、都市树木),下标 2 表示低植被(草)。

植被截流蒸发(E_i)使用 Noilhan – Planton 模型(Noilhan & Planton,1989)计算:

$$E_i = V_{eg} \cdot \delta \cdot E_p \tag{12-4}$$

$$\frac{\partial W_r}{\partial t} = V_{eg} \cdot P - E_i - R_r \tag{12-5}$$

$$R_r = \begin{cases} 0 & W_r \leqslant W_{r\max} \\ W_r - W_{r\max} & W_r > W_{r\max} \end{cases} \tag{12-6}$$

$$\delta = (W_r / W_{r\max})^{2/3} \tag{12-7}$$

$$W_{r\max} = 0.2 \cdot V_{eg} \cdot LAI \tag{12-8}$$

式中:V_{eg} 为裸地 – 植被域的植被面积率;δ 为湿润叶面的面积率;E_p 为可能蒸发量(由 Penman 方程式计算);W_r 为植被截流水量;P 为降雨量;R_r 为植被流出水量;$W_{r\max}$ 为最大植被截流水量;LAI 为叶面积指数。

植被蒸腾由 Penman – Monteith 公式(Monteith,1973)计算:

$$E_{tr} = V_{eg} \cdot (1 - \delta) \cdot E_{PM} \tag{12-9}$$

$$E_{PM} = \frac{(R_N - G)\Delta + \rho_a C_p \delta_e / r_a}{\lambda[\Delta + \gamma(1 + r_c / r_a)]} \tag{12-10}$$

式中:R_N 为净放射量;G 为传入植被体内的热通量;r_c 为植物群落阻抗(canopyresistance)。

　　蒸腾属于土壤－植物－大气连续体(SPAC:Soil－Plant－Atmosphere Continuum)水循环过程的一部分,受光合作用、大气湿度、土壤水分等的制约。这些影响通过式(12-10)中的植物群落阻抗(r_c)来考虑,详见后述。

　　植被蒸腾是通过根系吸水由土壤层供给。根系吸水模型参见雷志栋等(1985)研究。假定根系吸水率随深度线性递减、根系层上半部的吸水量占根系总吸水量的70%,则可得下式:

$$S_r(z) = \left(\frac{1.8}{\ell_r} - \frac{1.6}{\ell_r^2}z \right) E_{tr} \qquad (0 \leq z \leq \ell_r) \tag{12-11}$$

$$E_{tr}(z) = \int_0^z S_r(z)\,\mathrm{d}z = \left(1.8\frac{z}{\ell_r} - 0.8\left(\frac{z}{\ell_r}\right)^2 \right) E_{tr} \quad (0 \leq z \leq \ell_r) \tag{12-12}$$

式中:E_{tr} 为蒸腾量;ℓ_r 为根系层的厚度;z 为离地表面的深度;$S_r(z)$ 为深度 z 处的根系吸水强度;$E_{tr}(z)$ 为从地表面到深度 z 处的根系吸水量。

　　灌溉农田和非灌溉农田的作物蒸腾计算与裸地－植被域类似。根据以上公式,只要给出植物根系层厚,即可算出其从土壤层各层的吸水量(蒸腾量)。在本研究中,认为草与农作物等低植物的根系分布于土壤层的一、二层,而树木等高植物的根系分布于土壤层的所有三层。结合土壤各层的水分移动模型(见后述),即可算出各层的蒸腾量。

　　裸地土壤蒸发由下述修正 Penman 公式(Jia,1997)计算:

$$E_s = \frac{(R_n - G)\Delta + \rho_a c_p \delta_e / r_a}{\lambda(\Delta + \gamma/\beta)} \tag{12-13}$$

$$\beta = \begin{cases} 0 & (\theta \leq \theta_m) \\[2mm] \frac{1}{4}\left[1 - \cos(\pi(\theta - \theta_m)/(\theta_{fc} - \theta_m)) \right]^2 & (\theta_m < \theta < \theta_{fc}) \\[2mm] 1 & (\theta \geq \theta_{fc}) \end{cases} \tag{12-14}$$

式中:β 为土壤湿润函数或蒸发效率;θ 为表层(一层)土壤的体积含水率;θ_{fc} 为表层土壤的田间持水率;θ_m 为单分子吸力(pF6.0 ~ 7.0)对应的土壤体积含水率(Nagaegawa,1996)。

　　不透水域的蒸发及地表径流用下述方程式求解:

$$E_u = cE_{u1} + (1 - c)E_{u2} \tag{12-15}$$

$$\frac{\partial H_{u1}}{\partial t} = P - E_{u1} - R_{u1} \tag{12-16}$$

$$E_{u1} = \begin{cases} E_{u1\max} & (P + H_{u1} \geq E_{u1\max}) \\ P + H_{u1} & (P + H_{u1} < E_{u1\max}) \end{cases} \tag{12-17}$$

$$R_{u1} = \begin{cases} 0 & (H_{u1} \leq H_{u1\max}) \\ H_{u1} - H_{u1\max} & (H_{u1} > H_{u1\max}) \end{cases} \tag{12-18}$$

$$\frac{\partial H_{u2}}{\partial t} = P - E_{u2} - R_{u2} \tag{12-19}$$

$$E_{u2} = \begin{cases} E_{u2\max} & (P + H_{u2} \geq E_{u2\max}) \\ P + H_{u2} & (P + H_{u2} < E_{u2\max}) \end{cases} \tag{12-20}$$

$$R_{u2} = \begin{cases} 0 & (H_{u2} \leqslant H_{u2\max}) \\ H_{u2} - H_{u2\max} & (H_{u2} > H_{u2\max}) \end{cases} \tag{12-21}$$

式中:P 为降雨;H_u 为洼地储蓄;E_u 为蒸发;R_u 为表面径流;$H_{u\max}$ 为最大洼地储蓄深;$E_{u\max}$ 为潜在蒸发(由 Penman 公式计算);c 为都市建筑物在不透水域的面积率;下标 1 表示都市建筑物、2 表示都市地表面。

(二)入渗

降雨时的地表入渗过程受雨强和非饱和土壤层水分运动所控制。由于非饱和土壤层水分运动的数值计算既费时又不稳定,而许多研究表明,除坡度很大的山坡外,降雨过程中土壤水分运动以垂直入渗占主导作用,降雨之后沿坡向的土壤水分运动才逐渐变得重要,因此 WEP 模型采用 Green-Ampt 铅直一维入渗模型模拟降雨入渗及超渗坡面径流。Green-Ampt 入渗模型物理概念明确,所用参数可由土壤物理特性推出,并已得到大量应用验证。Mein-Larson(1973)及 Chu(1978)曾将 Green-Ampt 入渗模型应用于均质土壤降雨时的入渗计算,Moore-Eigel(1981)将 Green-Ampt 入渗模型扩展到稳定降雨条件下的二层土壤的入渗计算。考虑到由自然力和人类活动(如农业耕作)等引起的土壤分层问题,Jia 和 Tamai 于 1997 年提出了实际降雨条件下的多层 Green-Ampt 模型,以下称通用 Green-Ampt 模型(见图 12-4)。

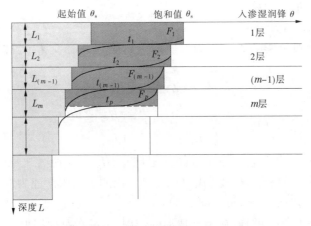

图 12-4　多层构造土壤的入渗示意

如图 12-4 所示,当入渗湿润锋到达第 m 土壤层时入渗能力由下式计算:

$$f = k_m \cdot \left(1 + \frac{A_{m-1}}{B_{m-1} + F}\right) \tag{12-22}$$

式中:f 为入渗能力;F 为累积入渗量;k_m、A_{m-1}、B_{m-1} 见后述。累积入渗量 F 的计算方法,视地表面有无积水而不同。

如果自入渗湿润锋进入第 $m-1$ 土壤层时起地表面就持续积水,那么累积入渗量由式(12-24)计算;如果前一时段 t_{n-1} 地表面无积水,而现时段 t_n 地表面开始积水,那么由式(12-25)计算。

$$F - F_{m-1} = k_m(t - t_{m-1}) + A_{m-1} \cdot \ln\left(\frac{A_{m-1} + B_{m-1} + F}{A_{m-1} + B_{m-1} + F_{m-1}}\right) \tag{12-23}$$

$$F - F_p = k_m(t - t_p) + A_{m-1} \cdot \ln\left(\frac{A_{m-1} + B_{m-1} + F}{A_{m-1} + B_{m-1} + F_p}\right) \tag{12-24}$$

$$A_{m-1} = \left(\sum_1^{m-1} L_i - \sum_1^{m-1} L_i k_m / k_i + SW_m\right)\Delta\theta_m \tag{12-25}$$

$$B_{m-1} = \left(\sum_1^{m-1} L_i k_m / k_i\right)\Delta\theta_m - \sum_1^{m-1} L_i \Delta\theta_i \tag{12-26}$$

$$F_{m-1} = \sum_1^{m-1} L_i \Delta\theta_i \tag{12-27}$$

$$F_p = A_{m-1}(I_p/k_m - 1) - B_{m-1} \tag{12-28}$$

$$t_p = t_{n-1} + (F_p - F_{n-1})/I_p \tag{12-29}$$

式中: SW 为入渗湿润锋处的毛管吸引压; k 为土壤层的导水系数; t 为时刻; F_p 为地表面积水时的累积入渗量; t_p 为积水开始时刻; I_p 为积水开始时的降雨强度; t_{m-1} 为入渗湿润锋到达第 m 层与第 $m-1$ 层交界面的时刻; L_i 为第 i 层入渗湿润锋离地表面的深度; $\Delta\theta$ 为 $\theta_s - \theta_0$; θ_s 为土壤层的含水率; θ_0 为土壤层的初期含水率。

(三) 地表径流

水域的地表径流等于降雨减蒸发,不透水域的地表径流按上述公式(12-15)至式(12-21)计算,而裸地 – 植被域(透水域)的地表径流则根据降雨强度是否超过土壤的入渗能力分以下两种情况计算。

1. 霍顿坡面径流(Hortonian overland flow)

当降雨强度超过土壤的入渗能力时将产生这类地表径流 $R1_{ie}$,即超渗产流,由下式计算:

$$\partial H_{SV}/\partial t = P - E_{SV} - f_{SV} - R1_{ie} \tag{12-30}$$

$$R1_{ie} = \begin{cases} 0 & (H_{SV} \leqslant H_{SV\max}) \\ H_{SV} - H_{SV\max} & (H_{SV} > H_{SV\max}) \end{cases} \tag{12-31}$$

式中: P 为降水量; H_{SV} 为裸地 – 植被域的洼地储蓄; $H_{SV\max}$ 为最大洼地储蓄深; E_{SV} 为蒸散发; f_{SV} 为由通用 Green – Ampt 模型(式(12-22))算出的土壤入渗能力。

2. 饱和坡面径流(Saturation overland flow)

对于河道两岸及低洼的地方,由于地形的作用,土壤水及浅层地下水逐渐汇集到这些地方,土壤饱和或接近饱和状态后遇到降雨便形成饱和坡面径流,即蓄满产流。此时,Green – Ampt 模型已无能为力,需根据非饱和土壤水运动方程来求解。为减轻计算负担,将表层土壤分成数层,按照非饱和状态的达西定律和连续方程进行计算:

$$\partial H_S/\partial t = P(1 - V_{eg1} - V_{eg2}) + V_{eg1} \cdot R_{r1} + V_{eg2} \cdot R_{r2} - E_0 - Q_0 - R1_{se} \tag{12-32}$$

$$R1_S = \begin{cases} 0 & (H_S \leqslant H_{S\max}) \\ H_S - H_{S\max} & (H_S > H_{S\max}) \end{cases} \tag{12-33}$$

$$\frac{\partial\theta_1}{\partial t} = \frac{1}{d_1}(Q_0 + QD_{12} - Q_1 - R_{21} - E_S - E_{tr11} - E_{tr21}) \tag{12-34}$$

$$\frac{\partial\theta_2}{\partial t} = \frac{1}{d_2}(Q_1 + QD_{23} - QD_{12} - Q_2 - R_{22} - E_{tr12} - E_{tr22}) \tag{12-35}$$

$$\frac{\partial \theta_3}{\partial t} = \frac{1}{d_3}(Q_2 - QD_{23} - Q_3 - E_{tr13}) \tag{12-36}$$

$$Q_j = k_j(\theta_j) \quad (j = 1,3) \tag{12-37}$$

$$Q_0 = \min\{k_1(\theta s), Q_{0\max}\} \tag{12-38}$$

$$Q_{0\max} = W_{1\max} - W_{10} - Q_1 \tag{12-39}$$

$$QD_{j,j+1} = \bar{k}_{j,j+1} \cdot \frac{\Psi_j(\theta_j) - \Psi_{j+1}(\theta_{j+1})}{(d_j + d_{j+1})/2} \quad (j = 1,2) \tag{12-40}$$

$$\bar{k}_{j,j+1} = \frac{d_j \cdot k_j(\theta_j) + d_{j+1} \cdot k_{j+1}(\theta_{j+1})}{d_j + d_{j+1}} \quad (j = 1,2) \tag{12-41}$$

式中：H_S 为洼地储蓄；$H_{S\max}$ 为最大洼地储蓄；V_{eg1}、V_{eg2} 为裸地－植被域的高植被和低植被的面积率；R_{r1}、R_{r2} 为从高植被和低植被的叶面流向地表面的水量；Q 为重力排水；$QD_{j,j+1}$ 为吸引压引起的 j 层与 $j+1$ 层土壤间的水分扩散；E_0 为洼地储蓄蒸发；E_S 为表层土壤蒸发；E_{tr} 为植被蒸散（第一下标中的 1 表示高植被、2 表示低植被）；R_2 为壤中径流；$k(\theta)$ 为体积含水率 θ 对应的土壤导水系数；$\Psi(\theta)$ 为体积含水率 θ 对应的土壤吸引压；d 为土壤层厚度；W 为土壤的蓄水量；W_{10} 为表层土壤的初期蓄水量。另外，下标 0、1、2、3 分别表示洼地储蓄层、表层土壤层、第 2 土壤层和第 3 土壤层。

（四）壤中径流

在山地丘陵等地形起伏地区，同时考虑坡向壤中径流及土壤渗透系数的各向变异性。壤中径流包括从山坡斜面饱和土壤层中流入溪流的壤中径流，以及从山间河谷平原不饱和土壤层流入河道的壤中径流两部分。第一部分的计算类似下节的地下水流出计算，而从山间河谷平原不饱和土壤层流入河道的壤中径流由下式计算：

$$R_2 = k(\theta)\sin(slope)Ld \tag{12-42}$$

式中：$k(\theta)$ 为体积含水率 θ 对应的沿山坡方向的土壤导水系数；$slope$ 为地表面坡度；L 为一计算单元内的河道长度；d 为不饱和土壤层的厚度。

（五）地下水运动、地下水流出和地下水溢出

地下水运动按多层模型考虑。将非饱和土壤层的补给、地下水取水及地下水流出（或来自河流的补给）作为源项，按照 BOUSINESSQ 方程进行浅层地下水二维数值计算。在河流下部及周围，河流水和地下水的相互补给量根据其水位差与河床材料的特性等按达西定律计算。另外，为考虑包气带层过厚可能造成的地下水补给滞后问题，在表层土壤与浅层地下水之间设一过渡层，用储流函数法处理。

浅层（无压层）地下水运动方程：

$$C_u \frac{\partial h_u}{\partial t} = \frac{\partial}{\partial x}\left[k(h_u - z_u)\frac{\partial h_u}{\partial x}\right] + \frac{\partial}{\partial y}\left[k(h_u - z_u)\frac{\partial h_u}{\partial y}\right] + (Q_3 + WUL - RG - E - Per - GWP)$$

$$\tag{12-43}$$

承压层地下水运动方程：

$$C_1 \frac{\partial h_1}{\partial t} = \frac{\partial}{\partial x}\left(k_1 D_1 \frac{\partial h_1}{\partial x}\right) + \frac{\partial}{\partial y}\left(k_1 D_1 \frac{\partial h_1}{\partial y}\right) + (Per - RG_1 - Per_1 - GWP_1) \tag{12-44}$$

式中：h 为地下水位（无压层）或水头（承压层）；C 为储留系数；k 为导水系数；z 为含水层

底部标高;D 为含水层厚度;Q_3 为来自不饱和土壤层的涵养量;WUL 为上水道漏水;RG 为地下水流出;E 为蒸发蒸腾;Per 为深层渗漏;GWP 为地下水扬水;下标 u 和 1 分别表示无压层和承压层。

地下水流出。根据地下水位(h_u)和河川水位(H_r)的高低关系(见图 12-5),地下水流出或河水渗漏由下式计算:

$$RG = \begin{cases} k_b A_b (h_u - H_r)/d_b & (h_u \geqslant H_r) \\ -k_b A_b & (h_u < H_r) \end{cases} \quad (12\text{-}45)$$

式中:k_b 为河床土壤的导水系数;A_b 为计算单元内河床处的浸润面积;d_b 为河床土壤的厚度。

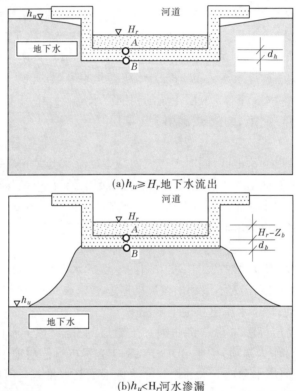

(a)$h_u \geqslant H_r$地下水流出

(b)$h_u < H_r$河水渗漏

图 12-5　地下水与河水交换示意

(六)坡面汇流和河道汇流

坡面汇流。由于超渗产流的存在,加上沟壑溪流的汇流亦可用等价坡面汇流近似,WEP – L 模型采用基于数字高程模型(DEM)的运动波(Kinematic Wave)模型计算坡面汇流。利用 DEM 和 GIS 工具,按最大坡度方向定出各计算单元的坡面汇流方向,并定出其在河道上的入流位置。

河道汇流。根据 DEM 并利用 GIS 工具,生成数字河道网,根据流域地图对主要河流进行修正。搜集河道纵横断面及河道控制工程数据,根据具体情况按运动波(Kinematic-Wave)模型或动力波(Dynamic Wave)模型进行一维数值计算。

运动波方程：

$$\frac{\partial A}{\partial t} + \frac{\partial Q}{\partial x} = q_L \quad （连续方程）\tag{12-46}$$

$$S_f = S_0 \quad （运动方程）\tag{12-47}$$

$$Q = \frac{A}{n}R^{2/3}S_0^{1/2} \quad （曼宁公式）\tag{12-48}$$

式中：A 为流水断面面积；Q 为流量；q_L 为计算单元或河道的单宽流入量（包含计算单元内的有效降雨量、来自周边计算单元及支流的水量）；n 为曼宁糙率系数；R 为水力半径；S_0 为计算单元地表面坡降或河道的纵向坡降；S_f 为摩擦坡降。

动力波方程（Saint Venant 方程）：

$$\frac{\partial A}{\partial t} + \frac{\partial Q}{\partial x} = q_L \quad （连续方程）\tag{12-49}$$

$$\frac{\partial Q}{\partial t} + \frac{\partial (Q^2/A)}{\partial x} + gA\left(\frac{\partial h}{\partial x} - S_0 + S_f\right) = q_L V_x \quad （运动方程）\tag{12-50}$$

$$Q = \frac{A}{n}R^{2/3}S_f^{1/2} \quad （曼宁公式）\tag{12-51}$$

式中：A 为流水断面面积；Q 为断面流量；q_L 为计算单元或河道的单宽流入量（包含计算单元内的有效降雨量、来自周边计算单元及支流的水量）；n 为曼宁糙率系数；R 为水力半径；S_0 为计算单元地表面坡降或河道的纵向坡降；S_f 为摩擦坡降；V_x 为单宽流入量的流速在 x 方向的分量。

地下水溢出。在低洼地，地下水上升后有可能直接溢出地表。出现这种情况时，则令地下水位等于地表标高，多余地下水蓄变量计为地下水溢出。

（七）积雪融雪过程

尽管"能量平衡法"对积雪融雪过程的描述提供了很好的物理基础，但由于求解能量平衡方程所需参数及数据多，因此在实践中常用简单实用的"温度指数法"（Temperature – index approach）或称"度日因子法"来模拟积雪融雪日或月变化过程。WEP－L 模型目前采用"温度指数法"计算积雪融雪的日变化过程：

$$SM = M_f(T_a - T_0)\tag{12-52}$$

$$\frac{\mathrm{d}S}{\mathrm{d}t} = SW - SM - E\tag{12-53}$$

式中：SM 为融雪量，mm/d；M_f 为融化系数或称"度日因子"，mm/（℃·d）；T_a 为气温指标，℃；T_0 为融化临界温度，℃；S 为积雪水当量，mm；SW 为降雪水当量，mm；E 为积雪升华量，mm。

"度日因子"既随海拔高度和季节变化，又随下垫面条件变化，常作为模型调试参数对待。一般情况下在 1 mm/（℃·d）和 7 mm/（℃·d）之间，且裸地高于草地，草地高于森林。气温指标通常取为日平均气温。融化临界温度通常在 –3 ℃和 0 ℃之间。另外，为将降雪与降雨分离，还需要雨雪临界温度参数（通常在 0 ℃和 3 ℃之间）。

四、能量循环过程的模拟

蒸发蒸腾与能量循环过程密切相关，WEP 模型对地表面－大气间的能量循环过程进行了比较详细的模拟。地表面的能量平衡方程可表示如下：

$$R_N + A_e = l_E + H + G \tag{12-54}$$

式中：R_N 为净放射量；A_e 为人工热排出量；l_E 为潜热通量；H 为显热通量；G 为地中热通量。

净放射量（R_N）由短波净放射量（R_{SN}）与长波净放射量（R_{LN}）相加求得：

$$R_N = R_{SN} + R_{LN} \tag{12-55}$$

WEP 模型包括日以内的能量循环过程模拟与日平均能量循环过程模拟两个模块，这里仅就在本课题中采用的日平均能量循环过程模拟部分作简要介绍。

（一）短波放射

在没有短波放射观测数据的情况下，通常由日照时间观测数据推算。日短波放射量的推算公式（Jia，1997）如下。

$$R_{SN} = RS(1 - \alpha) \tag{12-56}$$

$$RS = RS_0 \left(a_S + b_S \frac{n}{N} \right) \tag{12-57}$$

$$RS_0 = 38.5 d_r (\omega_S \sin\phi\sin\delta + \cos\phi\cos\delta\sin\omega_S) \tag{12-58}$$

$$d_r = 1 + 0.33\cos\left(\frac{2\pi}{365}J \right) \tag{12-59}$$

$$\omega_S = \arccos(-\tan\phi\tan\delta) \tag{12-60}$$

$$\delta = 0.409\,3\sin\left(\frac{2\pi}{365}J - 1.405 \right) \tag{12-61}$$

$$N = \frac{24}{\pi}\omega_S \tag{12-62}$$

式中：RS 为到达地表面的短波放射量，$MJ/(m^2 \cdot d)$；α 为短波反射率；RS_0 为太阳的地球大气层外短波放射量；a_S 为扩散短波放射量常数（在平均气候条件下为 0.25）；b_S 为直达短波放射量常数（在平均气候条件下为 0.5）；n 为日照小时数；N 为可能日照小时数；d_r 为地球与太阳之间的相对距离；ω_S 为日落时的太阳时角；ϕ 为观测点纬度（北半球为正，南半球为负）；δ 为太阳倾角；J 为 Julian 日数（1 月 1 日起算）。

（二）长波放射

在没有长波放射观测数据的情况下，日长波放射量的推算公式（Jia，1997）如下：

$$R_{LN} = R_{LD} - R_{LU} = -f\varepsilon\sigma(T_a + 273.2)^4 \tag{12-63}$$

$$f = a_L + b_L \frac{n}{N} \tag{12-64}$$

$$\varepsilon = -0.02 + 0.261\exp(-7.77 \times 10^{-4} T_a^2) \tag{12-65}$$

式中：R_{LN} 为长波净放射量，$MJ/(m^2 \cdot d)$；R_{LD} 为向下（从大气到地表面）长波放射量；R_{LU} 为向上（从地表面到大气）长波放射量；f 为云的影响因子；ε 为大气与地表面之间的净放射率；σ 为 Stefan – Boltzmann 常数（$4.903 \times 10^{-9} MJ/(m^2 \cdot K^4 \cdot d)$）；$T_a$ 为日平均气温，$℃$；a_L 为扩散短波放射量常数（在平均气候条件下为 0.25）；b_L 为直达短波放射量常数（在平均气候条件下为 0.5）；n 为日照小时数；N 为可能日照小时数。

(三)潜热通量

潜热通量的计算公式如下:

$$\ell = 2.501 - 0.002\,361 T_S \tag{12-66}$$

式中:ℓ 为水的潜热,MJ/kg;T_S 为地表温度。

(四)地中热通量

地中热通量的计算公式如下:

$$G = c_S d_S (T_2 - T_1)/\Delta t \tag{12-67}$$

式中:c_S 为土壤热容量,MJ/($m^3 \cdot \mathcal{C}$);d_S 为影响土层厚度,m;T_1 为时段初的地表面温度,$\mathcal{C}$;T_2 为时段末的地表面温度,$\mathcal{C}$;Δt 为时段,d。

(五)显热通量

显热通量可根据空气动力学原理计算如下:

$$H = \rho_a C_p (T_S - T_a)/r_a \tag{12-68}$$

式中:ρ_a 为空气的密度;C_p 为空气的定压比热;T_S 为地表面温度;T_a 为气温;r_a 为空气力学的抵抗。

虽然上式可与公式(12-67)及能量平衡方程联合,用迭代法求解 H、G 和 T_S,但计算量大且不稳定。考虑到日平均热通量和其他通量相比很小,本研究将日地表面温度变化由日气温变化近似,在求出地中热通量(公式(12-67))后,根据能量平衡方程求解显热通量如下:

$$H = (R_N + A_e) - (l_E + G) \tag{12-69}$$

(六)人工热排出量

在城市地区,工业及生活人工热消耗的排出量(A_e)对地表面能量平衡有一定影响,根据城市土地利用与能量消耗的统计数据加以考虑。

五、空气动力学阻抗与植被群落阻抗

(一)空气动力学阻抗

地表面附近大气中的水蒸气及热的输送遵循紊流扩散原理。近似中立大气的空气动力学阻抗(r_a)可由下式计算(Jia,1997):

$$r_a = \frac{\ln\left[(z-d)/z_{om}\right] \cdot \ln\left[(z-d)/z_{ox}\right]}{\kappa^2 U} \tag{12-70}$$

式中:z 为风速、湿度或温度的观测点离地面的高度;κ 为 von Karman 常数;U 为风速;d 为置换高度;z_{ox} 为运动量输送。根据 Monteith 理论,若植被高度为 h_c,则 $z_{om} = 0.123 h_c$、$z_{ov} = z_{oh} = 0.1 z_{om}$、$d = 0.67 h_c$;$z_{oh}$ 为(热输送)的粗度。

大气安定或不安定时,运动量、水蒸气及热输送还受浮力的影响,空气动力学阻抗需根据 Monin – Obukhov 相似理论计算(从略)。

(二)植被群落阻抗

植被群落阻抗是各个叶片的气孔阻抗的总和,Dickinson 等(1991)提出了以下计算公式:

$$r_c = \left(\sum_1^n LAI_i / r_{si} \right)^{-1} \approx \frac{\langle r_S \rangle}{LAI} \tag{12-71}$$

$$\langle r_S \rangle = r_{Smin} f_1(T) f_2(VPD) f_3(PAR) f_4(\theta) \tag{12-72}$$

式中:LAI_i 为 n 层植被的第 i 层的叶面指数;r_{si} 为第 i 层的叶气孔阻抗;$\langle r_s \rangle$ 为群落的气孔阻抗的平均值;r_{Smin} 为最小气孔抵抗;f_1 为温度的影响函数;f_2 为大气水蒸气压的饱和差(饱和水蒸气压与大气的水蒸气压的差 VPD:vapor pressure deficit)的影响函数;f_3 为光合作用有效放射(PAR:photosynthetically active radiation flux)的影响函数;f_4 为土壤含水率的影响函数。

若忽视 LAI 对叶气孔阻抗(r_s)土壤的影响,则可得到以下公式(Dickinson,1991):

$$r_C = \frac{r_{Smin}}{LAI} f_1 f_2 f_3 f_4 \tag{12-73}$$

$$f_1^{-1} = 1 - 0.0016(25 - T_a)^2 \tag{12-74}$$

$$f_2^{-1} = 1 - VPD/VPD_C \tag{12-75}$$

$$f_3^{-1} = \frac{\dfrac{PAR}{PAR_C} \dfrac{2}{LAI} + \dfrac{r_{Smin}}{r_{Smax}}}{1 + \dfrac{PAR}{PAR_C} \dfrac{2}{LAI}} \tag{12-76}$$

$$f_4^{-1} = \begin{cases} 1 & (\theta \geqslant \theta_c) \\ \dfrac{\theta - \theta_w}{\theta_c - \theta_w} & (\theta_w \leqslant \theta \leqslant \theta_c) \\ 0 & (\theta \leqslant \theta_w) \end{cases} \tag{12-77}$$

式中:T_a 为气温,℃;VPD_C 为叶气孔闭合时的 VPD 值(约为 4 kPa);PAR_c 为 PAR 的临界值(森林 30 W/m²、谷物 100 W/m²);r_{Smax} 为最大气孔阻抗(5 000 s/m);θ 为根系层的土壤含水率;θ_w 为植被凋萎时的土壤含水率(凋萎系数);θ_c 为无蒸发限制时的土壤含水率(临界含水率)。

六、土壤水分吸力关系与非饱和导水系数

土壤水分吸力关系采用 Havercamp 公式:

$$\theta = \frac{\alpha(\theta_s - \theta_r)}{\alpha + \{\ln(\varphi)\}^\beta} + \theta_r \tag{12-78}$$

式中:θ 为土壤体积含水率;θ_s 为饱和含水率;θ_r 为残留含水率;φ 为吸引压(cm 水柱);α 和 β 为常数。

土壤非饱和导水系数采用 Mualem 公式:

$$k(\theta) = K_s \left(\frac{\theta - \theta_r}{\theta_s - \theta_r} \right)^n \tag{12-79}$$

式中:K_s 为土壤饱和导水系数,cm/s;$k(\theta)$ 为不饱和导水系数,cm/s;n 为常数。

七、模拟步骤

WEP 模型的模拟步骤包括:

（1）收集水文气象、自然地理及社会经济等各类基础数据；

（2）利用 GIS 技术建立基础数据库，按模型文件格式要求准备输入数据；

（3）水系生成、流域划分和编码，并对末级子流域进行等高带分割；

（4）降水等气象要素的时空展布；

（5）模型物理参数（植被、土壤、含水层、河道和水库，等等）推算，建立河道与子流域属性表、基本计算单元属性表；

（6）选择校正期对模型进行校正（调整模型参数）；

（7）选择验证期对模型进行验证（保持模型参数不变）；

（8）模型应用。

八、模型流程图及模块说明

模型流程见图 12-6。

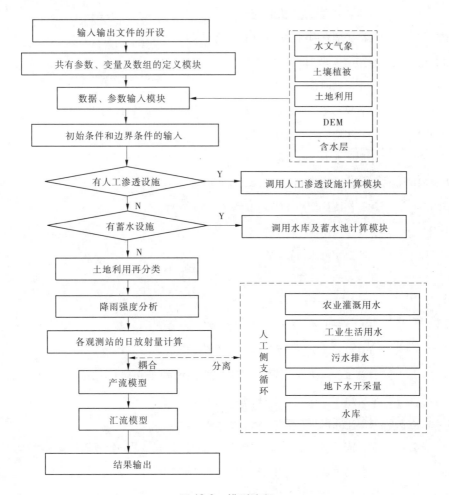

图 12-6　模型流程

九、模块构成及其说明

构成模块的功能说明见表 12-1。

表 12-1　模块说明

模块名	功能
WEPM	主程序(Main Program)、计算控制
OPENFILE	输入输出数据文件的开设
PARAVAR	共有参数、变量及数组的定义模块
INPUT	数据、参数的输入
INC	初期条件的设定(土壤水分量、地下水位、河道流量等)、边界条件的设定(河道、地下水)等
LUMAN	计算单元内土地利用的再分类
PHOUR	日降雨的日内时间尺度展布
PSPACE	降雨的流域空间展布
RSRLD	各观测站的日放射量计算(h、d)
SURSOIL	计算单元各类土地利用区的表面及不饱和土壤层内的水热通量计算
GWATERH	山丘区地下水流动逐日计算
GWATERP	平原区地下水流动逐日计算
OVERLAND	坡地汇流计算 (1D Nolinear Kinematic Wave 法)
RIVER	河道汇流计算 (同 OVERLAND)
TRENCH	人工渗透设施计算
PONDREG	水库及蓄水池调节计算
YDB	淤地坝调节计算
WATER	计算单元内水域的水热通量计算
URBAN	计算单元内都市域的水热通量计算
SOILVEG	计算单元内裸地 – 植被域的水热通量计算
SVEI	计算单元内裸地 – 植被域的水热通量计算(非强降雨时期)
SVIR	计算单元内灌溉农田域的水热通量计算
SVNI	计算单元内非灌溉农田域的水热通量计算
SVGA	强降雨时期各透水域的水热通量计算(用 Green – Ampt 模型计算入渗)
RESIS	空气动力学阻抗与植被群落阻抗的计算
ALBEDO	短波放射量反射率的计算
PENMAN	用 Penman 公式计算可能蒸发量

续表 12-1

模块名	功能
RFRM	用 Force – Restore 法计算地表面温度、地中热传导计算
ROOT	根系吸水计算
BETA	土壤蒸发效率计算
CON	根据土壤含水率计算不饱和透水系数
DIFSUC	吸力与扩散系数计算
PMONTE	用 Penman – Monteith 公式计算实际蒸发蒸腾量
PEMANS	土壤实际蒸发量计算
CUMLAF	Green – Ampt 模型地累积入渗量计算
SNOW	积雪融雪计算

第三节　集总式流域水资源调控模型构建

　　本次构建的分布式二元水循环演化模型的模拟包括历史系列或是某一时间断面(包括 2000 年现状年份)的模拟。历史系列水循环模拟的实质是对历史过程的"仿真"再现，人工用水的过程已经实际发生，且用水信息大多已经通过统计得到，只是这种信息在统计过程中都已经被"积分"到了常规统计的时空尺度单元上，这种情况下就需要借助水资源调配模型将这些集总式用水信息在空间上和时间上"复原"分配。

　　水资源配置模拟模型，是在给定的系统结构和参数以及系统运行规则下，对水资源系统进行逐时段的调度操作，然后得出水资源系统的供需平衡结果。为建立水资源合理配置模型，首先把实际的流域水资源系统概化为由节点和有向线段构成的网络，见图 12-7。

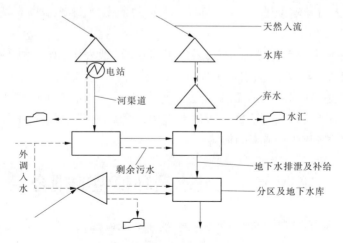

图 12-7　水资源系统网络构件示意

节点包括计算单元、重要水库和河渠道交汇点等;计算单元是基本而重要的节点,各种水源的供水面向计算单元;有向线段代表了天然河道或人工输水渠,反映了节点之间的水流传输关系。

　　本次水资源配置的内在决策机制主要包括四方面,即水量平衡机制、社会公平机制、市场经济机制和生态环境机制。具体考虑的主要因素包括:①区域社会经济发展、生态环境保护和水资源开发利用策略的互动影响与协调;②水资源供需、水环境的污染与治理之间的动态平衡;③决策过程中各地区与部门间用水竞争的协调;④已经批复的约束性文件,如沿黄省区分水方案;⑤决策问题描述的详尽性和决策有效性之间的权衡;⑥有关政策性法规、水管理运作模式和运行机制等半结构化问题的处理;⑦区域水资源长期发展过程不确定性和供水风险评估;⑧流域水资源系统配置与管理系统的物理设计等,见图 12-8。

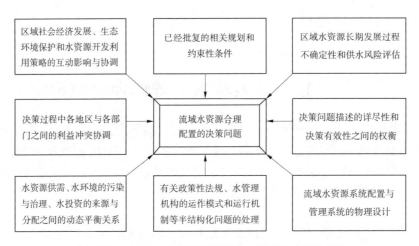

图 12-8　水资源合理配置决策过程中涉及的主要问题

　　本次流域水资源合理配置模型的核心是水资源供需平衡模拟子模型,另外还包括计量经济子模型、人口预测子模型、国民经济需水预测子模型、多水源联合调度子模型和生态需水预测子模型等。

　　本次研究在水资源系统描述方面,采用了多水源(地表水、地下水、外调水及污水处理回用水),多工程(蓄水工程、引水工程、提水工程、污水处理工程等),多水传输系统(包括地表水传输系统、外调水传输系统、弃水污水传输系统和地下水的侧渗补给与排泄关系)的系统网络描述法。该方法使水资源系统中的各种水源、水量在各处的调蓄情况及来去关系都能够得到客观、清晰的描述。

第四节　二元水循环模型的耦合

　　分布式流域水循环模拟模型与集总式流域水资源调控模型的耦合是双向的、交互式的:分布式模拟模型为集总式调控模型提供来水信息、集总式模型为分布式模型提供产汇流路径上水量的输入输出,二者相互作用、互为条件。耦合时包括分布式模拟结果的时空尺度聚合与集总式调控模型结果的时空展布两个过程。另外,历史系列模拟重现时主要基于用水及调度统计数据,而未来情景分析则首先由分布式流域水循环模拟模型为集总式调控模型提供来水情报,然后由集总式调控模型为分布式流域水循环模型提供调度规则和各类用水要求,并通过信息反馈不断修正。历史系列模拟重现时各人工侧支水循环过程的处理方法如下。

一、农业灌溉及林牧渔用水

按灌区或水资源三级区分地市统计地表水及地下水的灌溉用水量,并根据实际灌溉面积及灌溉制度计算各灌区的灌溉定额及其时段(旬)分配,最后根据灌溉面积的分布分解到每个计算单元。取自河道或水库的灌溉用地表水,通过建立各灌区与各引水渠(各河道取水口)的水量关系,并在河道汇流计算时以负的横向流入的形式扣除灌溉引水量。

二、工业与生活用水

根据流域内各行政区的实际工业用水量、生活用水量和工业 GDP、人口推定用水的定额(万元产值用水量、人均用水量)。每个计算单元内的工业 GDP、人口乘以用水定额即为该计算单元的工业与生活用水量。漏水量由用水量乘漏水率算出。

三、污水排水

每个计算单元内的生活用水量乘以下水道面积率为排向下水道(污水处理场)的水量,其余水量排向河道。

四、地下水扬水

地下水扬水分为生活用、工业用和灌溉用 3 类。首先根据用水量、人口、工业产值及灌溉面积的统计数据计算原单位,然后再根据人口、工业产值和灌溉面积的分布及灌溉制度分解到各个计算单元。

五、水库

水库的计算依据水位－断面面积－库容关系曲线、闸堰管道水力学公式、调度规则及连续方程进行计算。

第十三章　渭河流域水资源评价

第一节　渭河流域二元水循环过程模拟

一、流域概况

渭河流域发源于甘肃省渭源县乌鼠山,全长 818 km,流域面积 134 766 km²,是黄河最大的支流(见图 13-1)。泾河和北洛河是渭河最大的两条支流,流域面积分别占渭河流域面积的 33.7% 和 20.0%。渭河流域是黄河流域降水量比较多的区域之一,尤其渭河下游干流以南的秦岭北坡山地,因而成为黄河中下游三大洪水来源区之一。渭河北部为广阔的黄土高原,土质疏松,植被覆盖条件差,水土流失严重,是渭河主要泥沙来源区,也是黄河流域主要的产沙区之一。渭河实测年沙量 4.933 亿 t,占黄河年沙量的 30.8%。渭河关中平原是黄河流域重要的经济区,工农业非常发达,人类对水资源的开发量大且历史悠久。近年来,随着气候变化和水资源开发、水保建设发展进程的加速,渭河流域的水文水资源时空演变规律发生了剧烈的变化。渭河流域的水循环演变规律在黄河流域具有典型意义,本章选定该流域作为典型流域,以随机分析方法和二元分布式水循环模型两种方法,分析变化环境下流域水资源演变规律,定量计算各项驱动因子对水资源演变的贡献。

图 13-1　渭河流域及其在黄河流域的位置

二、二元水循环过程模拟

本研究采用变时间步长(即对降雨强度超过10 mm的入渗产流过程采用1 h、坡地与河道汇流采用6 h,而其余的采用1天),对渭河流域进行了1956～2000年共45年的连续模拟计算。其中1980～2000年的21年取为模型校正期,主要校正参数包括土壤饱和导水系数、河床材料透水系数和曼宁糙率、各类土地利用的洼地最大截流深以及地下水含水层的传导系数及给水度等。校正准则包括:①模拟期年均径流量误差尽可能小;②Nash - Sutcliffe效率尽可能大;③模拟流量与观测流量的相关系数尽可能大。模型校正后,保持所有模型参数不变,对1956～1979年(验证期)的连续模拟结果进行验证。河道流量、地下水位、土壤含水率、地表截流深及积雪、水深等状态变量的初始条件先进行假定,然后根据45年连续模拟计算后的平衡值替代。

模型验证主要根据收集到的渭河流域3个主要水文测站45年逐日或逐月实测与天然(还原)径流系列进行。模型验证包括两个方面:历史下垫面系列、分离人工取用水过程时的天然河川径流模拟结果与本次全国水资源规划还原河川径流过程相比较,历史下垫面系列、耦合取用水过程时的河川径流模拟结果与实测河川径流过程相比较。

(一)天然河川径流过程校验

虽然还原河川径流量受用水数据统计口径、回归系数等多种因素的影响,未必是天然河川径流量的"真值",但毕竟为模型计算提供了参考。渭河流域主要水文断面天然年径流量校验结果见表13-1,华县和咸阳两个站点45年系列天然月径流过程校验情况见图13-2。

表13-1　1956～2000年实际年径流量模拟结果校验

水文站	还原径流量年均值(亿 m^3)	计算径流量年均值(亿 m^3)	相对偏差	月径流过程Nash效率系数
华县	84.9	81.3	−4.2%	0.742
咸阳	49.7	48.4	−2.6%	0.769
林家村	24.3	25.4	4.4%	0.725

从以上校验结果来看,渭河主要断面水文站多年平均天然径流量的最大相对偏差为4.4%(渭河林家村站),最小相对偏差−2.6%(渭河咸阳站),模型Nash效率系数整体在0.7以上,最高为0.769(渭河咸阳站),逐月过程拟合也较好。

(二)实测河川径流过程校验

华县和咸阳两个站点45年系列实际月径流过程逐月校验情况见图13-3,渭河流域主要水文断面实测年径流量校验结果见表13-2。

从校验结果来看,1956～2000年系列渭河各站多年平均实测径流量的最大相对误差为4.7%(渭河林家村站),最小相对误差−1.7%(渭河华县站),模型Nash效率系数整体在0.7以上,比天然径流过程略有下降,逐月过程拟合得也较好。尽管有用水干扰,模型精度仍然不错。

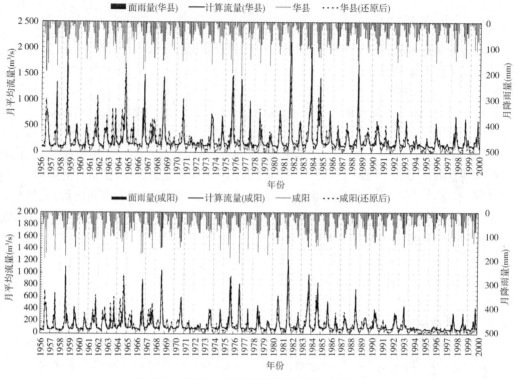

图 13-2　华县和咸阳逐年天然月径流过程校验

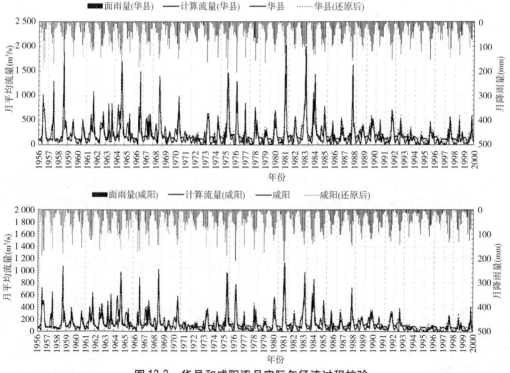

图 13-3　华县和咸阳逐月实际年径流过程校验

表 13-2　1956～2000 年实际年径流量模拟结果校验

水文站	实测径流量 年均值（亿 m³）	计算流量 年均值（亿 m³）	相对误差	月径流过程 Nash 效率系数
华县	70.2	69.0	−1.7%	0.709
咸阳	42.1	40.6	−3.7%	0.732
林家村	22.0	23.1	4.7%	0.700

第二节　现状条件下渭河流域水资源评价

一、降水结构解析

（一）系列降水量

由于本次评价是以降水为输入通量的层次化水资源评价，因此在进行评价之前，首先应当对降水进行系统分析。与全国水资源综合规划的系列对应，采取的降水系列为 1956～2000 年 45 年系列。利用前面所提出的站点雨量空间化方法，给出不同时段渭河流域各三级区面降水量见表 13-3。

表 13-3　渭河流域各年代降水量　　　　　　　　　　（单位:mm）

分区	1956～2000 年	1956～1959 年	1960～1969 年	1970～1979 年	1980～1989 年	1990～2000 年
渭河流域	546.1	579.1	584.5	537.2	559.7	494.9
北洛河洑头以上	512.4	540.1	567.7	504.5	512.8	458.8
泾河张家山以上	499.1	517.7	541.4	490.2	491.4	469.1
渭河宝鸡峡以上	519.3	523.5	563.9	523	519.8	473.3
渭河宝鸡峡至咸阳	656.5	734.6	674.7	640	727.8	561.7
渭河咸阳至潼关	645.4	726.1	660	621	695	579.8

从表 13-3 可以看出，渭河流域 45 年系列平均降水量为 546.1 mm，该时段内 60 年代为最丰段，年均降水为 584.5 mm，较 45 年平均多出 7.03%；而 90 年代降水为最枯段，年均降水 494.9 mm，较 45 年平均少 9.37%。

（二）降水的资源结构解析

降水为流域水循环的输入通量，依据流域水量平衡，流域水分的输入与输出关系简要表示如下：

$$P = R + E + \Delta V \tag{13-1}$$

式中:P 为降水通量;R 为实测径流通量;E 为蒸散发通量;ΔV 为存量蓄变量（蓄积为正值，损耗为负值）。

由于水平向的径流属于狭义水资源的范畴，因此降水的结构解析内容主要是对垂向的蒸散发输出和蓄变量而言，对于长系列而言，蓄变量可认为是零。

　　大气降水的垂向系统结构大致可以分为四层(见图 13-4),由上而下分别为:①冠层截流。包括林冠截流、草冠截流、人工建筑物截流等,截流的水分一部分受重力作用下至地面,一部分被直接蒸发返回大气。②地面截流。地面是大气层与地下层的界面,到达地面的降水有三大去向,一是下渗至土壤,二是形成地表径流(包括直接降在水面上),三是被直接蒸发返回大气。③入渗量。入渗量也有三类去向,一是继续下渗补给地下水,二是形成壤中流补给地表径流,三是通过蒸腾蒸发重新返回大气。④地下水补给量。地下水分为浅层地下水和深层地下水两类,地下水补给量去向也包括三种,一是通过潜水蒸发返回大气,二是通过地下径流补给地表水,三是人工开采消耗量。由此可以看出,以降水为全部输入通量的流域水资源评价,应对上述四层结构的水分通量进行系统逐层评价,才能实现流域层次化的水资源评价。

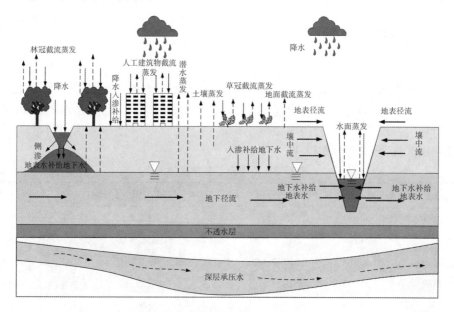

图 13-4　大气降水的垂向系统结构示意

　　根据二元水资源演化模型模拟结果,渭河流域 1956 ~ 2000 年系列降水资源结构见表 13-4。从表 13-4 可以看出,渭河流域 1956 ~ 2000 年系列平均降水量为 745.27 亿 m³,其中 88.68% 直接蒸发返回大气,11.38% 形成了天然河川径流量。

表 13-4　现状条件下渭河流域降水结构解析

分区	降水量 (亿 m³)	径流		蒸发		蓄变量	
		亿 m³	%	亿 m³	%	亿 m³	%
渭河流域	745.27	84.80	11.38	660.86	88.68	-0.39	-0.06
北洛河洑头以上	130.28	9.63	7.39	120.62	92.59	0.03	0.02
泾河张家山以上	220.10	18.32	8.32	201.87	91.72	-0.09	-0.04
渭河宝鸡峡以上	161.60	22.79	14.10	139.00	86.01	-0.19	-0.12
渭河宝鸡峡至咸阳	116.29	20.65	17.76	95.62	82.26	-0.02	-0.02
渭河咸阳至潼关	117.00	13.41	11.46	103.75	88.68	-0.16	-0.14

二、狭义水资源评价

为指导全流域和分片水资源规划与管理,本次评价分别对渭河流域的"片水"资源和主要水文断面的水资源进行评价,其中"片水"资源是基于所划分的 8 485 个子流域。某一区域的"片水"资源指的区域内所有子流域的地表水资源量和不重复的地下水资源量,其中地表水资源量是指各子流域降雨产流汇入到各自河流的总水量;水文断面水资源量也包括两部分,其中不重复的地下水资源量与分片地下水资源口径一致,而地表水则是指无人类用水消耗情景下,真正流经该水文断面的河川径流量,与"片水"地表水资源量相比要小,数量上等于"片水资源"减去子流域汇流点到水文断面的河道汇流损失。

(一)片水资源评价

1. 评价结果

在 1956~2000 年气象系列、2000 年现状下垫面条件下,渭河流域各三级区狭义水资源评价结果见表 13-5。

从表 13-5 结果可以看出,渭河流域 1956~2000 年系列狭义水资源总量为 109.69 亿 m^3,其中地表水资源量为 84.80 亿 m^3,地下水资源量为 51.00 亿 m^3,不重复的地下水资源量为 24.89 亿 m^3。

表 13-5 现状条件下渭河流域分片狭义水资源评价 (单位:亿 m^3)

水资源分区	地表水资源量	地下水资源量		狭义水资源总量
		资源总量	不重复资源量	
渭河流域	84.80	51.00	24.89	109.69
北洛河洑头以上	9.63	6.54	2.02	11.65
泾河张家山以上	18.32	10.13	2.43	20.74
渭河宝鸡峡以上	22.79	9.23	4.19	26.98
渭河宝鸡峡至咸阳	20.65	11.17	5.91	26.56
渭河咸阳至潼关	13.41	13.93	10.35	23.76

2. 结果对比

本次水资源综合规划各分区水资源评价结果见表 13-6。

依据目前全国水资源综合规划初步评价结果,渭河流域三级区套地市的狭义水资源总量 110.7 亿 m^3,其中地表水资源量 92.5 亿 m^3,地下水资源量 57.0 亿 m^3,不重复的地下水资源量为 18.2 亿 m^3。与之相比,本次评价结果地表水资源偏小 7.7 亿 m^3,不重复地下水资源量偏大 6.69 亿 m^3,水资源总量小 1.01 亿 m^3,地下水资源量偏小 6.0 亿 m^3。

需要指出的是,本次"片水"资源评价结果是渭河流域子流域资源的总和,与水资源综合规划以三级区套地市评价结果在口径上不一致,应当扣除各子流域河流汇入三级区套地市单元的汇流损失,二者的口径才能统一。本次"片水"资源评价基于 2000 年下垫面条件,而水资源综合规划的下垫面为 1980~2000 年平均下垫面,这个差别也需要考虑。

综合以上两点,两种结果实际差异要更大一些。

表 13-6　水资源综合规划评价结果　　　　　（单位:亿 m³）

水资源分区	地表水资源量	地下水资源量		狭义水资源总量
		资源总量	不重复资源量	
渭河流域	92.5	57.0	18.2	110.7
北洛河洑头以上	9.0	4.3	1.1	10.1
泾河张家山以上	18.5	7.1	0.6	19.0
渭河宝鸡峡以上	24.0	6.9	0.5	24.5
渭河宝鸡峡至咸阳	25.4	21.1	7.7	33.1
渭河咸阳至潼关	15.7	17.5	8.3	24.0

（二）断面水资源评价

在 1956 ~ 2000 年气象系列、2000 年现状下垫面条件下,渭河流域各主要断面水资源评价结果见表 13-7。

表 13-7　现状条件下的渭河流域断面水资源评价结果　　　　　（单位:亿 m³）

主要断面	地表水资源量	地下水资源量		狭义水资源总量
		资源总量	不重复资源量	
北洛河洑头	8.4	6.54	2.02	10.42
泾河张家山	15.9	10.13	2.43	18.33
渭河宝鸡峡	21.8	9.23	4.19	25.99
渭河咸阳	38.7	20.40	10.10	48.80
渭河华县	67.1	44.46	22.88	89.98

从表 13-7 结果可以看出,45 年系列渭河华县断面天然年径流量为 67.1 亿 m³,不重复地下水资源量为 22.88 亿 m³,水资源总量为 89.98 亿 m³。

本次水资源综合规划各断面评价结果见表 13-8。

表 13-8　水资源综合规划评价结果　　　　　（单位:亿 m³）

水资源分区	地表水资源量	地下水资源量		狭义水资源总量
		资源总量	不重复资源量	
北洛河洑头	8.57	4.3	1.1	9.67
泾河张家山	18.47	7.1	0.6	19.07
渭河宝鸡峡	24.38	6.9	0.5	24.88
渭河咸阳	49.84	28.0	8.2	58.04
渭河华县	80.95	52.6	17.1	98.05

全国水资源综合规划的初步结果,渭河华县断面河川径流量为 80.95 亿 m³,与之相比,本次评价结果河川径流量偏小 13.85 亿 m³。

(三)不同评价口径的比较

将本次结果与水资源综合规划结果进行对比,两套口径的评价结果都有一定的偏差。造成这种差异主要有两方面原因,首先是评价方法的不同,目前的水资源综合规划采取的是"还原＋修正"方法,没有反映人类用水和其他水循环系统的非线性耦合关系,无法真正还原到天然状态;其次由于传统的方法无法进行真正意义上的"还现",而只能将 1956～2000 年系列修正到 1980～2000 年平均下垫面状态,这与本模型直接采用 2000 年下垫面和考虑取用水状态的评价存在本质上的差别,因而水资源评价的结果不同。

三、广义水资源评价

(一)有效蒸发计算

1. 计算方法

根据广义水资源的界定,狭义的径流性水资源属于有效水分,蓄变量中地表水、地下水的蓄变量也是有效水分,而土壤和冠层蓄变量主要看它转化过程中的有效性,这主要依靠蒸散发的有效与无效来界定,另外多年平均蓄变量可以认为是零。由此可以看出,蒸散发的有效与无效的界定是广义水资源评价的关键所在。

按照广义水资源的界定,冠层截流蒸发(包括林草冠层蒸发和人工建筑物冠层蒸发)对于维护植物正常生理和人类居住环境是有益的,因而是有效的。而地面截流蒸发中,居民与工业用地地面截流蒸发、作物和林草的小棵间截流蒸发分别对人类和生态环境主体是有直接环境效用,因而是有效的,而难利用土地截流蒸发(沼泽地本次研究将其归并到水域类)、稀疏草地的大棵间截流蒸发(依据覆盖度确定)等都作为无效蒸发。土壤水蒸散发当中,蒸腾耗散的水分直接参与了生物量的生成属于有效水分,另外居民与工业用地土壤蒸发、作物和林草小棵间土壤蒸发对于人类和生态环境主体也有直接环境效用,作为有效蒸发。而对于裸地土壤蒸发、稀疏草地的大棵间土壤蒸发等都作为无效水分。

在以上叙述中,其余各项蒸散发的计算边界是清晰的,而植物的棵间蒸发有效和无效的界定上相对较为困难。本次研究对作物的土壤蒸发根据植被的盖度进行了有效与无效的划分,分配比例见表 13-9。

表 13-9　植被棵间有效土壤蒸散发的界定

覆被类型	耕地	林地				草地		
		有林地	灌木林	其他	疏林地	高盖度	中盖度	低盖度
覆盖度	1	1	1	0.3	0.3	1	0.5	0.2
有效土壤蒸发比例(%)	100	100	100	30	30	100	50	20

综合以上的各水分有效性的界定,广义水资源总量等于不重复的有效蒸散发量与狭义水资源总量之和,可用式(13-2)表示:

$$W_s = (R_s + R_g) + E_p + E_{ss} + E_{es} \tag{13-2}$$

式中:W_s 为广义水资源量;R_s 为地表水资源量;R_g 为不重复的地下水资源量;E_p 为冠层截流蒸发量;E_{ss} 为地面截流有效蒸发;E_{es} 为与地表水、地下水不重复的土壤水有效蒸发量。

2. 计算结果

在 2000 年现状下垫面条件下,渭河流域 1956～2000 年 45 年系列地表截流(包括冠层和地表两部分蒸发)有效与无效蒸发评价结果见表 13-10。

表 13-10　渭河流域地表有效与无效蒸发评价结果　　　　(单位:亿 m³)

水资源分区	有效蒸发				无效蒸发
	农田	居工地	林地	草地	
渭河流域	71.09	4.00	25.15	29.43	38.60
北洛河㳇头以上	7.87	0.23	6.42	5.61	7.72
泾河张家山以上	21.93	0.59	4.22	10.12	15.66
渭河宝鸡峡以上	12.09	0.61	3.03	5.53	8.27
渭河宝鸡峡至咸阳	11.20	0.93	6.33	4.05	3.02
渭河咸阳至潼关	17.99	1.64	5.14	4.11	3.93

从表 13-10 计算结果可以看出,渭河流域地表截流蒸发中,有效蒸发占 77.1%,无效蒸发占 22.9%。

在 2000 年现状下垫面条件下,渭河流域 1956～2000 年 45 年系列各项土壤有效与无效蒸发(不包括潜水蒸发)评价结果见表 13-11。

从表 13-11 计算结果可以看出,渭河流域土壤蒸发(不包括潜水蒸发)中,有效蒸发占 75.8%,无效蒸发占 24.2%。

表 13-11　渭河流域土壤有效与无效蒸发评价结果　　　　(单位:亿 m³)

水资源分区	有效蒸发			无效蒸发
	农田	林地	草地	
渭河流域	194.52	72.03	87.90	113.30
北洛河㳇头以上	26.23	21.01	18.35	25.15
泾河张家山以上	60.93	12.43	29.74	43.82
渭河宝鸡峡以上	43.82	11.30	20.67	29.49
渭河宝鸡峡至咸阳	29.23	16.70	10.69	7.59
渭河咸阳至潼关	34.31	10.59	8.45	7.25

(二)广义水资源评价

综合以上狭义水资源("片水")和各项有效蒸散发评价结果,渭河流域 1956～2000 年系列广义水资源评价结果见表 13-12。

表13-12　渭河流域广义水资源评价　　　　　（单位:亿 m³）

水资源分区	降水	广义水资源					
		狭义水资源	有效蒸散发				总量
			农田	居工地	林地	草地	
渭河流域	745.27	109.69	265.61	4.00	97.18	117.33	593.80
北洛河洑头以上	130.28	11.65	34.10	0.23	27.43	23.96	97.38
泾河张家山以上	220.10	20.74	82.86	0.59	16.65	39.86	160.71
渭河宝鸡峡以上	161.60	26.98	55.91	0.61	14.33	26.20	124.03
渭河宝鸡峡至咸阳	116.29	26.56	40.43	0.93	23.03	14.74	105.70
渭河咸阳至潼关	117.00	23.76	52.30	1.64	15.73	12.56	105.98

从表13-12可以看出,渭河流域45年系列年均广义水资源量为593.80亿 m³,占降水总量的79.7%;广义水资源中,狭义的径流性水资源占18.5%,有效的蒸散发占81.5%。

第三节　变化环境下渭河流域水资源演变规律分析

一、基于二元模拟的水资源演变分析

如上所述,1956～2000年45年中,自然驱动力中,受水文变化的影响,系列的降水有减少趋势,另外由于日照、相对湿度、日均风速三项因子影响,水面蒸发总体略有下降;对于人工驱动项,渭河流域用水有较大增长,下垫面发生了较大的变化。在"自然－人工"二元驱动力作用下,渭河流域水资源也发生了深刻演变。为此,本次研究对水资源历史演变过程进行模拟,以摸清"自然－人工"二元驱动力作用下的水资源演变客观规律。

为描述渭河流域水资源演变的过程及其规律,本次研究利用了二元演化模型对1956～2000年系列实际过程进行"仿真"模拟,包括采用了各历史时期实际系列的气象信息、下垫面信息和供用水信息,其中由于难以得到逐年下垫面情况,研究采用时段代表方法,分别选用了6期下垫面信息,代入对应时段模拟,6期下垫面分别为:1956～1959年系列代表下垫面、1960～1969年系列代表下垫面、1970～1979年系列代表下垫面、1980～1989年系列代表下垫面、1990～2000年系列代表下垫面和2000年下垫面,以此组成下垫面系列,与人工取用水的逐年过程共同形成两大人类活动影响要素系列,再与逐年气象信息一起作为水资源系列模拟仿真基础。

(一)广义水资源演变

渭河流域1956～2000年系列广义水资源评价的"历史仿真"结果见表13-13。

从表13-13可以看出,渭河流域1980～2000年系列平均年降水量较1956～1979年系列低6.7%,径流性水资源减少了2.1%,广义水资源量减少了2.0%,生态环境系统和社会经济系统的非径流性有效水分的利用率略有减少,减少幅度为 1.9%。

渭河流域 1990～2000 年系列平均年降水量较 1956～1979 年系列低 12.3%,径流性水资源偏少 17.0%,广义水资源量偏少 7.7%,生态环境系统和社会经济系统的非径流性有效水分的利用率略微偏少,偏少幅度为 5.6%。

(二)狭义水资源演变

渭河流域 1956～2000 年系列不同时段狭义水资源评价的"历史仿真"结果见表 13-14。

表 13-13　渭河流域广义水资源系列仿真评价　　　　　　　　　　　（单位:亿 m³)

时段	年降水量	广义水资源						无效降水
		狭义水资源	有效蒸散发				总量	
			农田有效蒸散发	林草有效蒸散发	居工地有效蒸散发	总量		
1956～1959	789.9	112.99	250.10	219.60	3.05	472.76	585.75	204.15
1960～1969	797.1	110.67	252.64	241.60	3.07	497.31	607.98	189.12
1970～1979	733.8	106.27	251.23	233.70	3.02	487.95	594.22	139.58
1980～1989	764.4	124.84	269.32	227.69	3.14	500.15	624.99	139.41
1990～2000	675.0	90.64	251.81	206.27	3.47	461.56	552.20	122.80
1956～1979	769.5	109.22	251.63	234.64	3.05	489.32	598.54	170.96
1980～2000	717.6	106.93	260.15	216.47	3.31	479.93	586.86	130.74

注:根据前面所述,有效蒸发主要包括农田蒸散发、林草有效蒸散发和居工地的蒸散发三大类,潜水蒸散发已统计在狭义水资源中,故此处的有效蒸散发不包括潜水蒸散发,林草的有效蒸散发根据其盖度来确定。

表 13-14　分区"片水"资源系列仿真评价　　　　　　　　　　　（单位:亿 m³)

时段	地表水资源量	地下水资源量		水资源总量
		地下水资源总量	不重复地下水资源量	
1956～1959	92.71	54.0	20.28	112.99
1960～1969	91.99	53.1	18.68	110.67
1970～1979	83.34	50.8	22.94	106.27
1980～1989	100.71	53.3	24.13	124.84
1990～2000	65.02	49.7	25.62	90.64
1956～1979	88.51	52.3	20.72	109.22
1980～2000	82.02	51.4	24.91	106.93

从表 13-14 结果看出,在"自然－人工"二元驱动力作用下,渭河流域 1980～2000 年

系列平均狭义水资源总量较 1956～1979 年系列低 2.1%,其中地表水资源衰减 7.3%,但不重复的地下水资源增加了 20.2%。

渭河流域 1990～2000 年系列平均狭义水资源总量较 1956～1979 年系列低 17.0%,其中地表水资源偏少 26.5%,但不重复的地下水资源偏大 23.6%。

为综合描述子流域内部以及子流域出口断面到控制断面之间的河道共同引起的水资源演变,表 13-15 给出了渭河华县和北洛河洑头两个断面不同时期水资源评价结果。

从表 13-15 可以看出,华县断面 1980～2000 年平均河川径流量为 65.7 亿 m³,比 1956～1979 年减少了 8.7%;地下水不重复量为 22.8 亿 m³,比 1956～1979 年增加 20%;狭义水资源总量为 88.5 亿 m³,比 1956～1979 年减少了 2.6%。

华县断面 1990～2000 年平均天然径流量为 49.8 亿 m³,比 1956～1979 年偏少 30.7%;地下水不重复量为 23.5 亿 m³,比 1956～1979 年偏大 23.7%;狭义水资源总量为 73.3 亿 m³,比 1956～1979 年偏少 19.4%。

表 13-15　华县和洑头断面水资源系列仿真评价　　　　　　　（单位:亿 m³）

时段	华县			洑头		
	河川径流量	地下水不重复量	水资源总量	河川径流量	地下水不重复量	水资源总量
1956～1959	80.1	18.7	98.8	8.2	1.6	9.8
1960～1969	75.7	16.9	92.6	9.2	1.8	11.0
1970～1979	64.8	21.2	86.0	8.6	1.8	10.4
1980～1989	83.1	22.0	105.1	8.9	2.1	11.0
1990～2000	49.8	23.5	73.3	6.3	2.1	8.4
1956～1979	71.9	19.0	90.9	8.8	1.7	10.5
1980～2000	65.7	22.8	88.5	7.5	2.1	9.6

二、各项因子的水资源演变效应定量计算

为科学识别出各项自然和人工因子对于渭河流域水资源演变的影响,本次研究采取情景对比模拟的方式,具体是在模型中只考虑某种因子变化,保持其他因子不变,然后对比模拟结果来评价该项因子的水资源演化效应。本次研究考虑的自然、人工因子变化类型主要包括气象要素、人工取用水、水保措施和综合下垫面变化四大类。

(一)气象要素对水资源的影响

对 2000 年现状下垫面、分离用水条件下各年代水资源量进行模拟,对比分析各年代气象要素对水资源的影响。

1. 分区"片水"资源演变

以 2000 年现状下垫面、分离用水条件为基础,渭河流域各年代水资源评价结果见表 13-16。

表 13-16　渭河流域气象要素对"片水"资源的影响　　（单位：亿 m³）

时段	年降水量	地表水资源	地下水总量	不重复地下水	水资源总量	有效蒸散发	无效降水
1956～1959	789.9	98.2	64.1	24.0	122.2	490.8	176.8
1960～1969	797.1	98.9	66.6	22.7	121.6	491.8	183.6
1970～1979	733.8	92.4	59.4	20.7	113.1	478.7	142.0
1980～1989	764.4	111.1	63.5	23.6	134.7	484.3	145.4
1990～2000	675.0	75.1	59.4	21.9	97.0	453.9	124.1
1956～1979	769.5	96.1	63.2	22.1	118.2	486.1	165.2
1980～2000	717.6	92.3	61.3	22.7	114.9	468.3	134.3

从表 13-16 可以看出，渭河流域 1980～2000 年系列年均降水量较 1956～1979 年系列低 6.7%，造成广义水资源量减少 3.5%，径流性水资源减少 2.8%，其中地表水资源偏少 4.0%，但不重复的地下水资源偏大 2.7%。90 年代降雨衰减导致水资源衰减厉害，1990～2000 年系列年均降水量较 1956～1979 年系列低 12.3%，造成广义水资源量减少 8.8%，径流性水资源减少 17.9%，其中地表水资源偏少 21.8%，不重复的地下水资源偏小 0.9%。

2. 控制断面水资源演变

为综合描述坡面和河道共同引起的水资源演变，以 2000 年现状下垫面、分离用水条件为基础，渭河华县和北洛河洑头两个断面各年代水资源评价结果见表 13-17。

表 13-17　渭河流域气象要素对断面水资源的影响　　（单位：亿 m³）

时段	华县			洑头		
	河川径流量	地下水不重复量	水资源总量	河川径流量	地下水不重复量	水资源总量
1956～1959	85.2	22.7	107.9	8.7	1.5	10.2
1960～1969	83.3	21.7	105.0	10.3	1.5	11.8
1970～1979	79.5	19.4	98.9	10.3	1.3	11.6
1980～1989	98.6	22.0	120.6	10.4	1.5	11.9
1990～2000	62.8	20.4	83.2	7.5	1.5	9.0
1956～1979	82.0	20.9	102.9	10.0	1.4	11.4
1980～2000	79.8	21.2	101.0	8.9	1.5	10.4

从表 13-17 可以看出，华县断面 1980～2000 年平均天然径流量为 79.8 亿 m³，比

1956~1979年减少了2.7%;地下水不重复量为21.2亿 m^3,比1956~1979年增加1.4%;狭义水资源总量为101.0亿 m^3,比1956~1979年减少了1.9%。受降水减少影响,尽管地下水不重复量略有增加,但是总的变化是地表径流和狭义水资源减少。1990~2000年平均天然径流量为62.8亿 m^3,比1956~1979年减少了23.4%;地下水不重复量为20.4亿 m^3,比1956~1979年减少2.4%;狭义水资源总量为83.2亿 m^3,比1956~1979年减少了19.1%。

(二)人工取用水对流域水资源演变影响

人工取用水对于流域水资源演变的定量考察,可以在模拟实验中,保持其他输入因子不变(如气象条件、下垫面等),而对有取用水、无取用水两种情景分别进行模拟,然后对比其结果,即可获得人工取用水对流域水资源演变的定量影响。

1. 分区"片水"资源演变

本次研究分别对历史系列下垫面和历史取用水水平以及2000年现状下垫面和现状取用水水平两种情况进行了模拟。

以1956~2000年气象系列、历史系列过程下垫面条件和历史取用水水平为基础,渭河流域有、无取用水两种情景下的45年系列水资源评价结果见表13-18。

表13-18 历史状况有、无取用水情景下的水资源评价对比 (单位:亿 m^3)

分区	有人工取用水情景					无人工取用水情景				
	地表水资源	地下水总量	不重复地下水	水资源总量	有效蒸散发	地表水资源	地下水总量	不重复地下水	水资源总量	有效蒸散发
北洛河㳇头以上	9.29	6.70	1.91	11.20	86.68	9.3	6.8	1.4	10.8	86.7
泾河张家山以上	18.00	10.24	2.21	20.21	140.68	18.2	10.4	1.6	19.8	142.0
渭河宝鸡峡以上	22.96	9.26	3.83	26.79	95.00	24.9	9.7	3.0	27.9	94.8
渭河宝鸡峡至咸阳	20.90	12.06	5.71	26.62	79.23	23.9	14.9	4.9	28.8	75.4
渭河咸阳至潼关	14.33	14.22	9.01	23.33	83.35	16.8	21.0	11.7	28.5	77.9
总计	85.48	52.48	22.68	108.15	484.94	93.1	62.8	22.6	115.8	476.8

从表13-18中结果可以看出,人工取用水对于渭河流域水资源演变有重要影响。从整个流域来说,地表水资源量减少8.2%,不重复的地下水资源量增加0.4%,地下水资源量减少17.4%,狭义水资源总量减少6.6%,有效降水利用量增加1.7%,广义水资源量略微增加。但从各个分区来看,差别很大。前三个区地表水资源和地下水资源减少,不重复的地下水资源量增加,水资源总量、有效降水利用量和广义水资源有增有减。后两个区地表水资源减少,地下水资源大量减少,不重复地下水资源增加,狭义水资源总量减少,有效蒸发增加很多,这和前三个区有所不同。产生差别的原因在于,前三个区属于山丘区,水资源开发利用少;后两个区大部属于平原区,对水资源开发利用量大。特别是后两个区,大量开采地下水导致地下水位下降很多,包气带加厚,降雨不容易补给到地下水,因而地

下水资源大量减少、有效土壤蒸发大量增加。渭河咸阳至潼关区间由于地下水开采比渭河宝鸡峡至咸阳区间更加充分，地下水资源减少的幅度更大，地下水位下降更多，导致潜水蒸发减少很多，所以不重复地下水反而减少。

以 1956~2000 年气象系列、2000 年现状下垫面条件和现状取用水水平为基础，渭河流域有、无取用水两种情景下的 45 年系列水资源评价结果见表 13-19。

表 13-19　2000 年现状有、无取用水情景下的水资源评价对比　　（单位：亿 m³）

分区	有人工取用水情景					无人工取用水情景				
	地表水资源	地下水总量	不重复地下水	水资源总量	有效蒸散发	地表水资源	地下水总量	不重复地下水	水资源总量	有效蒸散发
北洛河湫头以上	9.63	6.54	2.02	11.65	85.73	9.8	6.8	1.4	11.2	85.7
泾河张家山以上	18.32	10.13	2.43	20.74	139.97	18.5	10.4	1.6	20.1	141.2
渭河宝鸡峡以上	22.79	9.23	4.19	26.98	97.05	24.9	9.7	3.0	27.9	96.8
渭河宝鸡峡至咸阳	20.65	11.17	5.91	26.56	79.14	24.0	14.8	4.9	28.8	75.8
渭河咸阳至潼关	13.41	13.93	10.35	23.76	82.22	17.2	20.6	11.5	28.6	78.3
总计	84.80	51.00	24.90	109.69	484.11	94.4	62.3	22.4	116.6	477.8

从表中结果可以看出，整个流域有人工取用水情景比无人工取用水情景地表水资源量减少 10.2%，不重复的地下水资源量增加 11.1%，地下水资源量减少 18.1%，狭义水资源总量减少 5.9%，有效降水利用量增加 1.3%，广义水资源量略微增加。从各个分区来看，2000 年现状条件下人工取用水对于渭河流域水资源演变的影响与在历史条件下基本一致，只是因为取用水更多，后效更加明显一些。渭河咸阳至潼关区间 2000 年农业用水与系列年差不多，而工业用水大幅增长，同时因为工业取水点比较集中，工业用水增加导致潜水蒸发量减少不多，而开采净消耗增加量比较多，所以该区间不重复地下水增加。

从对比结果我们可以看到，人工取用水改变了产水条件，影响了水资源量的构成，主要表现在：①改变狭义水资源的构成。人工取用水通过袭夺基流减少了地下水的河川排泄量，从而使得河川径流量有明显减少。开采地下水导致包气带加厚，地表水不容易补给地下水，则会减少地下水资源量，减少潜水蒸发。如果集中开采地下水，由于影响范围不大，潜水蒸发减少的幅度小于开采净消耗增加的幅度，导致不重复地下水增加。②改变广义水资源的构成，主要表现在有效降水利用量的增加上。人工取用水造成地下水位下降，包气带增厚，一定程度上增加了有效的土壤水资源量，有利于降雨的就地利用。虽然总的广义水资源量没有太大变化，但水资源的构成变化带来一系列生态环境后效，包括河流生态系统的维护以及地下水超采负面生态环境后效等问题。

2. 控制断面水资源演变

以 1956~2000 年气象系列、历史系列过程下垫面条件为基础，渭河流域有、无取用水两种情景下的 45 年系列各主要控制断面站水资源评价结果见表 13-20。

表13-20 历史下垫面条件下的断面水资源评价结果 （单位:亿 m³）

主要断面	有取用水情景			无取用水情景		
	河川径流量	不重复地下水	水资源总量	河川径流量	不重复地下水	水资源总量
北洛河洑头	8.2	1.91	10.11	9.5	1.4	10.9
泾河张家山	16.6	2.21	18.81	19.0	1.6	20.6
渭河林家村	23.1	3.83	26.93	25.1	3.0	28.1
渭河咸阳	40.6	9.54	50.14	47.9	7.9	55.7
渭河华县	69.0	20.76	89.76	81.0	21.2	102.2

从表13-20可以看出,华县断面有取用水情景下天然径流量为69.0亿 m³,比无取用水情景下减少了14.8%;地下水不重复量为20.76亿 m³,比无取用水情景下减少2.1%;狭义水资源总量为89.76亿 m³,比无取用水情景减少了12.2%。在有取用水情景下,其他各个断面的天然径流量都不同程度减少,不重复地下水都有所增加,狭义水资源总量有增有减。

以1956～2000年气象系列、2000年现状垫面条件为基础,渭河流域有、无取用水两种情景下的45年系列各主要控制断面水资源评价结果见表13-21。

表13-21 现状下垫面条件下的断面水资源评价结果 （单位:亿 m³）

主要断面	有取用水情景			无取用水情景		
	河川径流量	不重复地下水	水资源总量	河川径流量	不重复地下水	水资源总量
北洛河洑头	8.4	2.02	10.42	9.9	1.4	11.3
泾河张家山	15.9	2.43	18.33	18.9	1.6	20.5
渭河林家村	21.8	4.19	25.99	25.4	3.0	28.4
渭河咸阳	38.7	10.10	48.80	48.4	7.9	56.3
渭河华县	67.1	22.88	89.98	81.3	21.0	102.3

从表13-21可以看出,华县断面有取用水情景下天然径流量为67.1亿 m³,比无取用水情景下减少了17.5%;地下水不重复量为22.88亿 m³,比无取用水情景下增加了9.0%;狭义水资源总量为89.98亿 m³,比无取用水情景减少了12%。在有取用水情景下,其他各个断面的天然径流量都不同程度减少,不重复地下水都有所增加,狭义水资源量减少。

（三）水保措施对水资源的影响

水保措施对于流域水资源演变的定量影响,可以在模拟试验中,保持其他输入因子不变,对"屏蔽"和"解屏蔽"水保因子两种情景分别进行模拟,然后对比其结果,即可获得水保措施对流域水资源演变的定量结果。

1. 分区"片水"资源演变

以 1956～2000 年气象系列、2000 年现状下垫面和分离用水条件为基础,渭河流域有、无水保措施两种情景下的 45 年系列水资源评价结果见表 13-22。

表 13-22　现状下垫面有、无水保措施情景下的水资源评价对比　　（单位:亿 m³）

分区	有水保措施情景					无水保措施情景				
	地表水资源	地下水总量	不重复地下水	水资源总量	有效蒸散发	地表水资源	地下水总量	不重复地下水	水资源总量	有效蒸散发
北洛河洑头以上	9.8	6.8	1.4	11.2	85.7	10.7	6.5	1.3	12.0	83.7
泾河张家山以上	18.5	10.4	1.6	20.1	141.2	20.3	10.0	1.5	21.8	138.5
渭河宝鸡峡以上	24.9	9.7	3.0	27.9	96.8	26.7	9.5	2.9	29.6	94.6
渭河宝鸡峡至咸阳	24.0	14.8	4.9	28.8	75.8	25.0	14.2	4.6	29.4	74.7
渭河咸阳至潼关	17.2	20.6	11.5	28.6	78.3	17.9	19.9	11.0	28.8	77.6
总计	94.4	62.3	22.4	116.6	477.8	100.5	60.2	21.2	121.6	469.2

从表 13-22 中结果可以看出,水保措施对于渭河流域水资源演变发生重要影响,有水保措施和无水保措施相比,地表水资源量减少 6.1%、不重复的地下水资源量增加 5.4%、地下水资源量增加 3.5%,狭义水资源总量减少 4.1%,有效降水利用量增加 1.8%。水保措施通过改变局部地形、地表糙度、拦截沟道水量减少水分的水平运动,同时增加垂直入渗和蒸发,在水资源构成上表现为地表水资源量减少、地下水资源量增加,虽然狭义水资源减少,但是为生态系统和农作物直接利用的水量增加。

2. 控制断面水资源演变

以 1956～2000 年气象系列、2000 年现状下垫面和分离用水条件为基础,渭河流域有、无水保措施两种情景下的 45 年系列各主要控制断面站水资源评价结果见表 13-23。

表 13-23　现状下垫面有、无水保措施情景下的断面水资源评价结果　　（单位:亿 m³）

主要断面	有水保措施情景			无水保措施情景		
	河川径流量	不重复地下水	水资源总量	河川径流量	不重复地下水	水资源总量
北洛河洑头	9.9	1.4	11.3	10.8	1.3	12.1
泾河张家山	18.9	1.6	20.5	20.7	1.5	22.2
渭河林家村	25.4	3.0	28.4	27.2	2.9	30.1
渭河咸阳	48.4	7.9	56.3	51.2	7.5	58.7
渭河华县	81.3	21.0	102.3	88.4	20.0	108.4

从表 13-23 可以看出,华县断面有水保措施情景下天然径流量为 81.3 亿 m³,比无水保措施情景下减少了 8.0%;地下水不重复量为 21.0 亿 m³,比无水保措施情景下增加5.0%;狭义水资源总量为 102.3 亿 m³,比无水保措施情景减少了 5.6%。在有水保措施

情景下,其他各个断面的天然径流量都不同程度减少,不重复地下水都有所增加,狭义水资源量减少。

(四)下垫面变化对流域水资源演变影响

下垫面对流域水资源演变的定量考查,可以在模拟实验中,保持其他输入因子不变(如气象、用水等),而对不同时期下垫面情景分别进行模拟,然后对比其结果,即可获得下垫面对流域水资源演变的定量影响。

1. 分区"片水"资源演变

为对比下垫面变化对于流域水资源演变影响,本次研究以1956~2000年气象系列和2000年无人工取用水为背景,分别对80年代和2000现状年两期下垫面条件下的水资源进行评价。不同下垫面情景下的"片水"资源评价结果对比情况分别见表13-24。

表13-24　80年代和2000年下垫面水资源评价结果对比　　　　(单位:亿 m³)

分区	80年代下垫面					2000年下垫面				
	地表水资源	地下水总量	不重复地下水	水资源总量	有效蒸散发	地表水资源	地下水总量	不重复地下水	水资源总量	有效蒸散发
北洛河洑头以上	10.1	6.7	1.4	11.5	85.0	9.8	6.8	1.4	11.2	85.7
泾河张家山以上	19.1	10.3	1.6	20.7	140.3	18.5	10.4	1.6	20.1	141.2
渭河宝鸡峡以上	25.5	9.6	3.0	28.5	96.1	24.9	9.7	3.0	27.9	96.8
渭河宝鸡峡至咸阳	24.3	14.6	4.8	29.0	75.4	24.0	14.8	4.9	28.8	75.8
渭河咸阳至潼关	17.4	20.4	11.3	28.7	78.1	17.2	20.6	11.5	28.6	78.3
总计	96.4	61.6	22.0	118.3	474.9	94.4	62.3	22.4	116.6	477.8

从表13-24可以看出,2000年下垫面与80年代下垫面相比,地表水资源量减少2.1%,不重复量增加1.8%,狭义水资源总量减少1.4%,地下水资源量增加1.1%,有效蒸散发增加0.6%,广义水资源量增加0.2%。

2. 控制断面水资源演变

以1956~2000年气象系列和2000年无人工取用水为背景,80年代下垫面和2000年下垫面条件下的45年系列各主要控制断面水资源评价结果见表13-25。

表13-25　80年代和2000年下垫面条件下的断面水资源评价结果　　(单位:亿 m³)

主要断面	80年代下垫面			2000年下垫面		
	地表水	不重复地下水	水资源总量	地表水	不重复地下水	水资源总量
北洛河洑头	10.2	1.4	11.6	9.9	1.4	11.3
泾河张家山	19.5	1.6	21.1	18.9	1.6	20.5
渭河林家村	26.0	3.0	29.0	25.4	3.0	28.4
渭河咸阳	49.3	7.8	57.1	48.4	7.9	56.3
渭河华县	83.0	20.7	103.7	81.3	21.0	102.3

从表 13-25 可以看出,华县断面 2000 年现状下垫面情景下天然径流量为 81.3 亿 m³,比 80 年代下垫面情景下减少了 2.0%;地下水不重复量为 21.0 亿 m³,比 80 年代下垫面情景下增加 1.4%;狭义水资源总量为 102.3 亿 m³,比 80 年代下垫面情景减少了 1.3%。在 2000 年下垫面情景下,其他各个断面的增减趋势大致一致。

三、未来水资源演变预测

为指导未来流域水资源远期规划,本次研究利用二元耦合模型对渭河流域 2020 年水资源演变情景进行了模拟预测,其中人工取用水情景为规划水平年考虑控制地下水超采措施的供需情况,由集总式水资源合理配置模型输出;下垫面情景则以 2000 年现状下垫面为基础,根据各省区相关专项规划(如水土保持规划、灌溉面积发展规划、城市化发展规划等),结合历史未来演变规律分析,在 GIS 平台上综合处理得到。由于未来气候变化存在很大的不确定性,预测和定量模拟相当困难,未来气候变化对水资源演变的影响有待气象学领域相关理论和技术的突破,故本次研究中模拟未来水资源状况时不考虑气候变化因素,各气象要素仍采用 1956~2000 年系列资料。

(一)广义水资源演变预测

渭河流域 2020 年广义水资源演变情景模拟评价结果见表 13-26。

从表 13-26 结果看出,2020 年下垫面和取用水情景下,渭河流域有效降水量为 593.37 亿 m³,无效降水量为 151.93 亿 m³,与 2000 年相比,广义水资源量基本没变,但直接利用的有效水分增加了 3.05 亿 m³,这主要是因为农田及生态建设的发展所致。

表 13-26　2020 年渭河流域水资源演变情景模拟评价　　　　（单位:亿 m³）

分区	降水量	广义水资源			无效蒸发
		狭义水资源	有效蒸散	合计	
北洛河洑头以上	130.28	11.20	85.55	96.75	33.53
泾河张家山以上	220.10	19.85	141.21	161.06	59.04
渭河宝鸡峡以上	161.60	26.12	97.71	123.83	37.77
渭河宝鸡峡至咸阳	116.29	25.20	79.38	104.58	11.71
渭河咸阳至潼关	117.00	23.84	83.31	107.15	9.85
总计	745.27	106.21	487.16	593.37	151.93

(二)狭义水资源演变预测

渭河流域 2020 年狭义水资源演变情景模拟评价结果见表 13-27。

表 13-27　2020 年渭河流域水资源情景模拟评价　（单位:亿 m³）

分区	地表水资源量	地下水资源量	不重复地下水资源量	水资源总量
北洛河洑头以上	9.25	6.43	1.95	11.20
泾河张家山以上	17.47	9.79	2.38	19.85
渭河宝鸡峡以上	21.97	8.54	4.15	26.12
渭河宝鸡峡至咸阳	19.04	13.30	6.16	25.20
渭河咸阳至潼关	13.87	17.57	9.98	23.84
总计	81.60	55.63	24.62	106.21

从表 13-27 结果看出,2020 年下垫面和取用水情景下,渭河流域地表水资源量将演变为 81.60 亿 m³,地下水资源总量演变为 55.63 亿 m³,不重复的地下水资源量为 24.62 亿 m³,狭义水资源总量演变为 106.21 亿 m³。与现状相比,渭河流域狭义水资源总量减少了 3.48 亿 m³,地表水资源量减少 3.20 亿 m³,不重复的地下水资源量减少 0.27 亿 m³,地下水资源总量增加 4.63 亿 m³。在这五个三级区中,变化规律不尽相同。前三个区(主要为山丘区)受农田面积发展和生态建设的影响,地表水资源量减少、地下水资源量减少,由于地下水开采减少,不重复的地下水资源量减少,水资源总量减少;渭河宝鸡峡至咸阳区间控制了农业取用地下水量,导致地下水总量增加,但由于工业取用地下水量增加,不重复地下水仍然增加;渭河咸阳至潼关区间同时控制了农业和工业取用地下水量,导致地下水总量和不重复量同时增加。

2020 年渭河各主要断面水资源情景模拟评价结果见表 13-28。

表 13-28　2020 年下垫面条件下的渭河流域断面水资源评价结果　（单位:亿 m³）

主要断面	地表水资源量	地下水资源量		狭义水资源总量
		资源总量	不重复资源量	
北洛河洑头	7.6	6.43	1.95	9.55
泾河张家山	15.4	9.79	2.38	17.78
渭河林家村	21.8	8.54	4.15	25.95
渭河咸阳	38.9	21.84	10.31	49.21
渭河华县	67.7	49.20	22.67	90.37

从表 13-28 结果看出,2020 年下垫面和取用水条件下,华县断面的河川径流量为 67.7 亿 m³,比 2000 年情景增加了 0.89%;地下水不重复量为 22.67 亿 m³,比 2000 年情景减少了 0.92%,增加的主要原因是控制地下水开采;狭义水资源总量为 90.37 亿 m³,比 2000 年下垫面增加了 0.43%。

第十四章　三川河流域水资源评价

第一节　三川河流域二元水循环过程模拟

一、流域概况

三川河流域位于黄河中游河龙区间(河口镇—龙门区间)中段左岸,是黄河北干流左岸诸多支流中第二大支流,发源于山西省方山县东北赤坚岭,在柳林县上庄村注入黄河,由北川河、东川河、南川河三大支流汇集而成(见图14-1),是晋西地区主要的水源地之一。全流域位于东经110.7°~111.4°,北纬37.1°~38.1°之间,全长176.4 km,入黄河口高程为624 m,流域面积为4 161 km²。北川河为三川河的干流,发源于山西省吕梁山北段西麓方山县东北的赤坚岭,在离石市纳支流——东川河后才称其为三川河。北川河全长95 km,流域面积1 855.7 km²,河床比降0.7%。上段多为土石山区,河谷宽100~150 m,下段为黄土丘陵沟壑区,河道宽1 000~2 000 m。

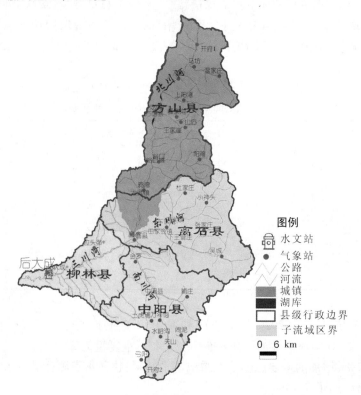

图14-1　三川河流域水系与主要水文站

东川河由大东川、小东川两个源头组成,二者在车家湾汇合。小东川,发源于吕梁山脉骨脊山,呈东北西南流向,长 32 km,流域面积为 414.3 km²,河床比降 2.6%,河谷宽 800~1 200 m;偏南的为大东川,发源于吕梁山西麓的神林山沟,经吴城镇,呈东南西北走向,长 44 km,流域面积 537.5 km²,河床比降 1.15%,河谷宽 1 000 m。东川河上游为土石山区,中下游为黄土丘陵沟壑区。

南川河发源于吕梁山西麓,在离石交口镇汇入三川河,河长 60.4 km,流域面积 825 km²,河床比降 1.0%~1.6%,上游为石质山林、中游为黄土丘陵沟壑区。

该流域的产汇流特性、水资源的演化行为直接影响着全流域社会经济的持续发展。其产汇流变化特性对水资源短缺的黄河中游地区来讲,具有典型代表意义。为此,本章通过对流域内水土保持治理措施和流域下垫面植被变化的实地调查,分析下垫面的变化及相应降水、径流的变化特性;研究不同水土保持措施和流域下垫面植被的流域水文效应;建立分布式流域产汇流计算模式,定量评价水土保持措施和气候条件变化对流域水文的影响,提出流域产汇流变化规律及趋势。

二、二元水循环过程模拟

本研究采用变时间步长(即对降雨强度超过 10 mm 的入渗产流过程采用 1 h、坡地与河道汇流采用 6 h 而其余的采用 1 d),对三川河流域的 273 个计算单元、45 条河流等,进行了 1956~2000 年共 45 年的连续模拟计算。其中 1980~2000 年的 21 年取为模型校正期,主要校正参数包括土壤饱和导水系数、河床材料透水系数和曼宁糙率、各类土地利用的洼地最大截流深以及地下水含水层的传导系数及给水度等。校正准则包括:①模拟期年均径流量误差尽可能小;②Nash - Sutcliffe 效率尽可能大;③模拟流量与观测流量的相关系数尽可能大。模型校正后,保持所有模型参数不变,对 1956~1979 年(验证期)的连续模拟结果进行验证。对河道流量、地下水位、土壤含水率、地表截流深及积雪等水深状态变量的初始条件先进行假定,然后根据 45 年连续模拟计算后的平衡值替代。

模型验证主要根据收集的三川河流域把口断面后大成水文站 45 年逐月实测或天然(还原)径流系列进行。模型验证包括两个方面:历史下垫面系列、分离人工取用水过程时的天然河川径流模拟结果与本次全国水资源规划还原河川径流过程相比较,历史下垫面系列、耦合取用水过程时的河川径流模拟结果与实测河川径流过程相比较。

(一)天然河川径流过程校验

虽然还原河川径流量受用水数据统计口径、回归系数等多种因素的影响,未必是天然河川径流量的"真值",但毕竟为模型计算提供了参考。后大成水文站 45 年系列天然月径流过程校验情况见图 14-2。

从校验结果来看,1956~2000 年系列三川河把口断面水文站多年平均天然径流量的相对偏差为 -3.4%,模型逐月模拟 Nash 效率系数为 0.63。

(二)实测河川径流过程校验

后大成水文站 45 年系列实际月径流过程逐校验情况见图 14-3。从校验结果来看,1956~2000 年系列多年平均实测径流量的相对误差为 -3.1%,模型逐月模拟 Nash 效率系数为 0.63。虽然取用水活动使河川径流过程变得更加复杂,增加了模拟难度,但各项指标及逐月过程比较表明,模型的拟合精度仍可接受,基本符合水资源评价的要求。

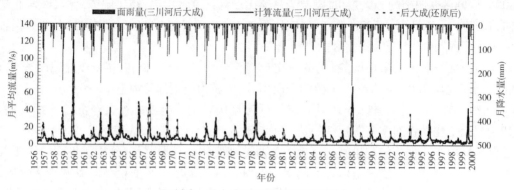

图 14-2　后大成天然月径流过程校验

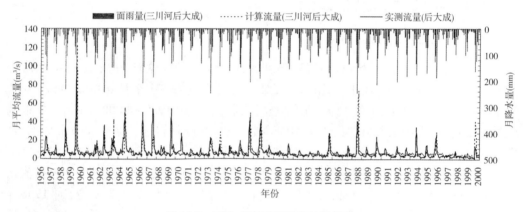

图 14-3　后大成实测月径流过程校验

第二节　现状条件下三川河流域水资源评价

一、降水结构解析

(一)系列降水量

由于本次评价是以降水为输入通量的层次化水资源评价,因此在进行评价之前,首先应当对降水进行系统分析。采取的降水系列为 1956~2000 年 45 年系列。利用前面所提出的站点雨量空间化方法,给出不同时期三川河流域降水量见表 14-1。

表 14-1　不同时期三川河流域降水量　　　　　　　　(单位:mm)

1956~2000 年	1956~1959 年	1960~1969 年	1970~1979 年	1980~1989 年	1990~2000 年
506.3	534.3	525.3	491.3	504.8	476.0

从表 14-1 可以看出,三川河流域 45 年系列平均降水量为 506.3 mm,该时段内 50 年

代为最丰段,年均降水为 534.3 mm,较 45 年平均多出 5.5%;而 90 年代降水为最枯段,年均降水 476.0 mm,较 45 年平均少 6.0%。

(二)降水的资源结构解析

根据二元水循环演化模型模拟结果,三川河流域 1956～2000 年系列降水资源结构见表 14-2。从表 14-2 可以看出,三川河流域 1956～2000 年系列平均降水量为 21.2 亿 m^3,其中 89.81% 直接蒸发返回大气,10.40% 形成了天然河川径流量。

表 14-2 现状条件下三川河流域降水结构解析

降水量	径流		蒸发		蓄变量	
(亿 m^3)	亿 m^3	%	亿 m^3	%	亿 m^3	%
21.2	2.19	10.40	19.04	89.81	−0.03	−0.15

二、狭义水资源评价

为指导全流域和分片水资源规划与管理,本次评价分别对三川河流域的"片水"资源和主要水文断面的水资源进行评价,其中"片水"资源是基于所划分的 45 个子流域。某一区域的"片水"资源指的区域内所有子流域的地表水资源量和不重复的地下水资源量,其中地表水资源量是各子流域降雨产流汇入到各自河流的总水量;水文断面水资源量也包括两部分,其中不重复的地下水资源量与分片地下水资源口径一致,而地表水则是指无人类用水消耗情景下,真正流经该水文断面的河川径流量,与"片水"地表水资源量相比要小,数量上等于"片水资源"减去子流域汇流点到水文断面的河道汇流损失。

在 1956～2000 年气象系列、2000 年现状下垫面条件下,三川河流域狭义水资源评价结果见表 14-3。

从表 14-3 结果可以看出,三川河流域 1956～2000 年系列狭义水资源总量为 2.37 亿 m^3,其中地表水资源量为 2.19 亿 m^3,地下水资源量为 1.17 亿 m^3,不重复的地下水资源量为 0.18 亿 m^3。在 1956～2000 年气象系列、2000 年现状下垫面条件下,三川河流域主要控制断面后大成站地表水资源量为 2.0 亿 m^3。

表 14-3 现状条件下三川河流域分片狭义水资源评价 (单位:亿 m^3)

地表水资源量	地下水资源量		狭义水资源总量
	资源总量	不重复资源量	
2.19	1.17	0.18	2.37

三、广义水资源评价

(一)有效蒸发计算

在 2000 年现状下垫面条件下,三川河流域 1956～2000 年 45 年系列地表截流(包括冠层和地表两部分蒸发)有效蒸发评价结果见表 14-4。

表 14-4　三川河流域地表有效蒸发评价结果　　　　　　（单位：亿 m³）

有效蒸发				无效蒸发
农田	居工地	林地	草地	
0.71	0.01	1.12	0.24	0.74

从表 14-4 计算结果可以看出，三川河流域地表截流蒸发中，无效蒸发占 26.3%，有效蒸发占 73.7%。

在 2000 年现状下垫面条件下，三川河流域 1956～2000 年 45 年系列各项土壤有效与无效蒸发（不包括潜水蒸发）评价结果见表 14-5。

表 14-5　三川河流域土壤有效与无效蒸发评价结果　　　　（单位：亿 m³）

有效蒸发			无效蒸发
农田	林地	草地	
4.15	6.61	1.44	3.81

从表 14-5 计算结果可以看出，三川河流域土壤蒸发（不包括潜水蒸发）中，有效蒸发占 66.3%，无效蒸发占 23.7%。

（二）广义水资源评价

综合以上狭义水资源（"片水"）和各项有效蒸散发评价结果，三川河流域 1956～2000 年系列广义水资源评价结果见表 14-6。

表 14-6　三川河流域广义水资源评价　　　　　　（单位：亿 m³）

降水	广义水资源					
	狭义水资源	有效蒸散发				总量
		农田	居工地	林地	草地	
21.2	2.37	4.86	0.01	7.73	1.68	16.65

从表 14-6 可以看出，三川河流域 45 年系列年均广义水资源量为 16.65 亿 m³，占降水总量的 78.5%；广义水资源中，狭义的径流性水资源占 14.2%，有效的蒸散发占 85.8%。

第三节　变化环境下三川河流域水资源演变规律分析

一、基于二元模拟的水资源演变分析

如上所述，1956～2000 年 45 年中，自然驱动力中，受水文变化的影响，系列的降水有减少趋势，另外由于日照、相对湿度、日均风速三项因子影响，水面蒸发总体略有下降；对于人工驱动项，三川河流域用水有较大增长，下垫面发生了较大的变化。在"自然－人工"二元驱动力作用下，三川河流域水资源也发生了深刻演变。为此，本次研究对水资源历史演变过程进行模拟,以摸清"自然－人工"二元驱动力作用下的水资源演变客观规律。

　　为描述三川河流域水资源演变的过程及其规律,本次研究利用了二元演化模型对1956～2000年系列实际过程进行"仿真"模拟,包括采用了各历史时期实际系列的气象信息、下垫面信息和供用水信息,其中由于难以得到逐年下垫面情况,研究采用时段代表方法,分别选用了6期下垫面信息,代入对应时段模拟,6期下垫面分别为:1956～1959年系列代表下垫面、1960～1969年系列代表下垫面、1970～1979年系列代表下垫面、1980～1989年系列代表下垫面、1990～2000年系列代表下垫面和2000年下垫面,以此组成下垫面系列,与人工取用水的逐年过程共同形成两大人类活动影响要素系列,再与逐年气象信息一起作为水资源系列模拟仿真的基础。

（一）广义水资源演变

　　三川河流域1956～2000年系列广义水资源评价的"历史仿真"结果见表14-7。

　　从表14-7可以看出,三川河流域1980～2000年系列平均年降水量较1956～1979年系列低4.2%,径流性水资源减少了20.3%,广义水资源量减少了2.9%,但生态对降水的有效利用量略有增加。

表14-7　三川河流域广义水资源系列仿真评价　　　　　　（单位:亿 m^3）

时段	年降水量	狭义水资源	广义水资源*					总量	无效降水
			有效蒸散发						
			农田有效蒸散发	林草有效蒸散发	居工地有效蒸散发	总量			
1956～1959	22.6	3.00	5.36	9.12	0.006	14.49		17.49	5.11
1960～1969	22.2	2.66	5.12	8.78	0.006	13.91		16.57	5.63
1970～1979	20.6	2.53	4.84	8.29	0.006	13.14		15.67	4.93
1980～1989	21.3	2.27	5.11	8.79	0.005	13.91		16.18	5.13
1990～2000	20.1	2.09	4.79	8.82	0.005	13.62		15.71	4.40
1956～1979	21.6	2.66	5.05	8.63	0.006	13.69		16.35	5.25
1980～2000	20.7	2.12	4.94	8.81	0.005	13.76		15.88	4.83

　　注: * 根据前面所述,有效蒸散发主要包括农田蒸散发、林草有效蒸散发和居工地的蒸散发三大类,潜水蒸散发已统计在狭义水资源中,故此处的有效蒸散发不包括潜水蒸散发,林草的有效蒸散发根据其盖度来确定。

（二）狭义水资源演变

　　三川河流域1956～2000年系列不同时段狭义水资源评价的"历史仿真"结果见表14-8。

　　从表14-8可以看出,在"自然－人工"二元驱动力作用下,三川河流域1980～2000年系列平均狭义水资源总量较1956～1979年系列低20.3%,其中地表水资源衰减22.3%,但不重复的地下水资源增加了80.2%。

为综合描述子流域内部以及子流域出口断面到控制断面之间的河道共同引起的水资源演变,表 14-9 给出了三川河后大成断面不同时期水资源评价结果。

表 14-8 分区"片水"资源系列仿真评价 　　　　　　　　　　　　(单位:亿 m³)

时段	地表水资源量	地下水资源量		水资源总量
		地下水资源总量	不重复地下水资源量	
1956~1959	2.89	1.26	0.102	3.00
1960~1969	2.56	1.22	0.096	2.66
1970~1979	2.43	1.10	0.103	2.53
1980~1989	2.10	1.03	0.168	2.27
1990~2000	1.89	0.99	0.194	2.09
1956~1979	2.56	1.18	0.101	2.66
1980~2000	1.99	1.01	0.182	2.12

表 14-9 后大成断面水资源系列仿真评价 　　　　　　　　　　　(单位:亿 m³)

时段	河川径流量	地下水不重复量	水资源总量
1956~1959	2.87	0.102	2.97
1960~1969	2.49	0.096	2.59
1970~1979	2.21	0.103	2.31
1980~1989	1.90	0.168	2.07
1990~2000	1.72	0.194	1.91
1956~1979	2.44	0.101	2.54
1980~2000	1.80	0.182	1.98

从表 14-9 可以看出,后大成断面 1980~2000 年平均天然径流量为 1.80 亿 m³,比 1956~1979 年减少了 26.2%;地下水不重复量为 0.182 亿 m³,比 1956~1979 年增加 80.2%;狭义水资源总量为 1.98 亿 m³,比 1956~1979 年减少了 22.0%。

二、各项因子的水资源演变效应定量计算

为科学识别出各项自然和人工因子对于三川河流域水资源演变的影响,本次研究采取情景对比模拟的方式,具体是在模型中只考虑某种因子变化,保持其他因子不变,然后对比模拟结果来评价该项因子的水资源演化效应。本次研究考虑的自然、人工因子变化类型主要包括气象要素、人工取用水、水保措施和综合下垫面变化四大类。

(一)气象要素对水资源的影响

对 2000 年现状下垫面、分离用水条件下各年代水资源量进行模拟,对比分析各年代

气象要素对水资源的影响。

1. 分区"片水"资源演变

以 2000 年现状下垫面、分离用水条件为基础,三川河流域各年代水资源评价结果见表 14-10。

表 14-10 三川河流域气象要素对"片水"资源的影响 (单位:亿 m³)

时段	年均降水量	地表水资源	地下水总量	不重复地下水	水资源总量	有效蒸散发	无效降水
1956~1959	22.6	2.77	1.33	0.104	2.87	15.37	4.36
1960~1969	22.2	2.53	1.38	0.098	2.63	14.55	5.02
1970~1979	20.6	2.40	1.18	0.079	2.48	13.61	4.51
1980~1989	21.3	2.12	1.10	0.075	2.20	14.28	4.82
1990~2000	20.1	1.99	1.09	0.078	2.06	13.73	4.31
1956~1979	21.6	2.51	1.29	0.091	2.61	14.29	4.70
1980~2000	20.7	2.05	1.09	0.077	2.13	13.99	4.58

从表 14-10 可以看出,三川河流域 1980~2000 系列年均降水量较 1956~1979 系列低 4.2%,造成广义水资源量减少 4.6%,径流性水资源减少 18.4%,其中地表水资源偏少 18.3%,不重复的地下水资源偏小 15.4%。90 年代降雨衰减导致水资源衰减厉害,1990~2000 系列年均降水量较 1956~1979 系列低 6.9%,造成广义水资源量减少 6.6%,径流性水资源减少 21.1%,其中地表水资源偏少 20.1%,不重复的地下水资源偏小 14.3%。在三川河流域,降水减少引起的地表水资源量的衰减要比地下水资源量大,狭义水资源总量的衰减比广义水资源总量大。

2. 控制断面水资源演变

为综合描述坡面和河道共同引起的水资源演变,以 2000 年现状下垫面、分离用水条件为基础,三川河断面各年代水资源评价结果见表 14-11。

表 14-11 三川河流域气象要素对断面水资源的影响 (单位:亿 m³)

时段	河川径流量	地下水不重复量	水资源总量
1956~1959	2.65	0.104	2.75
1960~1969	2.37	0.098	2.47
1970~1979	2.24	0.079	2.32
1980~1989	1.91	0.075	1.99
1990~2000	1.81	0.078	1.89
1956~1979	2.36	0.091	2.45
1980~2000	1.86	0.077	1.94

从表 14-11 可以看出,三川河断面 1980~2000 年平均天然径流量为 1.86 亿 m³,比 1956~1979 年减少了 21.2%;地下水不重复量为 0.077 亿 m³,比 1956~1979 年减少了 15.4%;狭义水资源总量为 1.94 亿 m³,比 1956~1979 年减少了 20.8%。受降水减少影响,总的变化是地表径流和狭义水资源减少。1990~2000 年平均天然径流量为 1.81 亿 m³,比 1956~1979 年减少了 23.3%;地下水不重复量为 0.078 亿 m³,比 1956~1979 年减少 14.3%;狭义水资源总量为 1.89 亿 m³,比 1956~1979 年减少了 22.9%。

(二)人工取用水对流域水资源演变影响

人工取用水对流域水资源演变的定量计算,可以在二元模型中保持降水和下垫面条件不变,即采用 2000 年下垫面 1956~2000 年降水系列模式,取天然水循环和人工取用水耦合分离两种情景分别进行模拟,然后对比其结果,即可得到人工取用水对流域水资源演变的影响。

1. 分区"片水"资源演变

人工取用水改变了水资源的天然分配状况,引起了流域产水条件以及水分循环路径的改变。从表 14-12 可以看到,人工取用水改变了三川河流域水资源量的构成:地表水资源量减少了 0.11 亿 m³。主要原因是:一方面取水—用水—耗水—排水改变水资源的分布,影响了地表径流的产水条件,而地下水的开采致使包气带厚度增厚,增加了地表径流的入渗量,减少了地表径流量;另一方面人工开采地下水使得地下水水位降低,减少了地下水向河流的排泄量。不重复量增加了 0.10 亿 m³,不重复地下水资源量受地下水补给量和排泄量的影响,地下水资源量主要受降水入渗量和地表水体入渗补给量的影响,降水入渗量和地表水体入渗补给量除受岩性、降水量、地形地貌、植被等因素的影响外,还受地下水埋深的影响,当地下水水位埋深较浅时,补给系数随着水位埋深增加而增加,当地下水水位埋深超过某一临界值时,补给系数接近零值,而人工开采地下水改变了地下水的排泄方式,袭夺了潜水蒸发以及河川基流量,两种因素共同作用导致不重复量增加;地表水资源量的减少和不重复的增加使得狭义水资源总量减少了 0.01 亿 m³。人类大量取用地下水降低了地下水位,增加了包气带的厚度和土壤储存水的容量,因而有效蒸散发量增加了 0.13 亿 m³。狭义水资源量的减少和有效蒸散发的增加使得广义水资源总量增加 0.12 亿 m³。虽然人工取用水对狭义水资源总量影响不大,但是改变了其水资源量的构成。广义水资源有明显增加,可见人工取用水下增加了降水的有效利用量。

表 14-12　人工取用水引起的水资源量变化

| 情景 | 降水 (亿 m³) | 地表水资源量 (亿 m³) | 不重复量 (亿 m³) | 地下水资源量 (亿 m³) | 有效蒸散发 (亿 m³) | 狭义水资源 | | | 广义水资源总量 (亿 m³) |
						总量 (亿 m³)	产水系数	产水模数 (万 m³/km²)	
无人工取用水	21.2	2.30	0.08	1.20	14.15	2.38	0.11	5.64	16.53
有人工取用水	21.2	2.19	0.18	1.17	14.28	2.37	0.11	5.62	16.65

从对比结果我们可以看到,人工取用水改变了产水条件,影响了水资源量的构成,主要表现在:①改变狭义水资源的构成。人工取用水通过袭夺基流减少了地下水的河川排

泄量,从而使得河川径流量有明显减少。如果开采地下水的量在一定限度内,地下水补给量不变或者有所减少,不重复的地下水资源量增加;如果开采量太大,包气带加厚导致地表水不容易补给地下水,则会减少不重复的地下水资源量。②改变广义水资源的构成,主要表现在有效降水利用量的增加上。人工取用水造成地下水位下降,包气带增厚,一定程度上增加了有效的土壤水资源量,有利于降雨的就地利用。虽然总的广义水资源量没有太大变化,但水资源的构成变化带来一系列生态环境后效,包括河流生态系统的维护以及地下水超采负面生态环境后效等问题。

2. 控制断面水资源演变

以 1956~2000 年气象系列、2000 年下垫面条件为基础,三川河流域有、无取用水两种情景下的 45 年系列各主要控制断面站水资源评价结果见表 14-13。

表 14-13　2000 年下垫面条件下的断面水资源评价结果　　（单位:亿 m³）

有取用水情景			无取用水情景		
河川径流量	不重复地下水	水资源总量	河川径流量	不重复地下水	水资源总量
2.03	0.18	2.21	2.21	0.08	2.29

从表 14-13 可以看出,三川河断面有取用水情景下天然径流量为 2.03 亿 m³,比无取用水情景下减少了 8.1%;地下水不重复量为 0.18 亿 m³,比无取用水情景下多 125.0%;狭义水资源总量为 2.21 亿 m³,比无取用水情景减少了 3.5%。

（三）水保措施对水资源的影响

水保措施的数量、质量及其分布状况是分析水保措施水沙效应的基础,水沙基金第一期研究统计了三川河流域各时期的水土保持面积,并进行大量扎实、细致的基础工作,通过合理确定梯田、林地、草地、坝地四大水保措施的保存率,得出了一套较为切合实际的数据。因此,本研究采用第一期水沙基金核实的面积。

本研究以天然状态下的水循环为研究模式,以 1956~2000 年降水系列为研究背景,对照分析下列两种不同下垫面情景下的水循环过程,以揭示三川河流域水保措施(梯田、林地、草地和坝地)的水文及水资源趋势性效应。

情景 1:将 1996 年的水保面积插值得到 2000 年面积,并使用 2000 年土地利用遥感解译数据,模拟三川河流域 2000 年下垫面条件下的水循环过程。三川河流域四种水保措施(梯田、林地、草地和坝地)的总面积为 1 728 km²,其中林地面积为 1 338 km²,草地面积为 53 km²,梯田面积为 311 km²,坝地面积 26 km²。

情景 2:假设 2000 年下垫面条件下的所有水保措施的土地利用类型全部置换为裸地,模拟三川河流域水循环过程。

模拟结果如表 14-14 所示。情景 1 下垫面条件下三川河流域多年平均地表水资源量为 2.30 亿 m³,不重复量为 0.084 亿 m³,地下水资源量为 1.20 亿 m³,狭义水资源总量为 2.38 亿 m³,广义水资源量为 16.53 亿 m³,约为狭义水资源总量的 6.95 倍。

情景 2 下垫面条件下三川河流域多年平均地表水资源量为 2.74 亿 m³,不重复量为 0.076 亿 m³,地下水资源量为 1.19 亿 m³,狭义水资源总量为 2.81 亿 m³,广义水资源量为

14.31 亿 m³,约为狭义水资源总量的 5.09 倍。

1. 分区"片水"资源演变

水土保持改变了局部水循环条件,使得流域水循环的各要素过程发生变化,从而使得各水资源构成也发生相应的变化。

表 14-14　水土保持对水资源量的影响

水保措施	降水	地表水资源量	地下水资源量	不重复量	狭义水资源总量	有效蒸散发	广义水资源总量
情景 2(亿 m³)	21.2	2.74	1.19	0.076	2.81	11.50	14.31
情景 1(亿 m³)	21.2	2.30	1.20	0.084	2.38	14.15	16.53
变化量(亿 m³)	0	−0.44	0.01	0.009	−0.43	2.65	1.32
变化率(%)	0	−16.06	0.84	10.52	−15.34	23.04	15.521

水土保持减少了地表水资源量,但是增加了地下水资源量以及有效蒸发量,增加了降水的直接利用量,提高了降水的有效利用率。水保措施加强了水循环的垂向过程而削弱了水循环的水平过程,因而地表水资源量减少 0.44 亿 m³,减少幅度为 16.06%,而降水入渗增加,则导致地下水资源量增加 0.01 亿 m³,增加幅度为 0.84%;由于潜水蒸发增加了水分的垂向运动而减少了地下径流,不重复量增加 0.009 亿 m³,增加幅度为 10.526%;在地表水和不重复量的共同影响下狭义水资源总量减少 0.43 亿 m³,减少幅度为 15.2%;植被蒸发以及地表截流增加,使得有效蒸散发量增加 2.65 亿 m³,增加幅度为 23.04%;广义水资源量增加 2.222 亿 m³,增加幅度为 15.521%。在各水资源量中,变化率最大的是有效蒸散发量,可见水土保持增加了植被对降水的直接利用量,增加了水分的生态效用。

2. 控制断面水资源演变

以 1956~2000 年气象系列、2000 年现状下垫面和分离用水条件为基础,三川河流域有、无水保措施两种情景下的 45 年系列后大成控制断面站水资源评价结果见表 14-15。

表 14-15　现状下垫面有、无水保措施情景下的断面水资源评价结果 （单位:亿 m³）

有水保措施(情景 1)			无水保措施(情景 2)		
河川径流量	不重复地下水	水资源总量	河川径流量	不重复地下水	水资源总量
2.21	0.084	2.29	2.69	0.076	2.77

从表 14-15 可以看出,后大成断面有水保情景下天然径流量为 2.21 亿 m³,比无水保情景下减少了 17.8%;地下水不重复量为 0.084 亿 m³,比无水保措施情景下增加 9.5%;狭义水资源总量为 2.29 亿 m³,比无水保措施情景减少了 17.3%。

(四)下垫面变化对流域水资源演变影响

下垫面是影响流域水循环过程的重要因子,流域下垫面是地形、地面覆盖物、植被、土壤、地质构造等天然和人工多种因素的综合体。随着近几十年来的社会经济高速发展,三川河流域大面积水土保持、工农业生产、生态环境建设、水利工程建设以及土地利用结构变化改变了三川河流域的宏观以及微观下垫面条件。

下垫面条件对于流域水资源演变的定量计算,可以在二元模型中,保持其他输入因子不变即采用 1956～2000 年降水系列天然水循环模式,取 2000 年下垫面与历史下垫面两种情景分别进行模拟,然后对比其结果,即可获得下垫面条件对流域水资源演变的定量影响。

1. 分区"片水"资源演变

植树造林、人工梯田、淤地坝等水保措施增加了地表植被的覆盖度,增加了地表的截流、叶面蒸散发以及植被的蒸腾量,同时改变了降水的入渗条件,相应减少了地表径流和地下径流量,增加了生态对于降水的有效利用量增加;水库建设增加了地表截流和渗漏、蒸发,使得地表径流减少,地下水的补给增加。另外,城市化进程的提高导致不透水面积大幅度增加,从而减少了地表截流和入渗,使得地表径流增加而地下径流减少。各种因素综合作用,影响了流域地表、地下产水量,导致入渗、径流、蒸散发等水平衡要素的变化,改变水资源量的构成。采用二元模型进行计算(见表 14-16),初步得出:地表水资源量减少4.2%,不重复地下水资源量减少 3.4%,地下水资源量变化不大,有效蒸散发增加 7.1%,狭义水资源总量减少 4.3%,广义水资源总量增加了 5.3%。下垫面的变化引起的广义水资源总量的变化要小于狭义水资源量总量。

表 14-16 下垫面条件变化引起的水资源量变化

情景	降水	地表水资源量	不重复量	地下水资源量	有效蒸散发	狭义水资源			广义水资源总量
						总量	产水系数	产水模数	
	(亿 m³)	(亿 m³)	(亿 m³)	(亿 m³)	(亿 m³)	(亿 m³)		(万 m³/km²)	(亿 m³)
历史下垫面	21.2	2.40	0.087	1.20	13.21	2.49	0.12	5.89	15.70
2000 年下垫面	21.2	2.30	0.084	1.20	14.15	2.38	0.11	5.64	16.53

2. 控制断面水资源演变

以 1956～2000 年气象系列和 2000 年无人工取用水为背景,历史下垫面和 2000 年下垫面条件下的 45 年系列后大成控制断面水资源评价结果见表 14-17。

表 14-17 历史和 2000 年下垫面条件下的断面水资源评价结果　　　(单位:亿 m³)

历史下垫面			2000 年下垫面		
地表水	不重复地下水	水资源总量	地表水	不重复地下水	水资源总量
2.37	0.087	2.46	2.21	0.084	2.29

从表 14-17 可以看出,后大成断面 2000 年现状下垫面情景下天然径流量为 2.21 亿m³,比历史下垫面情景下减少了 6.8%;地下水不重复量为 0.084 亿 m³,比历史下垫面情景下减少 3.4%;狭义水资源总量为 2.29 亿 m³,比历史下垫面情景减少 6.9%。

第十五章　伊洛河流域水资源评价

第一节　伊洛河流域二元水循环过程模拟

一、流域概况

伊洛河流域位于东经 109°17′~113°10′、北纬 33°39′~34°54′,流域西北面为秦岭支脉崤山、邙山;西南面为秦岭山脉、伏牛山脉、外方山脉,与丹江流域、唐白河流域、沙颍河流域接壤。伊洛河在偃师顾县乡杨村以上分为南北两支:北支为洛河,发源于陕西省蓝田县灞源乡;南支为伊河,发源于河南省栾川县陶湾乡三合村的闷墩岭。杨村以下称伊洛河。流域自西向东流经陕西、河南 2 省 7 地(市)24 个县,于巩县神堤村注入黄河,流域面积 18 881 km²,其中河南省 15 808 km²,陕西省 3 073 km²,是黄河三门峡以下最大的支流,伊洛河流域共有水文站 14 个,雨量站 129 个,其中气象站 1 个,见图 15-1。

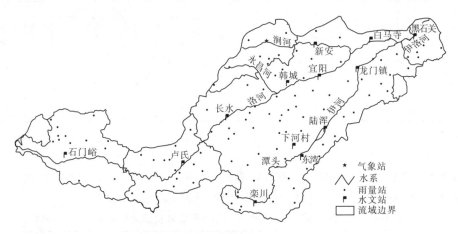

图 15-1　伊洛河流域水系

伊洛河流域人口密集,2000 年人均水资源量仅为 460 m³,低于世界公认的严重缺水地区人均 500 m³ 的标准。伊洛河流域现有大型水库 2 座、中小型水库 15 座。2 座大型水库的设计标准为 1 000 年一遇,校核标准为 10 000 年一遇。其中伊河陆浑水库 1960 年动工兴建,1965 年建成,控制流域面积 3 492 km²,校核库容 13.20 亿 m³;洛河故县水库 1992 年建成,水库控制流域面积 5 370 km²,水库总库容 11.75 亿 m³。

流域地势西南高、东北低,西有华山,北有崤山与黄河干流为界,南有伏牛山和长江水系分水;中部熊耳山,为伊、洛两河的分水岭。伊洛河流域属于黄土阶地区,该区介于平原与高原之间,地面广阔与平原相似,但有少量类似高塬地区的侵蚀沟,区内特点是地面平坦、土壤肥沃,耕垦历史悠久,人口稠密,海拔 300~800 m,地下水埋藏较浅,一般由数米至 10 多米不等,潜水蕴藏量丰富,灌溉条件好,农业生产水平高。

流域属暖温带山地季风气候。河谷和丘陵区年平均气温为 12～15 ℃,西部高山区则只有 4 ℃左右,无霜期 150～245 d。

平均年降水量由东北部的 500 mm 增至西南部的 1 100 mm,且年内分配不均:有 60%的降水集中在 7～10 月的汛期,多以暴雨形式降落,往往引起较大洪水;只有 30%的水降在 3～6 月,常有干旱发生。

伊洛河流域,人口自然增长率一直较快,尤其是 80 年代后期,虽然政府已采取了严格的控制措施,但人口增长率还是居高不下,20 世纪中期至 2000 年,伊洛河人口增加了 27%。城镇化建设加快,城镇化率由 20 世纪的 14%增长为 2000 年的 30%,增长一倍多。

二、二元水循环过程模拟

为进行模型验证,在 1956～2000 年共 45 年历史水文气象系列及相应下垫面条件下进行连续模拟计算。取 1956～2000 年为模型校正期,主要校正的参数包括河床材料透水系数、土壤最大含水率、各种土地利用的洼地最大截渗深以及地下水含水层的渗透系数四个参数。

验证选取伊洛河控制站黑石关为验证站,分别对有、无人工取用水两种模拟结果进行校验。其中,无人工取用水的校验是将黑石关模拟计算的径流过程与"还原"后的径流过程进行对比;而有人工取用水的校验则是将其模拟计算的径流过程与实测的径流过程进行对比。

从无人工取用水模拟的校验结果来看(见表 15-1),黑石关 1956～2000 年多年平均模拟径流量的径流量误差为偏小 6.3%,Nash 系数为 0.84,相关系数达 0.93。从各个支流校验结果来看,龙门镇 1956～2000 年多年平均模拟径流量的径流量误差为偏小6.1%,Nash 系数为 0.78,相关系数达 0.94;白马寺 1956～2000 年多年平均模拟径流量的径流量误差为偏小 6.3%,Nash 系数为 0.84,相关系数达 0.92。

从有人工取用水模拟的校验结果来看(见表 15-1),黑石关 1956～2000 年多年平均模拟径流量的径流量误差偏小 2.9%,Nash 系数为 0.80,相关系数达 0.92,流量过程误差指数为 0.55。从各个支流校验结果来看,龙门镇 1956～2000 年多年平均模拟径流量的径流量误差偏大 2.6%,Nash 系数为 0.75,相关系数达 0.90;白马寺 1956～2000 年多年平均模拟径流量的径流量误差偏小 7.1%,Nash 系数为 0.80,相关系数达 0.90。

从水资源评价和水资源演变规律研究的角度出发,这个精度验证结果是比较理想的。两种情况下的月径流拟合结果见图 15-2～图 15-7。

表 15-1　模型验证结果

水文站	类别	$D_v(\%)$	R_m^2	E_1	r_{xy}
黑石关	天然河川径流过程	6.3	0.84	—	0.93
	实测河川径流过程	2.9	0.80	0.55	0.92
白马寺	天然河川径流过程	6.3	0.84	—	0.92
	实测河川径流过程	7.1	0.80	—	0.90
龙门镇	天然河川径流过程	6.1	0.78	—	0.94
	实测河川径流过程	2.6	0.75	—	0.90

注:—为缺实测及还原日径流过程资料。

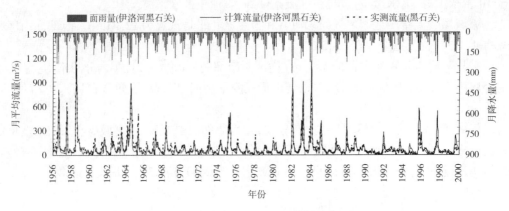

图15-2　黑石关实测月径流量校验结果

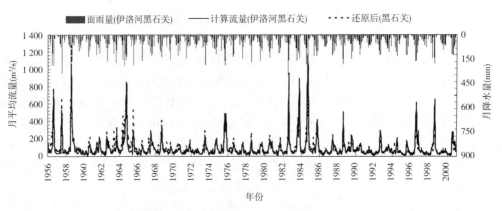

图15-3　黑石关还原月径流量校验结果

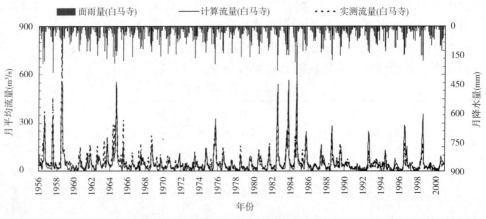

图15-4　白马寺实测月径流量校验结果

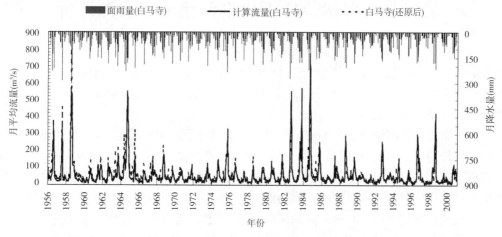

图 15-5　白马寺还原月径流量校验结果

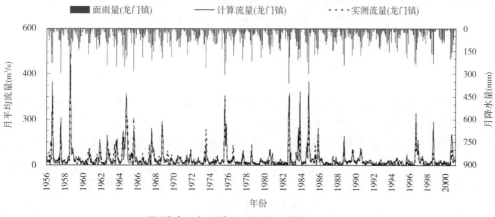

图 15-6　龙门镇实测月径流量校验结果

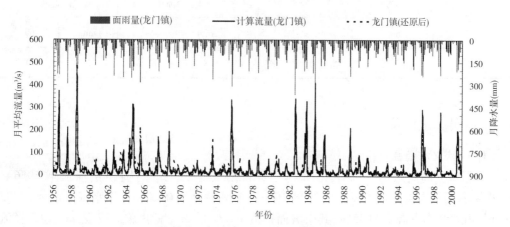

图 15-7　龙门镇还原月径流量校验结果

第二节　现状条件下伊洛河流域水资源评价

二元水循环模型能够模拟流域水文循环,并能够反映流域下垫面及气象因素对水文循环的影响,同时能够分离不同下垫面信息和气象信息;另外,在模型中能够识别流域水循环过程中的人工作用,然后在实测信息中将天然驱动项和人工驱动项进行分离,同时保持二者间的动态耦合关系。

为了研究伊洛河流域在人类活动和自然因素变化下的水资源量,本书采用 2000 年下垫面条件作为模型的输入,以保证系列的一致性,较传统的"修正"方法更科学。为反映人类取用水过程对水资源量的影响,模型统一采用 2000 年水量调配过程模式进行计算。根据目前水文资料实际情况,并考虑系列的代表性,采用 1956 ~ 2000 年水文资料进行分析。为反映流域用水过程对水循环的影响,采用天然水循环和用水方式耦合的模式进行计算。即评价模式采用的是 1956 ~ 2000 年水文气象系列、2000 年下垫面条件下以及有人工取用水条件,且取用水统一为 2000 年条件下的用水情况。

一、水平衡分析

降水是流域水循环的输入通量,依据水量平衡,流域水分的输入与输出关系为:

$$P = R + E + \Delta V \tag{15-1}$$

式中:P 为降水量;R 为径流量;E 为陆地蒸散发量;ΔV 为蓄水变量(蓄积为正值,损耗为负值),对于长系列而言,蓄变量可认为是零。

根据二元水循环模型模拟,结果为:伊洛河流域 1956 ~ 2000 年系列降水量为 707 mm,其中陆地蒸发量为 590 mm,可见 83.5% 直接蒸发返回大气,16.8% 形成河川径流量(见表 15-2)。

表 15-2　水平衡分析

区域	降水	蒸发		径流		蓄变量	
	mm	mm	%	mm	%	mm	%
伊洛河	706.5	589.6	83.5	118.8	16.8	-1.9	-0.3

二、层次化评价

(一)狭义水资源

根据以上的概念辨析,利用二元模型进行模拟计算。结果为:伊洛河流域 1956 ~ 2000 年多年平均狭义水资源量为 26.81 亿 m³,产水系数为 0.20。地表水资源量为 22.82 亿 m³,占狭义水资源量的 85%,其中坡面径流 11.71 亿 m³,壤中流 1.17 亿 m³,地下径流 9.94 亿 m³,基径比为 44%。地下水资源量为 15.67 亿 m³,其中不重复的地下水资源量为 3.99 亿 m³,如表 15-3 所示。

表 15-3　现状条件下伊洛河流域狭义水资源评价　　　　（单位:亿 m³）

流域	地表水资源量				地下水资源量		狭义水资源量	产水模数（万 m³/km²）
	合计	坡面径流	壤中流	地下径流	资源总量	不重复量		
伊洛河	22.82	11.71	1.17	9.94	15.67	3.99	26.81	14.16

综合规划的计算结果为:地表水资源量为 29.5 亿 m³,地下水资源量为 18.7 亿 m³,不重复量为 2.84 亿 m³,水资源总量为 32.3 亿 m³。与综合规划数据相比,本书计算的水资源量结果小。主要原因:一是计算方法不同,目前的水资源综合规划采取的是"还原 + 修正"的方法,没有反映人类用水和其他水循环系统的非线性耦合关系,无法真正还原到天然状态;二是由于传统的方法无法进行真正意义上的"还现",而只能将 1956~2000 年系统修正到 1980~2000 年平均下垫面状态下。

（二）广义水资源

伊洛河流域的土地利用类型,主要包括林地、草地、农田和难利用土地,将难利用土地分为裸岩和裸土两大类,裸岩包括戈壁、裸岩石砾地,裸土包括沙地、盐碱地、裸土地及其他。

计算得出:伊洛河流域地表总蒸散发量为 106.93 亿 m³,其中林地蒸发为 41.94 亿 m³,草地蒸发为 15.27 亿 m³,农田蒸发为 41.27 亿 m³,居工地蒸发为 0.44 亿 m³,裸岩蒸发为 0.45 亿 m³,裸土蒸发为 7.56 亿 m³。可见,伊洛河流域现状下垫面条件下的有效蒸散发量为 98.92 亿 m³,占降水总量的 74%,无效水资源量为 8.01 亿 m³,占降水总量的 6%,如表 15-4 所示。

表 15-4　伊洛河流域有效和无效水资源量成果　　　　（单位:亿 m³）

降水	蒸发量*						无效蒸散发
	林地	草地	农田	居工地	裸岩	裸土	
133.74	41.94	15.27	41.27	0.44	0.45	7.56	8.01

注:* 不包括潜水蒸发。

广义水资源量为狭义水资源和有效蒸散发之和。计算得出,伊洛河流域现状下垫面条件下 1956~2000 年水文序列多年平均广义水资源量为 125.73 亿 m³,占降水总量的 94%,其中降水的有效利用量为 98.92 亿 m³,约为狭义水资源量的 3.7 倍,如表 15-5 所示。

表 15-5　现状条件下伊洛河流域广义水资源评价　　　　（单位:亿 m³）

流域	狭义水资源量	有效蒸散发					广义水资源量
		合计	林地蒸发	草地蒸发	农田蒸发	居工地	
伊洛河	26.81	98.92	41.94	15.27	41.27	0.44	125.73

（三）国民经济可利用量

1. 地表水可利用量

地表水可利用量为河川径流量扣除河道内生态需水量、河道外生态需水量以及河道不可控水量。由于资料所限,本文不考虑河道外生态需水量。

1) 河道内生态需水量

河道内生态需水量包括维持河道功能需水和河道内经济社会需水量,维持河道功能需水与河道内经济社会用水可以重复利用,把两者之中最大的需水量作为河道内需水量。

河道内生态需水分类见图15-8。

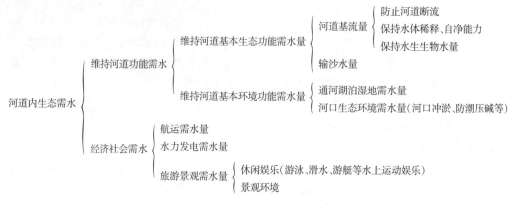

图15-8 河道内生态需水分类

河道内经济社会需用水应当和河道外社会国民经济用水协调统一考虑,其计算可参照有关河道内经济建设项目工程设计规范指标估算。因资料原因,本书未计算流域河道内经济社会需水量,而将维持河道功能需水作为河道内生态需水量计算。

目前,国外较为通用的河道内生态需水的研究方法有三种:一是古典的标准流量法,如7Q10法、产水系数法和Tennant法;二是基于水力学基础的水力学法,如R2CROSS法、简化水尺分析法湿周法;三是基于生物学基础的栖息地法,如IFIM(增加法),CASIMIR法。国内河道生态需水的研究内容,在大的方面可以归结为三个方面:河道基本生态需水、输沙需水量和入海水量(杨志峰,2003)。

河道生态需水量(李丽娟,2000)包括河道天然和人工植被耗水量、维持地区水生生物栖息地、维持河道地区生态平衡、维持河流水沙平衡的输沙入海、维持河流水盐平衡、保持河流稀释净化能力、美化景观、调节气候以及地下水入渗补给量。根据伊洛河流域的河道特点,河道内生态需水量主要包括:维持河道生态功能的基本生态需水及维持河道冲沙输沙需水量。

Ⅰ. 河道基本生态需水量

河道基本生态需水量是指河道内常年流动的防止河道断流和维持河道水体稀释、自净能力,保护水生生物,保持河床主槽基本形态稳定的最小流量阈值。

国内外确定河道基本生态需水量的方法有:基于原型观测的标准值设定法、水文地质法、水力学法、水化学水环境法等。标准值设定法的优点是比较简单,容易操作,对数据的要求不高,容易得出一个流量的估计值,但是由于对河流的实际情况作了过分简单的处理,没有直接考虑生物需求和生物间的相互影响(KarimK,1995),只能在优先度不高的河段,或者作为其他方法的一种粗略检验中使用。水力学方法集中在保留河道具有足够的水量,保持河流的基本形态。现场数据必不可少,保护水平由拐点或保留的百分比决定。生态目标由与湿周有关的参数决定,但是流速和水深也是生态所需要的主要因素,如果流量的决定仅以湿周为依据,有可能导致与原有的流速和水深相反的结果。因此,保护水平不可能与生态系统的状况相一致。栖息地方法虽然提供了非常灵活的河流流量的估计方法,但难以应用,这种方法的特点是能说明栖息地如何随着河流水量的变化而变化(杨志峰,2003)。

本书采用水量补充法计算河道基本生态需水量。水量补充法主要指补充河道水及浸润带蒸发和河道渗漏等因素造成损失所需的水量,维持河道生境所需的水量。水量补充法概念明了,引进分布式水文模型后,使得计算更容易实现。

采用水量补充法计算,伊洛河流域多年河道平均水面蒸发量为 0.94 亿 m^3,对地下水渗漏补给量为 2.42 亿 m^3。水生境维持水量根据世界环境与发展委员会(WECD)提出的地球上所有类型的生态系统,水生境维持水量至少应留出 12% 的生态容量来保护生物多样性(WECD,1987),也就是说河川径流量中必须扣除 12% 来为水生生物和微生物提供生境。伊洛河流域多年平均河川径流量为 22.82 亿 m^3,水生境维持水量则为 2.74 亿 m^3。伊洛河流域河道基本生态需水量为 6.10 亿 m^3,占河川径流量的 26.7%。见表 15-6。

表 15-6　伊洛河河道基本生态需水量　　　　　　　　(单位:亿 m^3)

水面蒸发量	渗漏补给量	水生境维持量	合计
0.94	2.42	2.74	6.10

Ⅱ. 输沙需水量

输沙需水量是为了维持河流中下游侵蚀与淤积的动态平衡,必须在河道内保持的水量。河流或河道内水沙冲淤平衡问题,主要受河道外和河道内两方面因素的制约和影响,河道外的影响主要包括来水来沙条件,与流域土地资源利用、水资源开发利用、生态植被保护建设、水土流失治理和河流整治等诸多人工要素有关。河道内的影响主要指河床边界条件,直接影响水沙动力条件。

一般情况下,根据来水来沙条件,可将河道输沙需水量分为汛期输沙需水量、非汛期输沙需水量。对北方河流系统而言,汛期的输沙量约占全年输沙总量的 80%,河流的输沙功能主要在汛期完成。人类和自然二元的驱动与干扰,使得不同年代(时段)河流的输沙总量和含沙量不同,甚至相差很大,输沙水量的正确计算也取决于确定合理的河流输沙代表时段。

输沙水量受流域产水产沙和河床边界动力条件的直接影响,与一定条件下的输沙总量和河流含沙量有关。可用考察断面的输沙量和含沙量计算输沙水量,全年输沙需水量 W_m 为汛期与非汛期输沙需水量之和。

$$W_m = W_{m1} + W_{m2} \tag{15-2}$$

汛期非汛期输沙需水量计算公式为:

$$W_{m1} = S_1 / C_{max} \tag{15-3}$$

$$W_{m2} = S_2 / C_{max} \tag{15-4}$$

式中:W_{m1}、W_{m2} 为汛期、非汛期输沙需水量;S_1、S_2 为多年平均汛期、非汛期输沙量;C_{max} 为汛期或非汛期多年最大月平均含沙量的平均值,可用下式计算:

$$C_{\max} = \frac{1}{n} \sum_{i=1}^{n} \mathop{Max}_{j=1}^{12}(C_{ij}) \qquad (15\text{-}5)$$

式中：C_{ij} 为第 i 年 j 月的平均含沙量；n 为统计年数。

伊洛河流域输沙量呈逐年减少的趋势（见图 15-9），尤其是从 1985 年以来输沙量呈加速衰减的趋势，因此使用 1985 ~ 2000 年段作为分析输沙需水量的时段，既能满足输沙需求，又在现状水资源条件的可承受范围。计算得出，输沙需水量为 9.30 亿 m³，其中汛期输沙量为 5.30 亿 m³，非汛期输沙量为 4.00 亿 m³（见表 15-7）。

河道基本生态需水量和输沙需水量相互重叠，可以选用较大值作为河道内生态需水量，伊洛河河道生态需水量为 9.30 亿 m³。

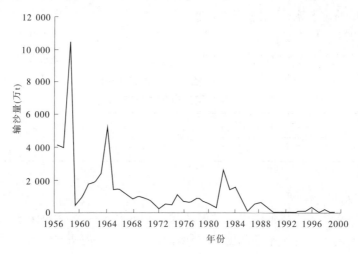

图 15-9　伊洛河黑石关输沙量变化

表 15-7　伊洛河黑石关断面河道内输沙需水量

时段	输沙量（万 t）	含沙量（kg/m³）	输沙需水量（亿 m³）		合计（亿 m³）
			汛期需水量	非汛期需水量	
1956 ~ 1959	4 749	10.42	25.94	6.80	32.74
1960 ~ 1969	1 808	5.10	8.80	11.82	20.62
1970 ~ 1979	687	3.36	5.71	5.59	11.30
1980 ~ 1989	887	2.94	9.83	7.36	17.18
1990 ~ 2000	86	0.59	3.57	2.06	5.63
1985 ~ 2000	183	1.19	5.30	4.00	9.30

2）汛期难于控制利用洪水量❶

汛期难于控制利用洪水量是指在可预期的时期内，不能被工程措施控制利用的汛期

---

❶　全国水资源综合规划《水资源可利用量估算方法（试行）》；国家重点基础研究（973）发展规划项目"黄河流域水资源演化模型与可再生性维持机理研究"第二课题"黄河流域水资源演变规律与二元演化模型"（G1999043602）。

洪水量。汛期水量中一部分可供当时利用,一部分可通过工程蓄存起来供今后利用,其余水量即为汛期难于控制利用的洪水量。可见汛期难于控制利用洪水量涉及四个方面的内容:研究时段河流天然径流量;河道外经济社会和生态的现状最大用耗水量;可预见期内的需水增量;可预见期内河道外控制利用本流域河川径流量最大可能的流域工程调控总能力。

汛期难于控制利用洪水量计算步骤如下:

Ⅰ.确定合理的汛期起止月份

伊洛河流域汛期一般出现在 6～9 月,但洪水下泄和水库蓄水多数年份都发生在主汛期的 7～9 月,因此计算地表水可利用量时,把汛期统一定为 7～9 月、非汛期定在 10 月～次年 6 月。

Ⅱ.计算历年汛期能够控制利用的洪水量

依据控制水文站长系列天然和实测汛期月径流量系列资料,用天然径流量减去实测径流量即得"汛期历年流域用水消耗量"。"汛期历年流域用水消耗量"是现状条件下的河道外"历年汛期能够控制利用的洪水量"。

Ⅲ.确定最大汛期能够控制利用洪水量 W_m

在Ⅱ计算的现状河道外"历年汛期能够控制利用的洪水量"系列中选取最大值(特别应注意连枯年份),分析其合理性,最终确定控制水文断面最大汛期能够控制利用洪水量 W_m。由于资料所限,本书不考虑可预见期内的流域需水量和可预见期内河道外控制利用本流域河川径流量最大可能的流域工程总调控水量。

Ⅳ.多年平均汛期难于控制利用下泄洪水量计算

根据Ⅲ确定的最大汛期能够控制利用洪水量 W_m,采用二元模型计算的控制水文站长系列汛期径流量逐年减去 W_m,即得历年汛期难于控制利用下泄洪水量 W_{qi}。若汛期天然径流量小于或等于 W_m,则下泄洪水量为 0。由计算的历年汛期难于控制利用下泄洪水量系列,计算多年平均汛期难于控制利用下泄洪水量。计算公式为:

$$\overline{W}_q = \frac{1}{n} \times \sum_{i=1}^{n} (W_{ti} - W_m) \tag{15-6}$$

式中: $\overline{W}_q$ 为多年平均汛期难于控制利用的洪水量; W_{ti} 为控制水文站第 i 年的汛期天然径流量; n 为统计年数; W_m 为最大汛期能够控制利用洪水量。

根据计算,伊洛河流域最大汛期能够控制利用洪水量为 8.6 亿 m³。随着人类活动的加强,人类对自然界的改造也越来越强烈,20 世纪 60 年代修建的大型水库陆浑水库、90 年代修建的故县大型水库及其他中小型水库,急剧改变了河流的调控能力。从表 15-8 可以看出,汛期难于控制利用洪水量随年代变化在逐渐减少,其中 60 年代减少最为剧烈,因此采用 1990～2000 年多年平均汛期难于控制利用洪水量 5.35 亿 m³ 作为伊洛河流域的汛期难于控制利用洪水量。

伊洛河流域地表水资源量为 22.82 亿 m³,河道内生态需水 6.1 亿 m³。汛期输沙需水量为 5.30 亿 m³,汛期难于控制利用洪水量为 5.35 亿 m³,汛期输沙需水量与汛期难于控制利用洪水量是兼容和重叠的,则两者的需水量以最大值为准。因此,伊洛河地表水可利用量数值上等于地表水资源量扣除非汛期输沙量和汛期难以控制利用洪水量后的水量,为 13.47 亿 m³,可利用率为 59%(见表 15-9)。

表 15-8　伊洛河流域汛期难控制利用洪水量计算结果

时段	降水(mm)	汛期难于控制利用洪水量(亿 m³)
1956~1959	792.3	19.04
1960~1969	727.8	4.56
1970~1979	678.8	2.05
1980~1989	751.4	9.54
1990~2000	648.3	5.35
1956~2000	708.5	6.77
1956~1979	718.1	5.93
1971~2000	692.3	6.09
1980~2000	697.4	7.73
1960~2000	700.3	5.60

表 15-9　伊洛河流域地表水可利用量成果　　　　　　(单位:亿 m³)

地表水资源量	汛期难以控制利用下泄水量	河道基本生态与环境需水	输沙需水量			地表水可利用量
			汛期	非汛期	合计	
22.82	5.35	6.10	5.30	4.00	9.30	13.47

2. 国民经济可利用量

在伊洛河流域地下水资源量中,75%的资源量与地表水重复,且山丘区 88%的地下水资源量与地表水重复。地下水可开采量要统筹考虑地表水与地下水水力交换条件、经济开发成本等因素,本书不对地下水可开采量进行研究,而将地表水和地下水作为一个系统研究区域内的国民经济可利用量。

国民经济可利用量为地表水可利用量加上与地下水不重复的地下水可开采量,主要只考虑降水形成的地下水补给量的可开采量。山丘区的地下水与地表水水力交换频繁,主要以河川基流的方式流出,其余以潜流的方式进入平原区地下含水层,或以泉水溢出的方式流出地表,因此山丘区的国民经济可利用量即为地表水可利用量。在平原区,与地表水不重复的地下水可开采量为降水形成的地下水总补给量扣除难以夺取的潜水蒸发量。

计算得出,平原区地下水资源量为 4.58 亿 m³,其中降水形成的地下水总补给量为 1.45 亿 m³。难以夺取的潜水蒸发量采用多年潜水蒸发量平均值进行计算,为 0.21 亿 m³,因此与地下水不重复的地下水可开采量为 1.24 亿 m³。

国民经济可利用量为地表水可利用量以及与地下水不重复的地下水可开采量之和,为 14.71 亿 m³,可开发利用率为 55%。

三、循环效用评价

(一)生态服务量和经济服务量

1. 经济服务量

2000 年伊洛河流域工业用水为 5.10 亿 m^3、农业用水 6.22 亿 m^3、生活用水 2.70 亿 m^3 和农田及居工地对降水的有效利用量为 41.71 亿 m^3,可见伊洛河流域的经济服务量为 55.73 亿 m^3,占广义水资源量的 44%,如表 15-10 所示。

表 15-10　伊洛河流域经济服务量成果 　　　　　　(单位:亿 m^3)

工业用水	农业用水	生活用水	有效蒸散发		合计
			农田	居工地	
5.10	6.22	2.70	41.27	0.44	55.73

2. 生态服务量

根据伊洛河流域的特点,将伊洛河流域的生态服务量分为植被系统维持、河道维持、地下水系统维持和水生境维持水量。

植被系统维持水量主要包括天然、人工林地和草地对降水的有效利用量。计算得出,林地的有效总蒸散发量(包括潜水蒸发)为 42.00 亿 m^3,草地的有效总蒸散发量(包括潜水蒸发)为 15.30 亿 m^3,合计为 57.30 亿 m^3,占广义水资源量的 45.5%。

河道维持水量包括多年平均水面蒸发量、渗流量和保障河道输水能力的水量,采用多年平均输沙水量进行计算。河道多年平均水面蒸发量为 0.94 亿 m^3,多年平均渗漏量为 2.42 亿 m^3。在伊洛河流域,85% 的输沙量主要集中在汛期,因此采用计算的黑石关控制站多年平均汛期水量作为河流的输沙用水量,为 11.49 亿 m^3,河流系统维持水量为 14.85 亿 m^3。满足河道内的 6.10 亿 m^3 生态需水量。

地下水维持水量为地下水资源量扣除实际地下水开采量。区域的地下水可开采量除了要考虑含水层的条件以外,还要考虑区域的地表水调水和地下水开采成本的问题,本书仅从生态平衡的角度考虑,不考虑经济的制约因素。山丘区和平原区的水资源状况不同,因此按照山丘区和平原区分别进行计算。

山丘区地下水可开采量为地下水资源量扣除河道基本生态需水量后的水量;平原区地下水可开采量为地下水资源量扣除难以夺取的潜水蒸发量的水量。伊洛河流域地下水资源量为 15.67 亿 m^3,其中平原区为 4.58 亿 m^3,山丘区为 11.09 亿 m^3;河道基本生态需水量为 6.10 亿 m^3;不可夺取的潜水蒸发量采用多年平均潜水蒸发量进行计算,为 0.21 亿 m^3;则地下水可开采量为 9.36 亿 m^3,伊洛河流域地下水开采量为 9.00 亿 m^3,其中平原区为 4.47 亿 m^3,山丘区为 4.53 亿 m^3。平原区出现超采现象,而山丘区没有出现。地下水维持水量取山丘区地下水资源量扣除地下水的开采量,为 6.56 亿 m^3。见表 15-11。

水生境维持水量根据世界环境与发展委员会(WECD)提出的 12% 的水量作为保护生物多样性(WECD,1987)的水量,尽管这对于保护生物多样性是不够的(Noss,1991;

Noss etal. ,1994），本书姑且采用这个低限值作为估算水量。按地表水资源量的12%进行计算为2.73亿 m³。水生境维持量和河道维持量重复，只取两者之中最大水量，如表15-12所示。

表 15-11　地下水维持水量计算成果　　　　　（单位：亿 m³）

地下水资源量		地下水开采量		河道基流量	难以夺取的潜水蒸发量	地下水可开采量		地下水维持水量
平原区	山丘区	平原区	山丘区			平原区	山丘区	
4.58	11.09	4.47	4.53	6.10	0.21	4.37	4.99	6.56

表 15-12　伊洛河流域生态服务量成果　　　　　（单位：亿 m³）

植被系统维持	河道维持	地下水维持	水生境维持	合计
57.30	14.85	6.56	2.73	78.71

在广义水资源量125.73亿 m³中，经济服务量55.73亿 m³，占广义水资源量的44%；生态服务量为78.71亿 m³，占广义水资源量的63%，水资源提供的服务量要超过其自身的水量。

（二）高效水量和低效水量

根据以上的定义辨析，狭义水资源同时发生经济服务功能和生态服务功能，各种功能相互重叠、相互转换，被纳入到高效水资源量中。伊洛河流域高效水量包括狭义水资源量、植被的冠层截流蒸发、植被蒸腾以及居工地有效蒸散发，而低效水量包括植被棵间土壤截流蒸发和土壤蒸发，如表15-13所示。

计算得出，伊洛河流域高效水资源量为61.5亿 m³，低效水资源量为64.23亿 m³。林地有效蒸散发中高效蒸发为18.7亿 m³，低效蒸发为23.2亿 m³；草地有效蒸散发中高效蒸发为3.8亿 m³，低效蒸发为11.4亿 m³；农田有效蒸散发中高效蒸发为11.7亿 m³，低效蒸发为29.6亿 m³。在植被有效蒸散发中，高效蒸散发量为34.24亿 m³，仅占植被总有效蒸散发的35%，可见，提高土壤水的有效利用量仍存在很大的空间。

表 15-13　伊洛河流域低效和高效水量成果　　　　　（单位：亿 m³）

狭义水资源总量	林草有效蒸散发				草地有效蒸散发				农田有效蒸散发				居工地有效蒸散发	高效	低效
	冠层截流蒸发	植被蒸腾	土壤截流	土壤蒸发	冠层截流蒸发	植被蒸腾	土壤截流	土壤蒸发	冠层截流蒸发	植被蒸腾	土壤截流	土壤蒸发			
26.8	3.6	15.1	4.8	18.4	0.7	3.1	2.0	9.4	2.6	9.1	5.2	24.4	0.44	61.50	64.23

注：农田土壤蒸发和土壤截流包括农作物生长期和非生长期的量。

四、动态评价

本书根据伊洛河流域2000年现状下垫面条件，根据各省区相关专项规划结合历史未来演变规律分析,在 GIS 平台上综合处理得到 2020 年下垫面条件。下垫面条件设定为:耕地面积响应国家退耕还林还草政策有所减少,其中灌溉农田面积增加;相应的林地、草地面积增加;由于城镇化建设进一步加快,居工地增加;水面面积略微减少(见图 15-10)。人工取用水方案设定为:采用人工调控的办法,考虑未来节水水平等因素,适当控制地下水开采量,减少总供水量,改变用水结构(见图 15-11)。虽然人类活动对于气候系统的影响程度以及气候的未来变化趋势日益受到关注,但是气候未来变化的不确定性给预报和长系列模拟带来困难(姜大膀,2004),未来气候变化对降水的影响有待于进一步研究,因此本文不在预测中考虑降水量的变化,降水系列依然采用1956~2000 年降水系列。

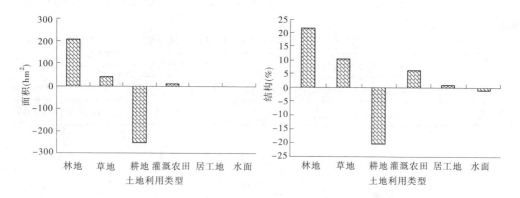

图 15-10 2020 年与 2000 年土地利用结构变化

在 2020 年的用水条件和下垫面条件下,模拟结果为:伊洛河流域 1956~2000 年多年平均狭义水资源量为 26.18 亿 m³,占降水的 20%,其中地表水资源量为 22.85 亿 m³,基径比为 46%,占狭义水资源量的 87%;地下水资源量为 15.3 亿 m³,其中,不重复的地下水资源量为 3.33 亿 m³(见表 15-14)。

降水的有效蒸散发量为 100.04 亿 m³,其中林地为 50.59 亿 m³,草地为 17.13 亿 m³,农田为 31.88 亿 m³,居工地为 0.45 亿 m³,广义水资源量为 126.22 亿 m³,如表 15-15所示。

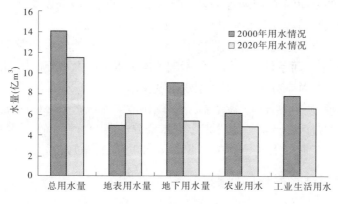

图 15-11 2020 年与 2000 年用水比较

与现状下垫面相比,2020 年下垫面条件发生了变化,耕地减少,而林地、草地增加。林地和高覆盖度草地相对于耕地的蓄水效果好,引起地表截流蒸发增加,地表径流和入渗的减少;林地根系的蓄水能力增强,使得土壤水的出流量减少,包括壤中径流以及下渗补给地下水量。2020 年,地下水的开采量适当控制,使得地下径流量有所恢复。计算结果为:地表水资源量变化不大,其中,地表径流减少 0.36 亿 m^3,壤中流减少 0.12 亿 m^3,地下径流增加 0.51 亿 m^3;地下水资源量减少 0.37 亿 m^3,不重复量减少 0.66 亿 m^3,狭义水资源量减少 0.63 亿 m^3。同时由于土地利用结构的变化,引起有效蒸发量的重新分配,林地、草地面积增加使得相应的有效蒸散发增加,农田面积减少则相应的有效蒸散发也随之减少,居工地的面积略有增加,则其蒸发量也略有增加。狭义水资源量和有效蒸散发量共同变化导致广义水资源量略有增加,增加 0.49 亿 m^3。人类通过改变下垫面条件和供用耗排过程,改变了水资源量。

表 15-14　2020 年伊洛河流域狭义水资源评价　　　　（单位:亿 m^3）

流域	地表水资源量				地下水资源量		狭义水资源量	产水模数 $(10^4 m^3/km^2)$
	合计	坡面径流	壤中流	地下径流	资源总量	不重复量		
伊洛河	22.85	11.35	1.05	10.45	15.30	3.33	26.18	13.83

表 15-15　2020 年伊洛河流域广义水资源评价　　　　（单位:亿 m^3）

流域	狭义水资源量	有效蒸散发量					广义水资源量
		合计	林地蒸发	草地蒸发	农田蒸发	居工地	
伊洛河	26.18	100.04	50.59	17.13	31.88	0.45	126.22

第三节　变化环境下伊洛河流域水资源演化机制研究

一、流域水循环控制因子分析

影响水循环的驱动因子,无外乎自然和人工两个方面。容易发生变化的自然因素主要包括降雨、气温、日照等气象要素和天然覆被状况,人工因素主要包括人类活动对流域下垫面的改变和人类对水资源的开发利用。但对水资源影响较大的驱动因子主要有降水、人工取用水和下垫面条件。气候变化影响垂向和水平向上水分循环的强度,进而引起水分循环的变化及其时空分布;人工取用水改变了水资源的赋存环境,也改变了地表水和地下水的转化路径,使得蒸发、产流、汇流、入渗、排泄等流域水循环特性发生了全面改变;下垫面条件变化通过改变产汇流条件来影响水资源的演变特性。本书着重对气候变化、下垫面条件以及人工取用水这三个主要驱动因子的水资源效应进行分析研究。

二、气候因子对水循环的影响

在天然水循环过程中,气候变化是水循环的最为主要的驱动因子。气候变化对水文过程有直接的影响,例如全球气候变暖的一个共同特征是雨水增加,年间变化幅度增大,这可能导致洪水和干旱的发生频率和规模改变(IPCC,1966)。气候因素包括日照、风速、相对湿度、温度以及降水量等,气候因子对水循环过程的影响是复杂的、多层次的,本书仅研究降水和气温对水循环过程以及水资源量的影响。

　　伊洛河流域近50年的气温变化见图15-12,从图上可以看出50年代是一个持续暖期,以后气温逐渐下降,80年代以后再次回升。这和王邵武等(2002)分析的我国近百年气候变化趋势是一致的。

　　伊洛河流域1956~2000年降水量变化见图15-13。其中最大值出现在1964年,降水深为1 144 mm;最小值出现在1997年,仅为441 mm。

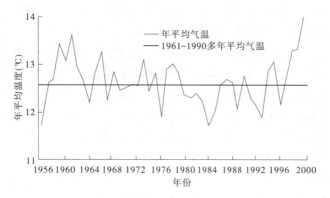

图15-12　伊洛河流域1956~2000年平均气温变化

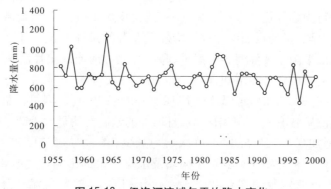

图15-13　伊洛河流域年平均降水变化

　　评价气候变化影响的方法有三种:影响、相互左右和集成方法(IPCC,1994)。气候变化对区域水文水资源影响的研究主要采用影响方法,即所谓的 What – if 模式:如果气候发生某种变化,水分循环各分量将随之发生怎样的变化(江涛,2000)。

　　情景分析研究方法作为协助决策的工具可追溯至20世纪50年代,欧美一些核物理学家率先采用这种方法,通过计算机模拟解决有关概率等非确定性问题。70年代初,欧美国家的不少公司和政府机构开始将"情景分析"研究作为规划与决策的一种工具。从决策论角度,"情景分析"可定义为"对现状、未来存在的可能性,决策者对未来所期待的状态的描述,以及相关的系列事件,经由这些事件可将现在状态导向未来的目标"。情景分析的目的主要不是用来回答将会发生什么,而是着重"如果,也许将会发生什么?"因此,情景分析侧重于对未来各种可能性的探索并寻求实现的途径,而不是对未来的预测。

我国气候变化影响的研究,主要采用 2 种气候情景:一种是根据区域气候可能的变化,人为地给定,例如假定气温升高 0.5 ℃、1 ℃、2 ℃等,降水量增加或减少 10%、20%等,两者的任意组合构成气候变化的假想情景;另一种是基于 GCMs 输出的情景,一般直接用赵宗慈等给出的 7 种平衡的 GCMs 预测值作为未来气候情景。本书仅分析温度和降水对循环的相对影响,不对未来气候进行预测分析,因此采用假定的气候情景来分析气候变化对水循环的影响。

1988 年世界气象组织和联合国环境署建立了政府间气候变化专业委员会(IPCC),IPCC 分别在 1990 年、1995 年和 2001 年完成了三次评估报告,三次评估报告都对未来全球气候长期变化趋势进行了预测。第一次报告指出近 100 年全球地表面温度平均增温 0.3 ~ 0.6 ℃,并利用大气环流模式定量预测未来全球平均地面温度将增加 1.5 ~ 4.5 ℃,全球平均降水量将增加 3% ~ 15%;第二次报告中预测未来的到 2100 年的温度变化为 1.0 ~ 3.5 ℃;第三次报告指出近 100 年全球地表面温度增加了 0.4 ~ 0.8 ℃,并利用气候模式预测未来 100 年间的气温将持续增加,增加幅度为 1.4 ~ 5.8 ℃。根据全球模式模拟预测,对于多种情景,全球平均的水汽浓度和降水量预测在 21 世纪将会增加。王邵武等选用了 IPCC 中 7 个有代表性的模式,分析出全球年平均气温上升 1 ℃时,中国气温各季与年平均气温上升 0.8 ~ 1.6 ℃,降水量增加 1.5% ~ 8.2%,高庆先等利用五个大气模式只考虑温室气体加倍的情景下预测 2003 年我国华北大部分地区未来降水总的趋势将减少,最大的减水量有 4 mm 左右。根据全球气候变化中国国家委员会工作组在 1998 年提出的报告,使用现行国内外比较成熟的大气环流模型对中国七大江河流域进行模拟试算,在假定因温室气体排放量的增加而导致平均气温上升的条件下,不同模型得出的结果可以归纳为 3 种情况:全国主要江河年径流量都减少;北方河流的年径流减少,南方河流的年径流增加;北方河流的年径流增加,南方河流的年径流减少。

根据以上研究分析,未来气温基本上呈现上升的趋势,其预测主要集中在 0.3 ~ 5.8 ℃,而降水量的预测则各有不同,有增有减,且增加的幅度要明显大于减少的幅度。因此,本研究假定气温增加 0.6 ℃和 5.8 ℃,降水量为减少 5%,增加 5%、10%,同时利用不同气温及降水组合共 12 种方案研究其对水循环及水资源量的影响。气温和降水是相互影响,相互反馈的,本书假定气温变化和降水变化互相不影响,且气温和降水的空间分布不变。

(一)气温对水文水资源的影响

伊洛河流域多年平均气温为 12.6 ℃,气温升高 5%,则气温增加为 0.6 ℃。本书选定的基准方案为 2000 年下垫面、无人工取用水和 1956 ~ 2000 年气象系列。气温变化情景设定为:保持模型中的输入数据及参数不变,情景一,将 1956 ~ 2000 年系列的日气温系列增加 0.6 ℃;情景二,将 1956 ~ 2000 年系列的日气温系列增加 5.8 ℃。

气温变化必然引起水文循环的变化。蒸发蒸腾伴随能量交换过程,气温变化影响地表附近的辐射、潜热、显热和热传导,进而影响蒸发蒸腾过程。而蒸发蒸腾的变化同时引起径流、入渗等水文过程的变化,造成水循环过程和水资源量的变化。

从表15-16可以看出,气温增加0.6℃引起广义水资源量构成的变化。狭义水资源量减少0.7亿 m³;地表水资源减少0.7亿 m³,减少2.4%;地下水资源量减少0.3亿 m³,不重复量变化不大。气温的增加,带来地温的增加、地面蒸发增加、根的吸收能力增强、蒸腾增加,因此有效蒸散发增加0.7%;广义水资源量变化不大。

气温增加5.8℃加剧了狭义水资源量及其构成分量的衰减,更加快了地表蒸散发过程。狭义水资源量减少19.0%,地表水资源量减少19.2%;地下水资源量减少16.1%;不重复量变化不大;有效蒸散发增加5.7%,但广义水资源变化不大。与情景一相比,情景二对水循环及水资源量的影响更大,但水资源变化率与气温变化率的比值减小。

从各水资源分项来看,地表水资源量较地下水资源量对气温变化更敏感,狭义水资源量较有效蒸散发量对气温变化更敏感。在不考虑植被生长的环境需求情况下,单从水动力学角度讲,气温升高有利于增加植被的蒸发蒸腾量。

表15-16　气温变化对广义水资源量的影响　　　　　　　（单位:亿 m³）

情景设定	年平均气温(℃)	地表水资源量	地下水资源量		狭义水资源量	有效蒸散发				广义水资源量
			资源总量	不重复量		林地蒸发	草地蒸发	农田蒸发	居工地	
基准方案	12.6	29.1	16.4	0.29	29.4	41.4	15.0	40.6	0.44	126.9
情景一	13.2	28.4	16.1	0.30	28.7	41.7	15.1	40.9	0.45	126.8
情景二	18.4	23.5	13.7	0.30	23.8	43.8	15.9	42.9	0.47	126.8

气温变化在影响水资源量的同时,也影响了蒸发和径流的年内分配,以及径流过程。随着气温的增加,蒸发呈逐渐增加的趋势,而径流呈逐渐衰减的趋势,其中7、8、9月气温增加对蒸发和径流的影响最大,见图15-14。气温对径流过程的影响见图15-15。

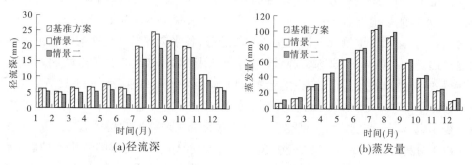

(a)径流深　　　　　　　　　　　　　(b)蒸发量

图15-14　气温变化及其对蒸发和径流的影响

（二）降水对水资源的影响

降水设定三种情景来分析降水对水资源的影响。保持模型中的输入数据及参数不变,情景三是将1956~2000年系列的日降水系列增加5%;情景四是增加10%;情景五是减少5%。

降水是流域水资源的唯一来源,对流域水循环起到至关重要的作用。计算结果表明,各项水资源量变化趋势与降水量的变化趋势一致。

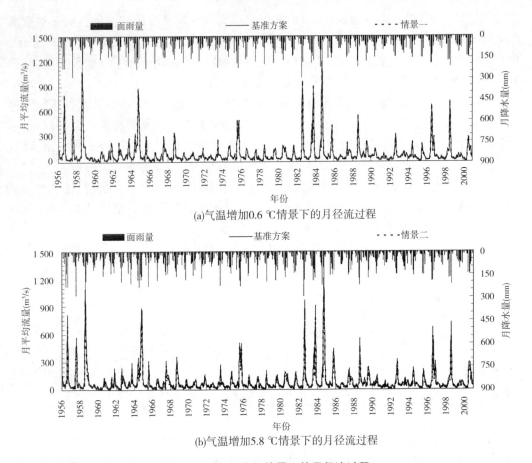

(a)气温增加0.6 ℃情景下的月径流过程

(b)气温增加5.8 ℃情景下的月径流过程

图 15-15　气温变化情景下的月径流过程

降水增加 5%,则地表水资源量增加 11.3%,径流系数有所增加,从 0.22 增加到 0.23;地下水资源量增加 7.9%,不重复量增加 6.1%,狭义水资源量增加 11.2%。随着降水量的增加,狭义水资源量及其构成呈增加的趋势,各水资源量变化率与降水量变化率的比值也呈递增的趋势,即狭义水资源量及其各分量随降水的增加而显著增加。降水量的减少使得各项水资源量都呈现减少的趋势。降水减少 5%,则地表水资源量减少 10.7%,径流系数由 0.22 减小到 0.20;地下水资源量减少 7.9%,不重复量减少 3.4%,狭义水资源量减少 10.9%,降水量的减少使得各项水资源量都呈现减少的趋势。

从以上分析可以看出,降水改变引起各狭义水资源量及其构成的变化趋势是一致的;地表水资源量较地下水资源量对降水变化更敏感;随降水的增加,各水资源量显著增加;变化相同幅度时,降水增加对地表水资源及狭义水资源量的影响要大于降水减少对它们的影响,降水增加对地下水资源量的影响及降水减少对其的影响大致相同,而降水增加对不重复地下水量的影响则略大于降水减少对其的影响,见表 15-17。

降水的变化也改变了广义水资源量及其构成。降水增加 5%引起狭义水资源量增加,使得有效蒸散发增加 3.1%,在狭义水资源量和有效蒸散发的共同作用下,广义水资源量增加 4.9%。随降水的增加,广义水资源量及其构成呈显著递增的趋势。降水减少

5%引起狭义水资源量减少的同时,有效蒸散发量减少3.3%,广义水资源量减少5.0%。从以上分析得出:狭义水资源量较广义水资源量对降水更敏感,并且变化相同幅度时,降水增加对有效蒸散发量及广义水资源量的影响略小于降水减少对它们的影响,见表15-17。

表 15-17　降水变化对广义水资源量的影响　（单位:亿 m³）

情景设定	年平均气温（℃）	地表水资源量	地下水资源量		狭义水资源量	有效蒸散发				广义水资源量
			资源总量	不重复量		林地蒸发	草地蒸发	农田蒸发	居工地	
基准方案	133.7	29.1	16.4	0.29	29.4	41.4	15.0	40.6	0.44	126.9
情景三	140.4	32.4	17.7	0.31	32.7	42.7	15.5	41.9	0.5	133.1
情景四	147.1	35.8	19.0	0.33	36.2	43.8	15.9	43.1	0.5	139.5
情景五	127.1	25.9	15.1	0.28	26.2	40.1	14.5	39.3	0.4	120.5

降水变化在改变水资源量的同时,也改变着径流和蒸发的月分配及径流过程,其中对7、8、9月径流以及洪峰径流的影响最大,对蒸发量影响较大的月份也集中在7、8、9月,见图15-16 和图15-17。

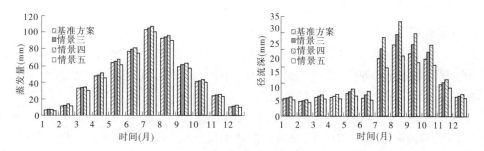

图 15-16　降水变化对径流量和蒸发量月分配的影响

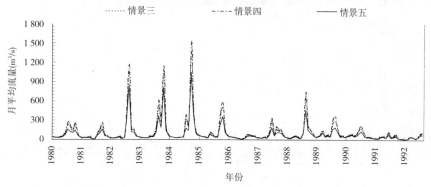

图 15-17　降水变化对径流过程的影响

(三) 综合影响

从以上分析可以得出:气温增加对于广义水资源量的影响不大,但对其资源量构成影响较大。降水变化引起的广义水资源量及其构成量的变化趋势是一致的,降水减少和增加引起的各水资源量的变化比例有所不同。

气温和降水的变化并不是线性相加的关系,需要同时改变气温和降水,来研究它们对水资源量的综合影响。

从表15-18中可以看出,在变化相同幅度时,降水对于各水资源量的影响远大于气温的影响,也就是各水资源量对降水较气温更敏感。降水和气温变化对狭义水资源及其构成的综合影响略小于它们单独影响之和。

表 15-18　气温和降水变化对广义水资源量的影响　　　　　　　　　　　（%）

P	地表水资源			地下水			狭义水资源量			广义水资源量		
	T	$T+5\%$	$T+46\%$	T	$T+5\%$	$T+46\%$	T	$T+5\%$	$T+46\%$	T	$T+5\%$	$T+46\%$
$P-5\%$	-10.7	-12.9	-28.7	-7.9	-9.8	-23.4	-7.9	-9.8	-23.4	-5.0	-5.0	-5.0
P	0	-2.4	-19.2	0	-2.0	-16.1	0	-2.0	-16.1	0	0	0
$P+5\%$	11.4	8.8	-9.2	7.9	5.8	-8.7	7.9	5.8	-8.7	5.0	5.0	5.0
$P+10\%$	23.4	20.6	1.4	15.7	13.6	-1.3	15.7	13.6	-1.3	10.0	10.0	10.0

三、下垫面对水资源的影响

(一) 综合影响

研究下垫面对于水资源的影响,是在模型中保持其他输入因子不变,取不同下垫面的水循环过程。本书选用80年代下垫面和2000年下垫面两期下垫面作为研究对象,其他输入条件为1956～2000年气象系列和无人工取用水模式。

两种下垫面在土地利用结构上发生了变化。如图15-18所示:2000年下垫面对比80年代下垫面,林地和草地面积增加,农田面积减少,梯田、居工地、灌溉农田及水面面积增加。人工梯田建设减缓了地表坡度,增加了地表和叶面的截流蒸散发及植被的蒸腾量,同时也改变了地表产流条件,影响了地表径流、地表蒸发和入渗量的比例关系;林草措施增

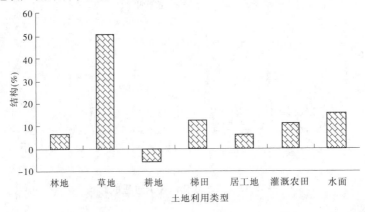

图 15-18　2000年下垫面与80年代下垫面条件变化

加了地表植被的覆盖度,增加了地表糙率,改变了土壤水动力特征,增加了地表、叶面的截流蒸散发,同时也改善了降水的入渗条件,增加了植被的蒸腾量,相应地减少了地表径流和地下径流的水平向分量。另外城镇化率的提高导致不透水面积大幅度增加,从而减少了地表截流和入渗,使得地表径流增加,而地下径流减少。水面面积的增加加大了蒸发,减少了产水量,增加了地表水体的入渗。

在各种土地利用类型变化的综合影响下,2000 年下垫面条件与 80 年代下垫面相比,狭义水资源量略微减少(见表 15-19),其中,地表水资源量减少 1.4%;地下水资源量减少 1.8%;不重复量变化不大。而有效蒸散发增加 5.8%,由于面积变化,各种土地利用的有效蒸散发也不完全相同;在狭义水资源和有效蒸散发的共同作用下,广义水资源量增加 4.1%。虽然两种下垫面条件的土地利用覆盖变化较大,但是各种土地利用类型互相影响,增水和减水效应相互抵消,对狭义水资源量及其构成分量的影响并不是很大,而有效蒸散发与植被覆盖面积有着直接的关系,对广义水资源量的影响较大。

表 15-19　下垫面变化对狭义水资源量的影响　　　　　　(单位:亿 m³)

情景设定	地表水资源量	地下水资源量		狭义水资源量	有效蒸散发				广义水资源量
		资源总量	不重复量		林地蒸发	草地蒸发	农田蒸发	居工地	
2000 年下垫面	29.1	16.4	0.29	29.4	41.4	15.0	40.6	0.44	126.9
80 年代下垫面	29.5	16.7	0.29	29.8	38.6	10.3	42.8	0.41	121.9

(二) 单项措施对水资源的影响

各种土地利用由于植被不同以及根系层深度不同,对水循环的强度影响也不尽相同。本书采用情景假定,主要分析林地和草地土地覆盖类型变化对水循环及水资源的影响。模型以 2000 年下垫面条件无用水条件,以及 1956~2000 年降水系列为基准,设定情景:

Ⅰ.基准方案:保持 2000 年下垫面条件不变;

Ⅱ.林地恢复:在基准方案的基础上仅恢复 700 km² 林地面积;

Ⅲ.草地恢复:在基准方案的基础上仅恢复 700 km² 草地面积;

Ⅳ.林地退化:在基准方案的基础上 700 km² 林地退化成荒地。

计算结果显示,林地恢复 700 km²,减少了狭义水资源量,改变了其资源量的构成,地表水资源量减少了 0.5 亿 m³;不重复量增加 0.07 亿 m³;地表水资源量的增加和不重复量的减少使得狭义水资源量减少 0.5 亿 m³。林地的恢复,使土壤的下渗和渗透性能得到良好的改善和维持,增加了降水的入渗量,另外植被根系具有良好的蓄水能力,使得土壤储存水的容量增加,使有效蒸散发量增加 4.4 亿 m³;狭义水资源量的减少和有效蒸散发的增加使得广义水资源量增加 3.8 亿 m³。草地恢复 700 km² 对水资源的影响趋势与林地相同,但是草地对于地表水的减少量以及有效蒸散发的增加量小于林地的影响,见表 15-20。

表15-20　林地面积变化对广义水资源量的影响　　　　（单位:亿 m³）

情景设定	地表水资源量	地下水资源量		狭义水资源量	有效蒸散发				广义水资源量
		资源总量	不重复量		林地蒸发	草地蒸发	农田蒸发	居工地	
基准方案	29.05	16.4	0.29	29.4	41.4	15.0	40.6	0.44	126.9
林地恢复	28.52	16.2	0.36	28.9	45.5	15.2	40.8	0.44	130.7
草地恢复	28.77	16.3	0.30	29.1	41.5	18.9	40.7	0.44	130.6
林地退化	29.74	16.4	0.25	30.0	37.1	14.9	40.5	0.44	122.8

　　林地退化 700 km² ,增加了狭义水资源量,其中地表水资源量增加了 0.6 亿 m³。与林地恢复 700 km² 相比,荒地面积增加,不利于水量的蓄积,使得地表径流量增加。同时也使得径流过程发生变化,从图15-19 可以看出,林地恢复对于洪峰的消减作用是非常明显的,最大的洪峰消减量达20%。因此,植树造林起到一定的减缓洪峰的作用。林地退化使得土地利用结构发生变化,裸地增加,无效蒸发增加,而有效蒸散发减小,广义水资源量减少。

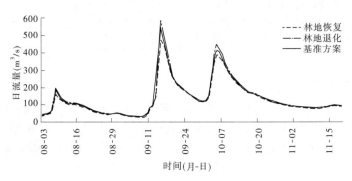

图 15-19　1974 年林地变化情景下的径流过程图

四、人工取用水影响因子分析

　　人工取用水对于流域水资源的影响,是在二元模型中,保持其他输入项不变,取有、无人工取用水两种情景,分别进行模拟,然后对比结果。计算采用 2000 年下垫面、1956～2000 年气象系列模式。人工取用水主要包括取用地表水和开采地下水,2000 年伊洛河流域总供水量为 14.0 亿 m³ ,其中地表水供水量 5.0 亿 m³ ,地下水供水量 9.0 亿 m³ ,地下水供水量占总供水量的 64% ,见图15-20。

　　经模型计算,人工取用水对伊洛河流域水资源量的改变是:地表水资源量减少,减少了 6.3 亿 m³ ,主要原因是:一方面取水—用水—耗水—排水改变水资源的分布,影响了地表径流的产水条件;另一方面人工开采地下水使得地下水水位降低,减少了地下水向河流的排泄量。不重复量增加了 3.7 亿 m³ 。不重复量受地下水补给量和排泄量的影响,补给

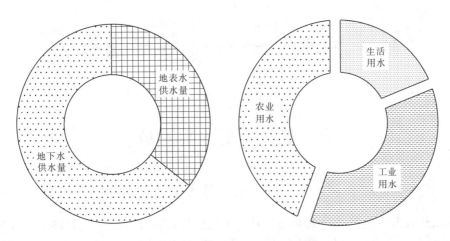

图 15-20　2000 年流域供用水量组成

量除受岩性、降水量、地形地貌、植被等因素的影响外,还受地下水埋深的影响,人工开采地下水影响了地下水水位,改变了地下水的补给量,当地下水水位埋深较浅时,补给系数随着水位埋深增加而增加,当地下水水位埋深超过某一临界值时,补给系数接近零值,人工开采地下水同时也改变了地下水的排泄方式,袭夺了潜水蒸发以及河川基流量,两种因素共同作用导致不重复量增加。地表水资源量的减少和不重复量的增加使得狭义水资源量减少,减少了 2.6 亿 m³;人类大量开采地下水降低了地下水位,使得土壤通气带厚度增大,土壤储存水容量增加,因而对土壤水的利用量增加,有效蒸散发量增加 1.5 亿 m³;狭义水资源量的减少和有效蒸散发的增加使得广义水资源量略有减少(1.2 亿 m³)。虽然人工取用水对狭义水资源量影响不大,但是改变了其水资源量的构成。有效蒸散发量略有增加,可见人工取用水增加了降水的有效利用量(见表 15-21)。

表 15-21　人工取用水对广义水资源量的影响　　　　　　　　(单位:亿 m³)

情景设定	地表水资源量	地下水资源量		狭义水资源量	有效蒸散发				广义水资源量
		资源总量	不重复量		林地蒸发	草地蒸发	农田蒸发	居工地	
无人工取用水	29.1	16.4	0.29	29.4	41.4	15.0	40.6	0.44	126.9
有人工取用水	22.8	15.7	3.99	26.8	41.9	15.3	41.3	0.44	125.7

第十六章　主要成果与创新点

第一节　主要内容和成果

一、人类活动对流域水循环的影响及其次生效应

在强烈人类活动干扰下,流域水循环越来越具有明显的二元特性,即由单一自然力驱动下的水循环向"自然—人工"二元驱动下的水循环演变。本篇首先对二元驱动下的流域水循环进行了剖析,重点阐述了全球气候变化、下垫面变化和人工取用水三类典型人类活动对流域水循环系统的影响,系统分析了大规模人类活动干扰下流域水循环系统表现出的循环尺度变化效应、循环系统输出易换效应、不同口径的资源演变效应等三大次生演变效应。

二、变化环境下的水资源评价方法体系

水资源评价是水资源合理利用的基础。现代强烈的人类活动干扰和气候变化条件下流域水循环动力条件和外在表现形式发生了翻天覆地的变化,为正确反映变化环境下的水资源状况和水资源演变规律,需要在水资源评价方法方面有所革新。本研究首先剖析了国内外水资源评价内容与方法,指出我国现行的水资源评价模式与方法主要存在难以与变化环境相适应的五方面的问题;然后系统阐述了包括水资源层次化评价、循环效用评价和循环效率评价在内的水资源评价方法,进一步丰富和发展了现代水资源评价方法体系。

三、基于二元水循环理论的水资源综合评价方法

在认识"自然—人工"二元驱动因子共同作用的流域水循环机理的基础上,定量分离天然和人工水循环因子,并保持它们动态耦合关系,构建分布式水文模型和集总式水资源配置模型耦合的二元水循环模型。采用二元水循环模型对流域水循环过程进行全面模拟,可以定量研究自然水循环和人工侧支循环的各个环节和各个子过程。在此基础上,系统阐述了基于二元水循环模型的水资源综合评价计算方法。

四、黄河流域典型支流二元水循环过程模拟

本研究选择黄河流域典型支流——渭河、三川河和伊洛河流域为研究区,考虑气象、地形、植被、土壤、水库、灌区、用水、水土保持等因素,分别构建了二元水循环模拟模型,对不同流域自然和人工二元水循环过程进行了系统模拟,包括对历史和未来规划水平年的

模拟,对考虑用水和不考虑用水情景进行模拟,对不同气候、下垫面情景进行模拟,将控制断面历史过程的模拟结果与还原、实测流量过程分别进行比较,效果均较好,符合水资源评价的要求。

五、黄河流域典型支流现状水资源评价

基于本书提出的水资源评价方法,得到黄河流域三条典型支流的现状(2000 年)条件下的水资源评价成果。

渭河流域 45 年系列年均广义水资源量为 593.80 亿 m^3,占降水总量的 79.7%;广义水资源中,狭义的径流性水资源占 18.5%,有效的蒸散发占 81.5%;狭义水资源量中,地表水资源量为 84.80 亿 m^3,地下水资源量为 51.00 亿 m^3,不重复的地下水资源量为 24.89 亿 m^3。

三川河流域 45 年系列年均广义水资源量为 16.65 亿 m^3,占降水总量的 78.5%;广义水资源中,狭义的径流性水资源占 14.2%,有效的蒸散发占 85.8%;狭义水资源总量中,地表水资源量为 2.19 亿 m^3,地下水资源量为 1.17 亿 m^3,不重复的地下水资源量为 0.18 亿 m^3。

伊洛河流域 45 年系列平均广义水资源总量为 125.73 亿 m^3,占降水总量的 94%,其中降水的有效蒸散发为 98.92 亿 m^3,为狭义水资源总量的 3.7 倍;狭义水资源总量为 26.81 亿 m^3,其中地表水资源量为 22.82 亿 m^3,地下水资源量为 15.67 亿 m^3,不重复的地下水资源量为 3.99 亿 m^3;国民经济可利用量为 14.3 亿 m^3,占狭义水资源量的 54%。从水资源效率来看,在有效的水资源量中,高效水资源量为 61.5 亿 m^3,低效水资源量为 64.2 亿 m^3;在有效蒸散发中,高效蒸散发量为 34.2 亿 m^3,仅占总有效蒸散发的 35%,可见,提高土壤水的有效利用量仍存在很大的空间。从水资源效用来看,服务伊洛河流域生态服务量为 78.71 亿 m^3,经济服务量为 55.73 亿 m^3,两者的重复量为 4.48 亿 m^3。

六、黄河流域典型支流水资源演变规律和水资源影响因素定量评价

基于本篇提出的现代水资源评价方法,定量评估了水资源演变规律以及气候变化和人类活动主要因子对典型支流水资源的影响。

从 1956～2000 年系列来看,三个典型流域水资源总的变化规律是:降水减少,同时广义水资源和径流性水资源相应减少,但减少的幅度远小于降水的减少幅度;狭义水资源中,地表水衰减,但不重复的地下水资源量有较大比例的增加。

水资源演变因子研究主要分析了降水、人类取用水、水土保持、下垫面变化四类因子对流域水资源演变的影响。一般来说,对于降水因子,降水的减少将导致各种口径的水资源相应减少,但径流性水资源减少的幅度较大,有效的蒸散发减少的较少,在径流性水资源中,地表、地下水资源减少幅度较大,不重复地下水资源量减少幅度较小;对取用水因子,有取用水相对于无取用水条件,广义水资源和有效降水略有增加,而狭义水资源减少,在狭义水资源当中,地表水资源大量减少,而不重复的地下水资源量大量增加;对水土保持因子,有水保措施相对于无水保措施,广义水资源和有效降水略有增加,而狭义水资源

减少,在狭义水资源当中,地表水资源有所减少,而不重复的地下水资源量有所增加;对下垫面因子,现状下垫面相对于 80 年代下垫面,广义水资源量和地表水资源量略有增加,而狭义水资源有所减少,在狭义水资源当中,地表水资源有所减少,而不重复的地下水资源量有所增加。

在水利规划、水土保持规划、城市化发展规划等各省区相关专项规划的基础上,对渭河流域 2020 年水资源演变情景进行了模拟预测。由于各个流域用水方式、下垫面改变的模式和程度不一致,水资源产生不同的演化结果。

第二节　主要创新点

一、发展和完善了现代水资源评价方法体系

本研究系统提出了包括层次化动态水资源评价、生态效用和经济效用评价、水资源效率评价在内的现代水资源评价方法体系,系统阐述了基于二元水循环模型的水资源评价计算方法,是对国家重点基础研究(973)发展规划项目课题"黄河流域水资源演变规律与二元演化模型"原创现代水资源评价方法的发展和完善。

二、首次提出了黄河流域三个典型支流水资源全面评价成果

采用国际领先的二元水循环模型对黄河典型支流二元水循环过程进行模拟,在此基础上运用现代水资源评价方法,全面评价了广义水资源、狭义水资源、国民经济利用量等各种口径的水资源量,评价了水资源的生态效用和经济效用,区分了有效和无效、高效和低效水资源量。

三、首次基于现代水资源评价方法系统研究了黄河流域三个典型支流水资源演变规律

基于现代水资源评价口径,在二元水循环模拟的基础上,对黄河流域三个典型支流1956～2000 年的水资源演变规律进行了系统分析,并且定量评价了降水、人类取用水、水土保持、下垫面变化四类因子对流域水资源演变的影响。

本次研究不仅直接面向我国流域水资源规划与管理的重大实践,同时还有效提升了水资源研究的理论与方法水平,具有广阔的应用前景。从实践来看,现代水资源评价方法的完善将有助于促进我国传统水资源评价方法的变革,黄河流域三个典型支流水资源评价和水资源演变规律研究成果对三个支流的水资源规划管理具有重大的现实意义,对于黄河流域乃至其他流域也具有重要的参考价值;从水资源学科建设发展来看,变化环境下水资源评价方法的研究不仅将对水资源学科的发展起到积极的推动作用,而且还会促进水资源学、气候学、生态学、地理学以及社会经济等方面学科的交叉和发展。

第三节　研究展望

本书从理论和实践两个方面对变化环境下的水资源评价方法进行了系统研究,提出了现代水资源评价方法理论体系,并在黄河流域典型支流进行了初步应用。由于变化环境下流域水资源系统演变的复杂性,加之研究时间和经费的限制,还有一些方面有待今后深入研究。

一、在水资源评价理论方面

本研究虽然系统阐述了现代水资源评价中的层次化评价、效率和效用评价、动态评价理论和方法,但还存在一些不完善的地方。

本研究虽然在水资源效率评价方面开展了大量研究,但在水资源有效和无效、高效和低效方面的界定还有一些值得商榷之处。比如作物冠层截流蒸发、居民及工业用地蒸发界定为高效还是低效,还存在不同争论,今后需在相关农业研究的基础上,科学进行高效性和低效性的界定,这对于提出有效的节水措施,提高区域农业水资源利用效率,具有重要的意义。

在水资源效用评价方面,本次研究提出的水资源生态和经济服务量评价仅停留在物质量的基础上,没有对相应的价值量进行评价,这不利于以资源、环境和经济的协调发展为出发点,对水资源进行科学调配,将有限的水资源发挥出最大的效益。今后需要着重研究水资源的生态价值和经济价值统一评价方法,完善水资源的效用评价理论。

二、在模型工具方面

现代水资源评价的前提条件是流域二元水循环过程的模拟,所以二元水循环模型的功能和精度对评价的结果至关重要。目前采用的二元水循环模型是由分布式的流域水文模型(WEP－L模型)和集总式的水资源配置模型耦合而成,耦合的方式是松散耦合,如果要更加精确地描述现实世界的流域水循环过程,还需要采用紧密耦合的方式。为了加强生态效用和经济效用的评价,模型不仅需要对水循环过程进行模拟,还应该包括对相伴生的生态和环境过程模拟的功能。另外,为了反映全球气候变化条件下水资源状况,模型需要加强气陆耦合过程的模拟。

参考文献

[1] 夏军,左其亭.国际水文科学研究的新进展[J].地球科学进展,2006,21(3).

[2] 牛玉国,张学成.建立基于水循环的水资源监测系统[M]∥全国水文学术讨论会论文集.南京:河海大学出版社,2004.

[3] 叶爱中,夏军,等.黄土高原地区降雨产流机制研究[R].郑州:中国自然资源学会2006年学术年会.2006.

[4] 夏军,乔云峰,宋献方,等.岔巴沟流域不同下垫面对降雨径流关系影响规律分析[J].资源科学,2007,29(1).

[5] 刘鑫,宋献方,夏军,等.黄土高原岔巴沟流域大气降水氢氧同位素特征及水汽来源初探[J].资源科学,2007,29(3).

[6] 刘鑫,宋献方,等.基于氢氧同位素的黄土高原丘陵沟壑区水循环特征分析[M]∥中国水论坛第四届学术研讨会论文集.北京:中国水利水电出版社,2006.

[7] LiuXin,SongXianfang,YuJingjie,et al. An estimation of groundwater renewability in Loess Plateau hilly – gully region using environmental isotopes. Proceeding of 34th International Association of Hydrogeologists,2006,10.09 – 13.

[8] SongXianfang,LiuXin,YuJingjie,et al. A Study of Water Cycle Affe cted By Silt Arresters in Loess Plateau using Environmental Isotopes. International Workshop on Water Cycle and Sustainable Use of Water Resources. 2006. 10. 16 – 18.

[9] LiuXin,SongXianfang,XiaJun,et al. A study of water cycle change affected by silt arresters in Loess Plateau using environmental isotopes. Proceeding of Hydrological Sciences for Managing Water Resources in the Asian Developing World,2006.06. 06 – 09.

[10] 李丽娟,姜德娟,李九一,等.土地利用/覆被变化的水文效应研究进展[J].自然资源学报,2007(3).

[11] 孟春红,夏军.土壤 – 植物 – 大气系统水热传输的研究[J].水动力学研究与进展,2005,20(3).

[12] 李丽娟,杨俊伟,姜德娟.20世纪90年代无定河流域土地利用的时空变化[J].地理研究,2005,24(4).

[13] 张少文,张学成,王玲.水文时间序列突变特征的小波与李氏指数分析[J].水利水电技术,2004,35(11).

[14] 王玲,夏军,张学成.无定河20世纪90年代入黄水量减少成因分析[J].应用基础与工程科学学报,2006,14(4).

[15] Wang Miaolin, Xia Jun. Simulation of the Impact of Climate Fluctuation and Land – cover Changes on Runoff in the Qu – chan River. Proceedings of the 2nd International Yellow River Forum,2005. 10. 16 – 21.

[16] LiLijuan,LuZhang,WangHao,et al. Assessing the impact of climate variability and landuse change on streamflow from the Wuding River Basin in China. Hydrological Processes. (in Pessing)

[17] 游进军,王浩,甘泓.水资源系统模拟模型研究进展[J].水科学进展,2006,17(3).

[18] 游进军,甘泓,王浩.基于规则的水资源系统模拟[J].水利学报,2005,36,(9).

[19] 叶爱中,夏军,王纲胜.基于数字高程模型的河网提取及子流域生成[J].水利学报,2005,36(5).

[20] 刘昌明,夏军,郭生练.黄河流域分布式水文模型初步研究与进展[J].水科学进展,2004,15(4).

[21] 王纲胜,夏军,朱一中.基于非线性系统理论的分布式水文模型[J].水科学进展,2004,15(4).

[22] 刘卓颖,倪广恒,雷志栋.黄土高原地区小尺度分布式水文模型研究[J].人民黄河,2005,27(10).

[23] 刘卓颖,倪广恒,雷志栋.黄土高原地区中小尺度分布式水文模型[J].清华大学学报(自然科学版),2006,46(9).

[24] 刘卓颖,倪广恒,雷志栋.黄土高原地区小流域长系列水沙运动模拟[J].人民黄河,2006,28(4).

[25] 叶爱中,夏军,王纲胜.基于动力网络的分布式运动波汇流模型[J].人民黄河,2006,28(2).

[26] 刘星,夏军,左其亭.塔里木河三源流汇流计算模型[J].干旱区地理,2006,29(1).

[27] 朱奎,张祥伟,夏军.利用DEM作为辅助信息推定大区域地下水初始流场[J].水利学报,2004,(11).

[28] 周祖昊,贾仰文,王浩.大尺度流域基于站点的降雨时空展布[J].水文,2006,26(1).

[29] 郝振纯,池宸星,王玲.DEM空间分辨率的初步分析[J].地球科学进展,2005,20(5).

[30] 何姗,夏军.岔巴沟流域数字水文模型研制与应用[J].人民黄河,2005,27(5).

[31] 池宸星,郝振纯,王玲.黄土区人类活动影响下的产汇流模拟研究[J].地理科学进展,2005,24(3).

[32] Zhang Xuecheng,WangLing,ZhangCheng.Yellow River Water Resources and its Series Similar Processing.Proceedings of the 2nd International Yellow River Forum,2005.10.16-21.

[33] 叶爱中,夏军,王纲胜.水文水资源模拟系统集成研究——黑河流域系统应用[J].中国农村水利水电,2004(8).

[34] 夏军,叶爱中,王纲胜.黄河流域时变增益分布式水文模型(I)——模型的原理与结构[J].武汉大学学报(工学版),2005,38(6).

[35] 叶爱中,夏军,王纲胜.黄河流域时变增益分布式水文模型(Ⅱ)——模型的校检与应用[J].武汉大学学报(工学版),2006,39(4).

[36] Ye Aizhong,Xia Jun,Wang Gangsheng.A Distributed Time-Variant Gain Model Applied to the Yellow Rier.Preceedings of 2nd International Yellow River Forum,2005.10:16-21.

[37] 叶爱中,夏军,等.淤地坝对水沙的影响[M]//中国水论坛第四届学术研讨会论文集.北京:中国水利水电出版社,2006.

[38] 王浩,王建华,贾仰文.现代环境下的流域水资源评价方法研究[J].水文,2006,26(3).

[39] 匡键,张学成.黄河水资源量及其系列一致性处理[J].水文,2006,26(6).

[40] Xia Jun,Zhonggen Wang,Gangsheng Wang,et al.The Renewability of Water Resources and its Quantification of the Yellow River in China.Hydrological Processes,18,2327-2336(2004).

[41] 乔云峰,夏军,王晓红,等.投影寻踪法在径流还原计算中的应用研究[J].水力发电学报,2007,26(1).

[42] 张少文,王文圣,丁晶.分形理论在水文水资源中的应用[J].水科学进展,2005,16(1).

[43] 邓红霞,李存军,张少文.基于集对分析的相似流域选择方法[J].人民黄河,2006,28(7).

[44] 刘昌明,张学成.黄河干流实际来水量不断减少的成因分析[J].地理学报,2004,59(3).

[45] 夏军,王中根,刘昌明.黄河水资源量可再生性问题及量化研究[J].地理学报,2003,58(4).

[46] 袁鹰,甘泓,汪林.水资源承载能力三层次评价指标体系研究[J].水资源与水工程学报,2006,17(3).

[47] 袁鹰,甘泓,汪林.基于不同承载水平的水资源承载能力计算[J].中国农村水利水电,2006,(6).

[48] 张少文,张学成,王玲.黄河年降雨-径流BP预测模型研究[J].人民黄河,2005,27(1).

[49] 张少文,张学成,王玲.黄河天然径流长期丰枯状态变化特性研究[J].人民黄河,2005,27(5).

[50] 张少文,张学成,王玲.黄河天然年径流长期突变特征的小波与李氏指数分析[J].水文,2005,25(5).

[51] 张学成,匡键,井涌.20世纪90年代渭河入黄水量锐减成因初步分析[J].水文,2003,23(3).

[52] 牛玉国,张学成.黄河源区水文水资源情势变化及其成因分析[J].人民黄河,2005,27(3).

[53] 王玲,钱云平,李雪梅.21世纪初黄河流域水文情势分析[J].人民黄河,2006(增刊).

[54] 杨向辉,张世伟,刘东旭.流域水资源管理信息决策支持系统研究[J].人民黄河,2006,28(3).

[55] 张学成,刘昌明,李丹颖.黄河流域地表水耗损分析[J].地理学报,2005,60(1).

[56] 夏军,王中根,严冬.针对地表来用水状况的水量水质联合评价方法[J].自然资源学报,2006,21(1).

[57] 杨向辉,陈洪转,郑垂勇.我国水市场的构架及运作模式探讨[J].人民黄河,2006,28(2):43-44.

[58] 夏军,刘孟雨,贾绍凤.华北地区水资源及水安全问题的思考与研究[J].自然资源学报,2004,19(5).

[59] 夏军,王中根,左其亭.生态环境承载力的一种量化方法研究——以海河流域为例[J].自然资源学报,2004,19(6).

[60] 张少文,张学成,德格吉玛,等.黄河上游天然年径流长期变化趋势预测[J].人民黄河,2007,29(1).

[61] Zhang Xuecheng, WangLing. Genetic Analysis of the Yellow River Tidewater Inflowharp - Reduction in1990s.1st International Yellow River Forum on River Basin Management,2003.10.21-24.

[62] 张学成.渭河20世纪90年代入黄水量锐减成因初步分析[M]//全国"水资源及水环境承载能力学术研讨会论文集.北京:中国水利水电出版社,2002.

[63] 牛玉国,张学成.黄河源区水文水资源情势变化及其成因初析[M]//水问题的复杂性与不确定性研究与进展.北京:中国水利水电出版社,2004.

[64] 张学成.黄河流域水资源量特点[M]//水问题的复杂性与不确定性研究与进展.北京:中国水利水电出版社,2004.

[65] 任松长,张学成.黄河源区来水量减少成因初步分析[M]//西北地区水资源问题及其对策高层研讨会.北京:新华出版社,2006.

[66] 徐建华,高亚军,陈鸿.1960年前黄河下游河槽淤积物粒径组成分析[J].泥沙研究,2006(3).

[67] 徐建华,吴成基,林银平.黄河中游粗泥沙集中来源区界定研究[J].水土保持学报,2006,20(1).

[68] 徐建华,金双彦,林银平.用边际分析法确定黄河中游粗泥沙集中来源区[J].中国水土保持科学,2006(6).

[69] 徐建华,李雪梅,王志勇.黄土高原水土保持生态建设耗水量宏观分析[J].人民黄河,2003,25(10).

[70] IPCC.关于评估气候变化影响和适应对策的技术指南[R].WMO,UNEP,1994.

[71] Jens Andersen, Jens C. Gefsgaard, Karsten H. Jensen, Distributed hydrological modeling of the Senegal River Basin ~ model construction and validation[J]. J. Hydrol. 2001(247):200-214.

[72] Jens Christian Refsgaard,Jesper Knudsen,Operational validation and intercomparison of different types of hydrological models. Danish Hydraulic Institute,Hørsholm,Denmark Water Resources Research,1996,32(7):2189-2202.

[73] 陈家琦,王浩,杨小柳.水资源学[M].北京:科学出版社,2001.

[74] 陈志恺.西北地区水资源及其供需发展趋势分析,西北地区水资源配置生态环境建设和可持续发展战略研究-水资源卷[M].北京:科学出版社,2004.

[75] 陈家琦,钱正英.关于水资源评价和人均水资源指标的一些问题.中国水利[J].2003(11).

[76] 陈家琦,王浩.水资源学概论[M].北京:中国水利水电出版社,1996.

[77] 贾仰文,王浩,倪广恒,等.分布式流域水文模型原理与实践[M].北京:中国水利水电出版社(水科学前沿学术丛书),2005.

[78] 贾仰文,王浩,王建华,等.黄河流域分布式水文模型开发和验证[J].自然资源学报,2005,20(2).

[79] 贾仰文,王浩.分布式流域水文模拟研究进展及未来展望[J].水科学进展,2003,14(增刊).

[80] 刘昌明,李道峰,田英,等.基于DEM的分布式水文模型在大尺度流域应用研究[J].地理科学进展,2003,22(5).

［81］ 刘昌明. 黄土高原森林对年径流影响的初步分析［J］. 地理学报,1978(12).

［82］ 王浩,贾仰文,王建华,等. 人类活动影响下的黄河流域水资源演变规律初探［J］. 自然资源学报, 2005,20(2).

［83］ 中国水利水电科学研究院. 国家重点基础研究(973)发展规划项目"黄河流域水资源演变规律与二元演化模型"［R］,2004.